HEYNE
BÜCHER

HEYNE
SACHBUCH

WERNER
NACHTIGALL

Unbekannte Umwelt

DIE FASZINATION DER LEBENDIGEN NATUR

156 Strichzeichnungen auf 80 Tafeln
58 Farbfotos auf 16 Tafeln und
12 Schwarzweißfotos auf 2 Tafeln

WILHELM HEYNE VERLAG
MÜNCHEN

HEYNE SACHBUCH
Nr. 01/7264

Printed in Germany 1985
Alle Farb- und Schwarzweißfotos vom Verfasser
Umschlaggestaltung: Atelier Ingrid Schütz, München
Gesamtherstellung: Presse-Druck Augsburg
Farbtafeln: RMO, München

ISBN 3-453-02170-3

Dieses Buch ist all den Wissenschaftlern
gewidmet, auf deren Arbeiten es aufbaut.

Inhalt

Einleitung

Wenn ich mit meinen Studenten im Sommersemester biologische Exkursionen unternehme, wundere ich mich jedesmal, wie neu doch viele Dinge für sie sind, die man gemeinhin zur »biologischen Allgemeinbildung« zählt. Das gilt sowohl für einfachere Fragen der Artenkenntnis als auch für grundlegende ökologische Querbeziehungen. Vieles Diesbezügliche wird heute in den Schulen nicht oder nicht mehr gelehrt. Außerdem macht es eben doch einen großen Unterschied, ob man etwas einmal erzählt bekommen hat oder – im Gelände – nach entsprechendem theoretischem Unterbau lernend nachvollzieht. Oft habe ich mir dabei überlegt: Wenn schon Fachstudenten der Biologie immer wieder sachte dazu angeleitet werden müssen, die Umwelt anders als mit dem trivialen Auge zu sehen, wie anregend könnte eine solche Einführung erst für die vielen sein, die als Naturfreunde gern durch unsere Landschaften wandern, offenen Auges, vielleicht mit einem kleinen Bestimmungsbuch in der Tasche, aber ohne die zoologische und botanische Hintergrundinformation, wie sie der angehende Biologe mitbekommt. Diese schärft den Blick für Zusammenhänge und läßt auf der Basis vielen Beobachtens immer tiefere Einblicke in die strukturellen und funktionellen Querbeziehungen des Lebens um uns entstehen. Aus Überlegungen dieser Art ist das vorliegende Buch entstanden.

Es kommt mir damit auf etwas ganz Bestimmtes an. Ich will nicht in erster Linie Artenkenntnis vermitteln, obwohl viele Tiere und Pflanzen abgebildet sind und beschrieben werden, auch will ich hier nicht sozusagen ein Lehrbuch der Ökologie für Nichtbiologen vorlegen, wenngleich viele Umweltphänomene besprochen und eine ganze Reihe ökologischer Beziehungen dargelegt werden. Ich wollte vielmehr versuchen, diese beiden Gesichtspunkte als Mittel zum Zweck zu nehmen, an Hand von sorgsam ausgewählten, typischen und verallgemeinerbaren Beispielen Struktur-Funktions-Beziehungen in unserer Umwelt herauszuarbeiten, die wesentlich sind. Sie könnten den Leser, der gern mitdenkt, dazu anleiten, die Umwelt etwas anders zu betrachten als mit dem Auge des naiven Bewunderers von schönen Tieren und Pflanzen. Den Blick für Zusammenhänge zu schärfen, das ist es, was heute nottut und worauf es mir ankommt. Freilich spricht das nicht gegen die schlichte Freude an den Schönheiten der Natur, ganz im Gegenteil. Vielleicht wird man an der einen oder anderen Stelle des Buchs etwas von der ganz ursprünglichen Begeisterung für das Leben bemerken, die den Autor seit seiner Jugendzeit erfüllt. Ich meine aber, daß man eine solche Freude durch eine andere Freude ergänzen und vertiefen kann und sollte, diejenige nämlich, die sich nur dann einstellt, wenn man sich Fragen beantworten kann und Zusammenhänge erkennt. Freilich muß man angesichts der ungeheuren Vielfalt des Lebens, die sich schon in den Formen unserer nächsten Umgebung äußert (man braucht nicht nach Brasilien zu fahren; der heimische Busch tut's auch!), eine Auswahl treffen. Gerade darüber habe ich mir einige Gedanken gemacht; ich hoffe, daß die ausgewählten Beispiele typisch, aber auch verallgemeinerbar sind, und daß sie in einer Sprache gefaßt sind, die den interessierten Leser nicht unbedingt langweilt. Bei allem habe ich versucht, naturwissenschaftlich stets präzise und sachlich kompromißlos zu bleiben, so daß sich der Leser auf die Information verlassen kann.

Bei keinem meiner Bücher ist es mir deutlicher geworden, wie wenig ein referierender Autor eigentlich tun kann. Einige wenige Beiträge stammen aus meinem eigenen Forschungslabor, beispielsweise die Analyse des Ruderschwimmens beim Taumelkäfer. Die überwiegende Mehrzahl aller Fakten stammt dagegen aus der Literatur, wobei ich verwertet habe, was mir in diesem Zusammenhang als besonders interessant erschienen ist, ob es nun in einer Originalarbeit, einem Übersichtsartikel, einer populärwissenschaftlichen Darstellung, einem biologischen Arbeitsbuch oder einem Lehrbuch entnommen ist. Wie alle populärwissenschaftlichen Bücher verdankt auch dieses seine Existenz der unermüdlichen Arbeit vieler Wissenschaftler in den Laboratorien der Universitäten, den Außenstellen für feldbiologische Arbeit und anderen Forschungsinstitutionen. Wenn man die Literatur etwas zurückverfolgt, fällt sehr deutlich auf, wie wichtig noch vor einiger Zeit

Grundlagenbeiträge von Nichtfachwissenschaftlern waren, gerade von Lehrern, Pfarrern und Vertretern anderer nichtbiologischer Berufe. In unserer Zeit stellen solche Beiträge durchaus den Ausnahmefall dar. Dafür finden sich immer mehr Leute mit schriftstellerischer Begabung, die, nachschöpferisch, interessante Themen für die Allgemeinheit aufbereiten. Auch für den Fachbiologen ist die Lektüre solcher Bücher durchaus interessant, weil die Autoren oft mit viel Überlegung ausnehmend überzeugende Beispiele besprechen oder didaktisch besonders gelungene Durcharbeiten vorlegen, die den oft spröde geschriebenen Originalmitteilungen meist abgehen. So habe ich besonders schöne Beispiele für dieses Buch gerade in biologischen Arbeitsbüchern gefunden, die speziell für den Schulgebrauch geschrieben worden sind. Ich nenne an dieser Stelle nur die Bücher von Heinrich Hofmeister, Eberhard Schmidt sowie Klaus Dylla und Günter Krätzner über Wasser und Pflanzen sowie die außerordentlich geglückte Darstellung von Heinz Löffler über den Neusiedler See; Bücher, auf deren Abbildungen einige Grafiken für diese Zusammenstellung zurückgehen. Wo irgend möglich, wurden aber alle Literaturzitate bis zu den Originalarbeiten zurückverfolgt. Ihnen, den Forschern, auf deren Ergebnisse diese Darstellung aufbaut, ist das Buch denn auch gewidmet. Alles, was hier steht, steht demnach auch bereits anderswo. Das ist die Crux für einen jeden referierenden Autor. Um so wichtiger ist es, daß dieser die Faktenwelt durch die eigene Brille sieht, siebt, ordnet, neu zusammenstellt zur Illustrierung einer eigenen Vorstellungswelt. Gerade darum habe ich mich mit diesem Buch besonders bemüht.
Saarbrücken, im Frühjahr 1979

Werner Nachtigall

I Die Umwelt gliedert sich in abgrenzbare Systeme

1 Ökosystem Wald

Der deutsche Wald! Vielbesungenes Heimatgrün, Lieferant für Baubalken und Zeitungspapier, Pirschrevier für betuchte Grünröcke, Erholungsraum für asphaltmüde Großstädter – was ist er wirklich? Nun, zu allererst ist er ein Ökosystem. Man darf das Wort auch unter Nichtwissenschaftlern getrost in den Mund nehmen, seitdem Begriffe wie »Umwelt« und »Ökologie« Schlagzeilen gemacht und die Politiker das Fürchten gelehrt haben. Wer hatte noch vor zehn Jahren auch nur einen blassen Schimmer von Ökologie? Die Wissenschaft von den Biotopen und den Lebenszusammenhängen in ihnen, von den Querverbindungen zwischen Lebewesen und nichtbelebter Umwelt war im Bewußtsein der breiteren Bevölkerung nahezu unbekannt und führte ein akademisches Dornröschendasein – zumindest bei uns in Deutschland. Die immer drängender werdenden, gebieterisch sich in den Vordergrund schiebenden Erfordernisse des Umweltschutzes haben hier einen Wandel geschaffen. Die Schlagworte sind jedenfalls da.

1 Was ist ein Ökosystem?

Der Wissenschaftler erklärt es so: Ein Ökosystem beinhaltet alle Wechselbeziehungen zwischen Biotop und Biozönose eines abgrenzbaren Teils der Biosphäre. Auf gut deutsch: Nicht die Rehe und der Wald, in dem sie leben, sind ein Ökosystem. Der Wald, oder Teile davon, ist der Lebensort oder Biotop, in dem das Wild zusammen mit seinen Feinden und Parasiten als Lebensgemeinschaft oder Biozönose sich aufhalten. Lebensort und Lebensgemeinschaften treten in vielseitige Wechselwirkung. Das Wild frißt Waldkräuter und entrindet Laubbäume. Es lockert den Boden und düngt ihn durch seine Exkremente. Der Wald bietet dem Wild Versteck und Unterstand; auf seinen Lichtungen wachsen schmackhafte Kräuter – dort halten sich aber auch die Hirschbremsen auf, die dem Wild gefährlich werden können. Ein von Hirschen entrindeter Baum stirbt und fällt, reißt Lücken, bietet Schadinsekten Unterschlupf, die sich weiter ausbreiten können. Im Wald hält sich aber auch der Fuchs auf, der einem ganz jungen Rehkitz gefährlich werden kann. Das Wild tritt Schneisen und Gänge in das

Unterholz und verändert damit stellenweise den Unterbewuchs. Von den Sträuchern fallen aber auch Zecken und andere Parasiten auf die Tiere, die nicht nur Blut saugen, sondern auch Krankheiten übertragen können. Wenn man irgendeinen Punkt aufgreift und etwas weiter verfolgt, ergeben sich immer Dutzende von Querbeziehungen, und sie werden bei näherer Betrachtung immer feiner und verzweigter. Das aber, dieses mehr Imaginäre des Gebens und Nehmens, des Beeinflussens, Nützens und Schadens, der Konkurrenz, aber auch – wie es dem betrachtenden Menschen erscheint – der Hilfe, des Mit- und Gegeneinander, beinhaltet den Begriff des Ökosystems. Diese Schwierigkeit der Definition läßt den Wissenschaftler auch nicht sagen »Ein Ökosystem ist...«, sondern »Ein Ökosystem beinhaltet oder bedeutet Querverbindungen...«. Kurz gesagt: Das Ökosystem beinhaltet die wechselseitige Einflußnahme von Lebensraum und Lebensgemeinschaften. Solche Systeme sind oft ganz gut abgrenzbar: Laubwald, Hochmoor, See beispielsweise. Sie sind äußerst dynamisch, in stetem Wandel begriffen. Praktisch von Tag zu Tag ändert sich im Laufe eines Jahres das Zusammenspiel; im nächsten Jahr mag es sich wiederholen oder meist anders verlaufen oder infolge tiefgreifender Änderungen ganz zusammenbrechen, bevor es sich erneut und andersartig wieder einpendelt. Im natürlichen Fall ist dieses jahreszeitlich fluktuierende Gleichgewicht der Beziehungen ziemlich stabil. So ändern sich die Lebensverhältnisse im tropischen Regenwald und in der Savanne, im mitteleuropäischen Buchen-Mischwald oder einem flachen Steppensee des Ostens ohne Zutun des Menschen über lange Zeit praktisch überhaupt nicht. Ein solches stabiles Netz von Querverbindungen hält allen möglichen Ausfällen dadurch stand, daß es diese über andere Kanäle kompensieren kann. So war es im letzten Weltkrieg mit den Telefonnetzen unserer Großstädte. Sie waren trotz massivster Bombardierung überraschenderweise recht stabil, weil sich auf Grund des großen Vernetzungsgrades immer wieder zwischen zwei weit auseinanderliegenden Punkten eine Verbindung schließen ließ, wenn auch oft über abenteuerliche Umwege. Ökosysteme sind »autostabil«, wie man sagt. Das gilt aber nur, solange der Mensch nicht drastisch eingreift und durch Bewirtschaftung, Schadstoffbeladung und all die bekannten Abfallerscheinungen der Zivilisation Biotope zerstört oder Biozönosen beeinflußt. Durch solche Einflüsse kann ein Ökosystem stark leiden und im Grenzfall irreversibel, also ohne die Chance einer Wiederherstel-

lung, »kippen«. Diese Einsicht setzt sich langsam durch, und die Tagesblätter sind voll von diesbezüglichen Nachrichten. In diesem Buch aber wollen wir die Umwelt im allgemeinen als funktionierendes System betrachten und etwas näher eindringen in das geheimnisvolle Netz der Querverbindungen, die sich von Tier zu Tier ziehen oder vom Tier zur Pflanze, die einzelne Lebewesen zu Lebensgemeinschaften zusammenwirken lassen und die bei allem dem unerbittlichen Diktat der physikalischen Verhältnisse auf unserem Planeten unterworfen sind.
Unbekannte Umwelt – gilt das auch für unseren Wald?

2 Wald ist nicht gleich Wald

Das stimmt tatsächlich. Es kommt uns im allgemeinen nicht so sehr zum Bewußtsein, weil sich unsere direkte Umgebung, in der wir unsere Erholungsspaziergänge machen, kaum ändert. Immerhin kennt man den typischen Nadelwald und den typischen Laubwald, aber darüber hinaus gibt es viele gröbere und feinere Differenzierungen. Man reise einmal in Gedanken von der Bergwelt des Hochgebirges über das bayrische Alpenvorland zu den tertiären Sandhügeln der Donauumgebung und weiter in die Kalkregionen der Schwäbischen oder Fränkischen Alb. Ein Strich auf der Landkarte also, südnordwärts gerichtet. H. Rupf schildert, was wir in der Steinzeit gesehen hätten, als Mitteleuropa noch fast quantitativ von Wald bedeckt und der Mensch in seine Umwelt eingepaßt war, sie noch nicht tiefgreifend verändert hatte. »Nach der Lärchen-, Zirben- und Latschenregion des Hochgebirges nimmt uns die streng anmutende Fichtenwaldgesellschaft auf, mit Zirben, Lärchen, Ahorn und Vogelbeere als Begleitholzarten. Wir durchschreiten dann die anmutige und schön durchmischte Waldgesellschaft des Tannen-Buchenwalds mit etwas Fichte und Ahorn, der uns im Alpenvorland so weit begleitet, wie die von den Gletschern geschaffene Hügelwelt (Moräne) die Frostgefahr noch etwas abschwächt. Nördlich dieser Moränenwälder erfreut uns das lichte Grün der immer stärker vertretenen Eiche im Buchenwald, wir befinden uns im Buchen-Eichenwald mit seinen Begleitholzarten Esche, Ahorn, Linde, Ulme und einzelnen Kiefern. Das Donaugebiet und seine südliche Vorlandschaft überrascht uns durch seine lichten Eichenwälder mit Weißbuchenunterstand und Beimischungen von Esche, Linde, Ulme und Ahorn, auf trockenen Partien auch Kiefer und Birke. Wir sind im Eichen-Hainbuchenwald. Plötzlich befinden wir uns auf dem weißen Jura der Schwäbisch-Bayerischen Alb. Die Buche ist das tonangebende Glied der dortigen Waldgesellschaft, des Kalk-Buchenwaldes. Er weist an Beimengungen Ahorn, Linde, Ulme, Esche und Elsbeere auf. Am Nordabfall des Jura bildet er sich zum Hangbuchenwald aus, uralte Eiben fesseln unseren Blick.«

Wald ist also tatsächlich nicht gleich Wald; es gibt die unterschiedlichsten Waldgesellschaften. Die Pflanzensoziologen teilen die Pflanzengesellschaft in bestimmte systematische Kategorien ein, ähnlich wie die zoologischen Systematiker ihre Tiere. Man spricht dann von Klassen, Ordnungen, Verbänden und Assoziationen von Pflanzengesellschaften, die man auch noch feiner unterteilen kann. So wären der genannte Buchen-Eichenwald oder der Eichen-Hainbuchenwald und schließlich der Rotbuchenwald oder einfach Buchenwald drei Verbände, die mit anderen Ordnungen zur Klasse der Eichen-Buchenmischwälder gehören. Jeder dieser Verbände oder seiner feineren Untereinheiten hat nun seine typischen Niederwuchspflanzen, von den Sträuchern bis hin zu den Moosen des Waldbodens, seine eigentümlichen klimatischen Verhältnisse wie Bodenfeuchte und Lichtdurchstrahlung und schließlich seine eigene Tierwelt. Wir werden später am Beispiel der Rotbuchenwälder sehen, wie die Botaniker beispielsweise die Bodenflora nach ökologischen Gruppen weiter untergliedern. Für den Nichtfachmann ist das nicht so ganz leicht nachzuvollziehen, da dazu gründliche Pflanzenkenntnisse ebenso gehören wie praktische Arbeit im Gelände. Sind also die horizontale Verbreitung der Wälder und die ökologische Untergruppierung ihrer Bodenflora ein wenig schwierig zu verstehen, so leuchtet doch die vertikale Gliederung oder der Stockwerksbau eines Waldes ohne weiteres ein (Abb. 1, 1).

3 Vom Stockwerksbau der Wälder

Ein Hochwald erreicht in unseren Breiten vielleicht eine Durchschnittshöhe von 40 m, zumindest mit seinen bestandsbildenden Arten Kiefer oder Eiche. Die Kronen dieser Bäume bilden das oberste Stockwerk und gleichzeitig sozusagen das »Dach« des Waldes. Wer

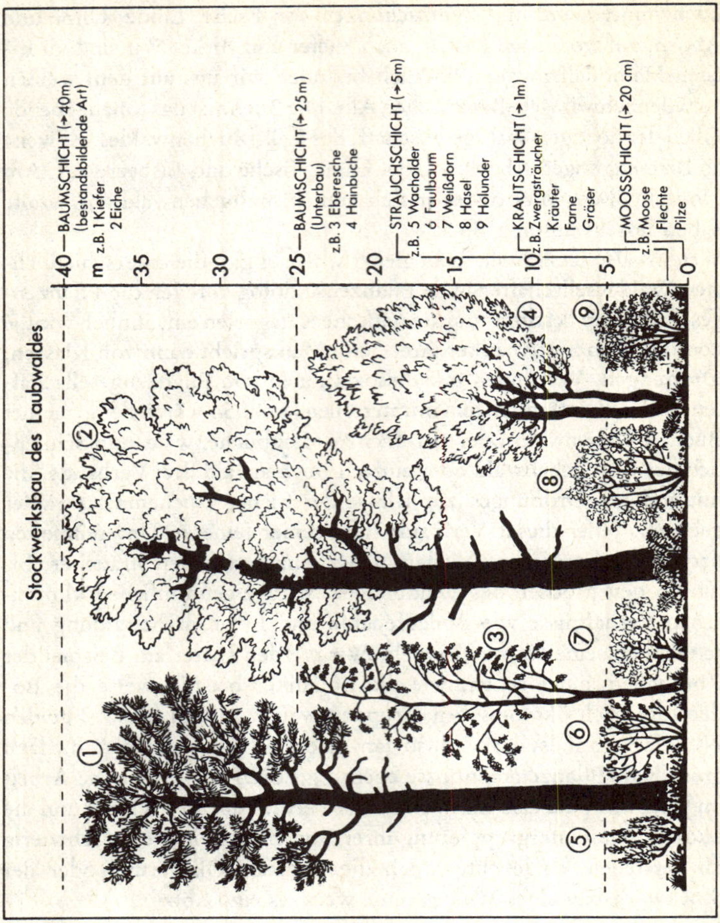

Abbildung 1.1

einmal mit Hubschrauber oder Ballon in geringer Höhe über einen satten Baumbestand geflogen ist, wird durchaus den Eindruck eines Dachs, eines weit gespannten Flächentragwerks haben. Maximal 25 m hoch wird in lichteren Wäldern eine Unterschicht von Bäumen, zu der etwa die Ebereschen oder die Hainbuchen gehören. Sie werden nicht so kräftig wie freistehende Exemplare, bilden in ihrer Gesamtheit aber doch eine einheitliche Zone, das vorletzte Stockwerk. In rund 5 m Höhe kann man die Grenze der Strauchschicht annehmen. Dies ist das »Unterholz«, je nach Waldtyp und Lage aus Beständen von Wacholder, Faulbaum, Weißdorn, Hasel, Holunder und anderen Sträuchern zusammengesetzt. Es folgt die Krautschicht oder Pflanzenbedeckung des Bodens. Auch deren Entwicklung hängt ganz vom Waldtyp ab. In dichtstehenden Fichten-Monokulturen kann sie praktisch gar nicht vorhanden sein, wogegen sie in lichten Laubwäldern eine sehr reiche und vielfältige Ausbildung zeigt, abhängig im wesentlichen von den beiden beherrschenden Faktoren »Feuchtigkeit« und »Säuregrad des Bodens«. Wir kommen etwas später auf die interessante Waldbodenflora noch ausführlicher zurück. Sie setzt sich aus Zwergsträuchern zusammen oder großen Farnen, im wesentlichen aber aus einjährigen Kräutern und Gräsern. Allerhöchstens 10–20 cm hoch ist nun das unterste Stockwerk, die Moosschicht. Moose, Flechten und Pilze herrschen hier vor. Im Vergleich ist sie zwar nur klein, aber man sollte weder die Vielfalt ihrer pflanzlichen Zusammensetzung noch die Vielzahl der tierischen Bewohner unterschätzen, von der ökologischen Bedeutung gar nicht zu reden. So ist unser mitteleuropäischer Mischwald aufgebaut wie ein fünfstöckiges Gebäude: Moosschicht, Krautschicht, Strauchschicht, Baumschicht-Unterbau, Baumschicht-Oberbau. Jedes dieser Stockwerke ist durch eine andere pflanzliche Zusammensetzung und häufig auch durch unterschiedliche Tierbewohner gekennzeichnet, so wie die Stockwerke eines fünfstöckigen Hauses unterschiedlicher Nutzung dienen können. Der vertikale Zugang ist aber gegeben, sozusagen durch eine Vielzahl von Fahrstuhlschächten, so daß ein reger Austausch stattfinden kann.

Ganz anders ist der Eindruck, den man von einem tropischen Regenwald empfängt (Abb. 1, 2). Zwar zeigt auch er einen typischen Stockwerksaufbau, aber die einzelnen Etagen sind weniger deutlich getrennt, und es gibt viele verbindende Elemente, die da wie dort vorkommen können. Es gibt fast keine Nadelbäume im Regenwald, aber

Abbildung 1.2

eine sehr große Zahl an Laubbäumen (bis zu 200 Arten!). Obwohl sie aus verschiedenen Pflanzenfamilien stammen, erscheinen sie doch in der Ausgestaltung relativ einheitlich. Die Stämme sind oft kerzengerade – aber relativ dünn – und tragen eine kompakte Krone aus kleineren, sehr häufig glänzend-ledrigen Blättern. Die großen Bäume werden 50–70 m hoch. An der Basis laufen die Stämme aus statischen Gründen in brettartigen Stützen auseinander, die in ein weit ausgedehntes, aber nur flaches Wurzelsystem münden. Unter dieser oberen Baumschicht siedeln sich mittelgroße, kleinere und kleinste Bäume und Büsche in verwirrender Vielfalt an, beispielsweise Palmen und bis 10 m hohe Riesenstauden. Es folgt ein übermannshohes Gewirr von Farnen, weichblättrigen Kräutern und niederen Gewächsen, vermischt mit den Jungpflanzen der großen Bäume: die Urwaldriesen leben nicht ewig und werden relativ rasch ersetzt.
Das dicht schließende Blätterdach sorgt dafür, daß im Inneren des tropischen Regenwaldes häufig eine nahezu feuchtigkeitsgesättigte Treibhausatmosphäre herrscht, in der auch der Kohlendioxidgehalt stark ist, die Lichtintensität dagegen gering. In einer solchen Umwelt gedeihen Aufwuchspflanzen (Epiphyten) und rasch wachsende Lianen, spreizklimmende Pflanzen, Rankenlianen und »Baumwürger« im Übermaß: Wegen des hohen Wassergehalts brauchen die Aufwuchspflanzen häufig kein eigenes Wurzelsystem zum Boden zu schicken. Wegen des Lichtmangels herrscht ein – man könnte schon sagen: mörderischer – Zwang zum raschen Wachstum und ein sich in tausend Anpassungen manifestierender Drang nach oben zur Helligkeit. Wegen des Windmangels in den unteren Schichten können sich auch großblättrige Arten und zarte Gewächse bis zu überraschenden Größen entwickeln. Die Aufwuchspflanzen, Lianen, Klimmspreizer und Baumwürger sind die verbindenden Elemente, von denen ich vorhin gesprochen habe. Durch lange, aufstrebende oder herabhängende Stämme, Triebe und Wurzeln verbinden sie die Stockwerke. Sie bieten wieder einer unerhörten Zahl von Kleintieren Lebensraum. Es gibt wohl kein anderes Ökosystem, in dem die Querverbindungen des Lebens so vielfältig und so ausgeprägt sind wie im tropischen Regenwald. Ein wesentlicher Grund dafür sind die zahlreichen Untersysteme ökologischer Art, die sich hier ausbilden. Wenn beispielsweise manche Farne, Bromeliaceen oder Orchideen, schließlich auch Bärlappgewächse ohne Wurzelverbindung mit dem Boden als Epiphyten auf Bäumen wachsen und nicht

nur Blattzysternen ausbilden, in denen sich Mikrowasseransammlungen dauernd halten können, sondern sogar Humus auffangen und damit eine Welt im kleinen aufbauen, in der sich wieder Pflanzen und Tiere ansiedeln – wenn die Blüten nicht nur durch Insekten, sondern auch durch Vögel und Fledermäuse bestäubt werden; wenn Ameisen, Nagetiere, Reptilien, Fledermäuse und selbst höhere Affen dazu eingesetzt werden, Früchte und Samen zu verbreiten; wenn sowohl symbiontisches Zusammenleben von Pflanzen mit Tieren als auch die Tricks der Abwehr blattfressender Tiere durch Pflanzen aufs vielfältigste entwickelt sind und die sonderbarsten Formen hervorgebracht haben – dann gibt dies einen Eindruck von den vielfältigen und verwikkelten Beziehungen in diesem Ökosystem.
Man braucht aber nicht in südliche Breiten zu gehen, um ökologische Interferenzen zu studieren. Auch die einheimischen Wälder bieten genügend Beispiele, wenn auch nicht immer so spektakulärer Art oder in so verwirrender Vielfalt wie die Lebewelt der Tropen, aber das hat auch seine Vorteile.

4 Die landschaftsökologische Bedeutung des Waldes

Welche hauptsächlichen Auswirkungen auf die weitere Umwelt bietet nun Waldbestand in unseren Breiten? Man kann auch so fragen: Was wird sich ändern, wenn wir Wälder stärker und stärker eindämmen? Ich will nicht von den wirtschaftlich wichtigen Faktoren sprechen, der Tatsache also, daß die Wälder Rohstoffe liefern für unsere Industrien oder volkswirtschaftlich wichtige Arbeitsplätze. Die Wälder sollen nur einmal unter dem Gesichtspunkt ihres Einflusses auf die Landschaftsökologie betrachtet werden. Dieser ist äußerst gravierend. Da auch Hecken einerseits einen ähnlichen Stockwerksaufbau wie Wälder zeigen, andererseits landschaftsökologisch ähnlich wirken können (wenn auch nicht so beherrschend wie ausgedehnte Wälder), seien sie in diese Betrachtung miteinbezogen.
Beginnen wir mit einem Effekt, der sicher nicht der wichtigste ist, in unserer von Zivilisationslärm überzogenen Gesellschaft aber seine Bedeutung hat: Wälder und Hecken können in ausgeprägtem Maße den Schall dämmen und damit als Lärmschutzzonen zivilisatorische Be-

deutung haben. Es wurde festgestellt, daß schon relativ schmale Anpflanzungen den Schallpegel im Vergleich zu einem daneben gelegenen Freigelände um 10 Dezibel senken können, also auf ein Zehntel der ursprünglichen Intensität. Im einzelnen hängt diese Fähigkeit sowohl von den Eigenschaften der Schallwellen ab (Richtung, Intensität und mittlere Frequenz des Schalls) als auch von der Größe der Pflanzung; interessanterweise schließlich aber auch von der Art der Gehölze. Je nachdem wie groß die Blätter sind und in welcher Weise sie flächig zueinander stehen, gibt es sehr gut schalldämmende Gehölze wie den Bergahorn (Acer pseudoplatanus), durchschnittlich schallabsorbierende Arten wie Eiche und Buche und weniger geeignete Bäume. Sehr dünne Gehölzstreifen, wie beispielsweise eine einreihige Pappelallee, nützen allerdings kaum etwas. Neben einer stark befahrenen Autobahn und der nächsten Siedlung sollte ein viertelkilometerbreiter Waldgürtel stehen. Der würde den Schall auf ein erträgliches Murmeln reduzieren.

Der zweite wichtige Punkt könnte unter dem Stichwort »Immissionsschutz« zusammengefaßt werden. Wälder und Hecken absorbieren Staub, Gase und nehmen flüssige Sprühstoffe (Aerosole) aus dem Wind, der hindurchbläst. Staub setzt sich beispielsweise einfach deshalb ab, weil die Windgeschwindigkeit im Wald kleiner ist als im freien Luftraum. Wenn es regnet, wird der Staub ausgewaschen und gelangt in den Boden, wo er zur Humusbildung mit beiträgt. Der »Staubfilter Wald« wird durch den Regen also regeneriert. Auch diese »Filterkapazität« hängt durchaus vom Ausmaß der bestandsbildenden Arten ab. Für die Buche wurde beispielsweise eine Kapazität von 70 Milligramm Staub pro Gramm Blattgewicht geschätzt, für die Bergkiefer das Dreifache. Umgerechnet bedeutet das, daß ein Hektar Wald die Fähigkeit aufweist, bis zu einer Tonne Staub abzulagern, bevor der nächste Regen die Filterporen reinigt.

Im Zusammenhang mit dem Staubschutz steht natürlich die altbekannte Fähigkeit von Wäldern und Hecken, Luftströmungen abzuschwächen: Windschutz. So dienen die Büsche, Hecken und Baumgruppen um einzeln stehende Häuser nicht nur dem Blickschutz, sondern dämmen Windböen und vermindern damit auf indirekte, aber sehr spürbare Weise die Heizkosten.

Ein ganz wichtiger Punkt ist der Erosionsschutz. Man macht sich heute kaum mehr eine richtige Vorstellung davon, wie um die Zeiten-

wende die typische Mittelmeerlandschaft ausgesehen hat. Was wir heute in Jugoslawien und Griechenland als kaum bewachsenen, höchstens mit buschartiger Macchia überzogenen, allgegenwärtigen Karst sehen, war früher durchweg waldbestandenes Gebiet. Der bereits im Altertum weit fortgeschrittene Raubbau an den Wäldern hat zu einer umfassenden Erosion des Bodens geführt. Erschreckende Beispiele finden sich besonders im italienischen Apennin. Wo der Humus, sowieso nicht sonderlich stark, bis auf die nackten Kalkfelsen abgespült worden ist, scheint eine Wiederaufforstung aussichtslos. Natürliche Humusbildung geht sehr langsam vor sich, und wo heftige Winde und Regengüsse wüten können, kann sich fruchtbarer Waldboden nicht halten. Eine natürliche Wiederbegründung dieser vom Menschen geschaffenen künstlichen »Karststeppen« kann Jahrzehntausende benötigen, wenn sie sich überhaupt je einstellt. Zwar verhindert auch eine geschlossene Grasnarbe die Erosion – man vergleiche die amerikanischen Prärien. (Seit der Zerstörung des natürlichen Bewuchses in der Folge maschineller Pflügung größter Anbauflächen verfrachtet der Wind jährlich Millionen Tonnen Humus!) Dieses nützt aber nichts, wenn die Grasnarbe beispielsweise durch Wildtritte leicht zerstörbar ist. Das ist schon unter normalem Wildbesatz der Fall, bei Steillagen im Gebirge. Seitdem beispielsweise Hirsche und Steinböcke vielerorts überhand genommen haben, kommt kein Jungwald mehr auf.
Ähnlich verhindern die Ziegen im Mittelmeerraum zuverlässig jede Wiederaufforstung. Der Karst und das »Ziegenproblem« sind untrennbar miteinander verbunden. Wo Ziegenherden weiden, kommt selbst eine vielfältige Hartlaubbedeckung nicht mehr auf, von einzelnen Pflanzenarten abgesehen, die die Ziegen verschmähen. Vor einem runden Jahrzehnt wurde deshalb in Jugoslawien die Ziegenhaltung von Staats wegen schlicht verboten. Man sieht zwar immer noch welche, wenn man in das Landesinnere fährt, aber in Form von Herden tritt das Haustier des kleinen Mannes nicht mehr auf. Dies ist die erste, unabdingbare Voraussetzung für jegliches Bemühen, Hecken und Wälder wieder großzuziehen, und sei es im kleinsten Maßstab.
Kulturen tief wurzelnder, niederer Sträucher an künstlich angelegten Steilhängen – beispielsweise beim Autobahnbau – können in sehr kurzer Zeit zu einer zuverlässigen Bodenverfestigung führen und sehen bereits nach ein, zwei Jahren ganz hübsch aus, fügen sich jedenfalls natürlicher ein als jede Verfestigung mit Mauern oder Stahlnetzen. In die-

sem Zusammenhang wären auch noch die Schutzfunktionen von Gebirgswäldern gegen Lawinen zu nennen. Es gibt keinen besseren Schutz als einen gewachsenen, großräumigen Wald. Viel Mühe wird deshalb darauf verwendet – und viel Geld dazu –, Wälder als Sperriegel gegen Lawinen wieder aufzuforsten, wo sie kurzsichtigerweise abgeholzt worden sind. Das geht aber nicht so ohne weiteres; man kann den Wald nicht einfach sich selbst überlassen, sondern muß unter möglichst genauer Kenntnisse der ökologischen Zusammenhänge gezielt eingreifen. Ganz allgemein kann man sagen, daß die Wiederherstellung einer ehemals natürlichen Gegebenheit nach Zerstörung durch den Menschen fast niemals dadurch bewerkstelligt werden kann, daß man einfach nichts tut und wartet, bis sich die Natur wieder regeneriert hat. Was so scheinbar mühelos und »ganz von selber« vor sich geht, wie die Begründung eines Heidestücks durch aufstrebenden Wald, ist nach Änderung der Umweltbedingungen durch den Menschen nur mit großem Aufwand und viel Feinarbeit annähernd wieder hinzubiegen – eine Lehre, die zu denken geben sollte. Bei entsprechendem Geldaufwand geht allerdings manches – wie die Rekultivierung der rheinisch-westfälischen Braunkohlengebiete unter ökologischen und landschaftsbiologischen Gesichtspunkten zeigt. Eine Landschaft wird zerstört, aber aus dem Zusammenwirken von Unternehmen, Ökologen und Landschaftsgestaltern entsteht eine neue, andersartige, aber nach einiger Zeit durchaus natürlich erscheinende »sekundäre Urlandschaft«. Das muß nicht, kann aber ein Wald sein.

5 Wald und Wasserhaushalt

Wo ein geregelter Wasserhaushalt des Bodens wichtig ist, ist der Wald tatsächlich unersetzbar. Kein anderes Ökosystem verdunstet, bezogen auf die Flächeneinheit, so viel Wasser wie ein kräftiger Laub-Mischwald. Es wäre denkbar, daß auf der Leeseite großer Wälder, also – aus der Richtung des strömenden Winds gesehen – »hinter« solchen Waldflächen, der gesteigerte Wasserdampfgehalt verstärkt wieder abgeregnet wird. Gesichert ist dies allerdings noch nicht. Bei allem ist die Verdunstung auch nicht größer als die einer freien Wasserfläche, beispielsweise einer Talsperre, in nassen Jahren sogar etwas geringer. Nur verändert das »Fließgleichgewicht« die Wasserführung der obersten

Bodenschichten. So zeigten Beobachtungen des Grundwasserspiegels eines Buchenbestands einen typischen Jahresgang mit besonders starkem Absinken in den Sommermonaten (Abb. 1, 3a). Nach Kahlschlag war der Grundwasserspiegel deutlich gestiegen und zeigte nicht mehr die starke Abhängigkeit von der Jahreszeit. Lag er im Sommer beim Buchenwald um 2 m, so erreichte er bei der Kahlfläche einen Stand von rund 1 m. Durch die Transpiration der Bäume werden die obersten Bodenschichten zwar etwas wasserärmer; sie können nun aber besonders gut ihren »Schwammeffekt« zum Tragen kommen lassen. Einen plötzlich einströmenden Wolkenbruch nehmen sie praktisch quantitativ auf. Erst mit großer Verzögerung wird die überschüssige Feuchtigkeit als Sickerwasser abgegeben, verschwindet im Grundwasser oder wird mit der Transpiration in die Luft geschickt. Ein weiterer Effekt kommt dazu: Das Wasser wird verändert, von Staub und Schadstoffen befreit, durch den Waldboden sozusagen gefiltert und gereinigt. Von der physikalischen Konsistenz her ist der Waldboden dazu besonders gut geeignet, weil er grobporiger ist als beispielsweise Wiesenboden, von dem das Wasser oberflächlich abfließt und dabei zerstörerische Erosionswirkung aufweisen kann. Die Pufferwirkung der Wälder kann gar nicht genug herausgestrichen werden. Sie ist für den landschaftsökologischen Wasserhaushalt von ausschlaggebender Wichtigkeit. Ein Meßbeispiel ist in Abb. 1, 3b dargestellt. Bei gleichen geologischen und landschaftlichen Gegebenheiten ist der Wasserabfluß von Weideland deutlich größer als von einem benachbarten Waldbestand. Außerdem folgt er jeder kleinen Niederschlagsänderung getreulich, während diese feinen Spitzen vom Wald »abgepuffert« werden, in der Kapazitätsreserve verschwinden und somit nicht in Erscheinung treten. Verschiedene Waldtypen sind nun allerdings in unterschiedlicher Weise zu einem solch günstigen Wasserhaushalt befähigt. Außerdem hängt das »Regen-Rückhaltevermögen« sehr deutlich von der Regenhöhe ab. Ein schwacher Schauer kommt gar nicht erst zum Boden. Er bleibt in den Kronen hängen und verdunstet wieder. Je stärker der Regenguß ist, desto mehr Wasser kann – relativ gesehen – aufgespeichert werden. Es verschiebt sich dann nämlich der Anteil der in den Kronen zurückgehaltenen Flüssigkeit zugunsten der durch die Kronen auf den Boden tropfenden. Beim Fichtenwald ist das bis zu hohen Niederschlagsmengen besonders deutlich ausgeprägt. Beim Buchenwald dagegen ändern sich die Relationen schon ab Regenhöhen von einigen

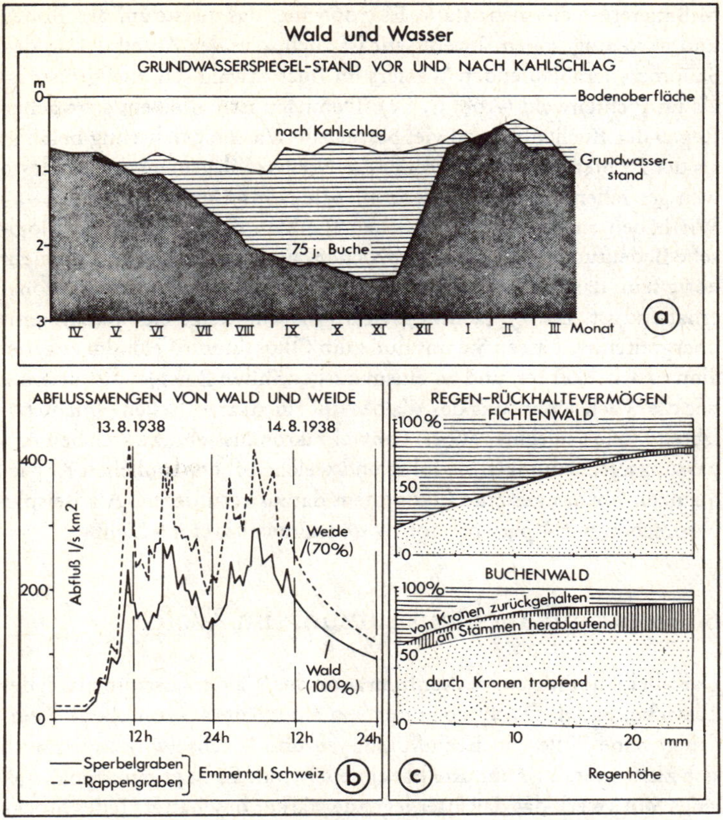

Abbildung 1.3

Millimetern nicht mehr stark. Es tropft hier das meiste auf den Boden und wird aufgesogen. Interessant ist auch, daß der Anteil des an den Stämmen herablaufenden Wassers im Buchenwald sehr viel größer ist als im Fichtenwald (Abb. 1, 3c). Demnach ist bei einem schwachen Regen der Buchenbestand viel besser zur Wasserspeicherung befähigt als der Fichtenbestand. Je größer die Niederschlagsmenge wird, desto weniger fallen die Unterschiede allerdings ins Gewicht.

Wir haben an einigen wesentlichen Punkten die landschaftsökologische Bedeutung der Wälder besprochen. Es wird demnach kaum mehr nötig sein, darauf hinzuweisen, daß Waldschutz schlicht zivilisationserhaltend ist. Die Betrachtungsweise war allerdings eine ökosystemübergreifende. Lassen Sie uns nun zum Ökosystem Wald »im engeren Sinn« zurückkehren und an einem ausgewählten Beispiel diskutieren, wie die Wechselwirkung des Waldes mit einem abiotischen (»nicht-belebten« – ein schlechtes Wort) Umweltfaktor aussieht, zu welchen Anpassungserscheinungen sie führt und welche oft erstaunlichen Konsequenzen für das gesamte Ökosystem daraus resultieren. Als Beispiel besprechen wir – pars pro toto – den Umweltfaktor »Licht«.

6 Licht und Lichtausnutzung im Wald

Daß allein die Stockwerkskonfiguration der Wälder zusammen mit der Tatsache, daß das Licht eben nur von einer Seite – »von oben« – eindringt, eine Fülle von Beeinflussungen und Wechselwirkungen nach sich ziehen muß, ist unmittelbar einleuchtend. Es ist ja ganz banal, daß jedes Stockwerk das darunterliegende stärker beschattet. Jedes Stockwerk wird demnach seine eigenen Methoden der Lichtnutzung entwickeln. Da die Beschattung im Jahresrhythmus sich ändert – im Frühling ist das Licht schwach, es kommt aber trotzdem mehr zum Boden durch, weil das Laub fehlt; im Sommer ist das Licht stark, es kommt aber trotzdem nur ganz wenig zum Boden durch, wenn alle oberen Stockwerke ihr Laub ausgebildet haben –, werden sich gerade die unteren Stockwerksniveaus besonders stark auf den Jahresrhythmus einstellen müssen. Allein diese beiden leicht einzusehenden Gesichtspunkte – zunehmende Beschattung der unteren Stockwerke und Jahresgang des Lichts am Boden – sind die Ursache für ein überraschendes Gewirr ökologischer Beziehungen und prägen in entscheidendem

Maße das Erscheinungsbild unserer Wälder, so wie es uns beim Spazierengehen bewußt wird.
Wer einmal versucht hat, im dichten Wald zu fotografieren, wird sich mit einer Kamera ohne Belichtungsmesser mit Sicherheit verschätzen und völlig unterbelichtete Bilder mit nach Hause bringen. Aber auch bei einer modernen Spiegelreflexkamera ist man geneigt, der Nadel des Belichtungsmessers nicht so recht zu trauen, denn sie zeigt Lichtverhältnisse an, die noch schlechter sind als auf den nächtlichen Straßen einer Großstadt. Belichtet man auf der angrenzenden Wiese vielleicht bei Blende 8, eine 250stel, so mag wenige Dutzend Meter weiter in einem Wald mit Unterwuchs eine Zehntel Sekunde bei Blende 2 richtig sein (Farbtafel 1, a). Insgesamt hat man mit der zweiten Einstellung eine 500fach größere Lichtmenge auf den Film wirken lassen als mit der ersten. Daraus kann man schließen, daß am Boden des dichtbelaubten Buchenbestands nur noch 0,2 % der Lichtmenge herrschen wie auf dem freien Gelände oder auch auf den Buchenkronen, wenn man sie von oben betrachtet. Rechnet man an einem schönen Sommertag mit einer Außenstrahlung von 55000 Lux, so hätten wir am Waldboden nur noch gut 100 Lux. Das reicht nicht mehr für das Hochkommen einer geschlossenen Krautschicht aus. Nicht einmal Moose und Farne können hierbei noch gedeihen, wenigstens nicht solche Formen, die geschlossene Decken auf Buchenwaldboden bilden. (Am Eingang von Höhlen, auf den Felswänden, wachsen hochspezialisierte Moose und Luftalgen allerdings noch bei Lichtintensitäten, die nur 0,5 %–0,1 % des vollen Tageslichts entsprechen. So niedere Lichtwerte finden sich auf dem Waldboden allerdings nur in Ausnahmefällen. Wir wissen ja alle, daß der krautige Unterwuchs in den meisten Wäldern recht gut entwickelt ist.) Setzt man denjenigen Anteil der Außenstrahlung, der von der Photosynthese genutzt werden kann, gleich 100 %, so lassen sich für einen »typischen« Laubmischwald die folgenden Werte angeben (Abb. 1, 4): 10 % werden von den Blattoberflächen wieder reflektiert, bleiben noch 90 %. 79 % absorbieren die Laubbäume, 7 % (im statistischen Durchschnitt) die Nadelbäume. Es bleiben insgesamt noch 4 %. Aus diesem schwachen Restlicht filtern sich die Sträucher des dritten Stockwerks nochmals 2 % des Anfangswertes heraus, so daß ganze 2 % den Waldboden erreichen und der Kraut- und Moosschicht des ersten und zweiten Stockwerks zur Verfügung stehen. Bei geschlossenen Laubwäldern ist der Bodenwert im Durchschnitt sogar

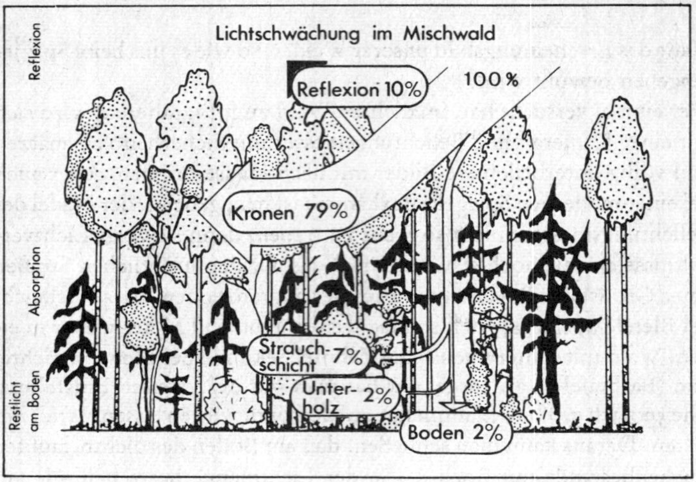

Abbildung 1.4

noch kleiner, selbst wenn man annimmt, daß das dritte und vierte Stockwerk der Strauchschicht und des Baumunterwuchses ganz fehlt. Man rechnet hier mit 0,5 %.

Die Werte zeigen schlagartig das große Spektrum der »Assimilationsmöglichkeiten«, und dabei haben wir die Änderung der spektralen Lichtzusammensetzung, das heißt die zunehmende »Grünfiltration« des Lichtes beim Durchstrahlen der einzelnen Stockwerke, noch gar nicht in Betracht gezogen. Aber auch so sind die Werte schon verblüffend genug. Ein Buchenblatt aus der äußeren Kronenschicht, auf den Waldboden gelegt, könnte nicht funktionieren, weil es vielleicht nur ein 250stel der gewohnten Lichtintensität empfangen würde. Andererseits würde ein schattenliebendes Moos, das nun gerade auf diesem Waldboden gut gedeihen kann, zugrunde gehen, fällte man die Bäume und setzte es dem direkten Licht aus. Die nun 250fach höhere Lichtintensität könnte es nicht tolerieren. Schon an ein und demselben Buchenbaum finden sich Unterschiede um das 10fache und mehr, je nachdem, ob man die Süd- oder die Nordseite eines Baums betrachtet oder die Außenregion der Krone mit der Unterkante vergleicht. Die Buche reagiert auf die unterschiedlichen Lichtwerte mit der Ausbildung spezialisierter Blätter. Bei starker Beleuchtung sind die Blätter kleiner und derber und tragen eine mehrfache Lage von Zellschichten

b
d

1 Schattenflora

a Speziell im Nadelwald liegen hellste Besonnung auf Lichtungen und dunkelster Schatten oft hart nebeneinander. Demgemäß ändert sich die Waldbodenflora an solchen Grenzen auf Meterbreite drastisch. Während auf den Lichtungen lichtliebende Arten wachsen, beispielsweise das Weidenröschen, findet sich hart daneben die typische Schattenflora.

b Der Waldsauerklee (Oxalis acetosella) gehört zu den schattenliebenden Bodenpflanzen. Seine stumpf-weißen, längsgestreiften Blüten sind unverkennbar. Das dreilappige Blatt kann auf- und niedergeklappt werden; bei zu starker Besonnung werden die Lappen an dem Blattstiel angelegt und in sich etwas gefaltet.

c Auch das kleine Springkraut (Impatiens parviflora) gehört zu den schattenliebenden Arten. Seine kleinen, gelben Hängeblütchen und die Springfrüchte, die wie Miniaturgurken aussehen, machen es allbekannt. Die Abbildung ist in Richtung des vorherrschenden Lichteinfalls aufgenommen. Man sieht, wie sich die Blätter so abspreizen, daß sie sich möglichst wenig überlappen und damit dem schwachen Lichteinfall eine möglichst große absorbierende Fläche entgegenstrecken.

d Zu den Pflanzen der schattigen Waldböden gehört auch die Einbeere, Paris quadrifolia. Die vier Blätter stehen kreuzförmig ausgestreckt in einer Ebene. Die Pflanze blüht unscheinbar grünlich-gelb und fruchtet bereits im zeitigen Sommer mit einer einzigen, kleinfingernagelgroßen, lackschwarzen Beere. Die hier abgebildete Pflanze ist eben abgeblüht.

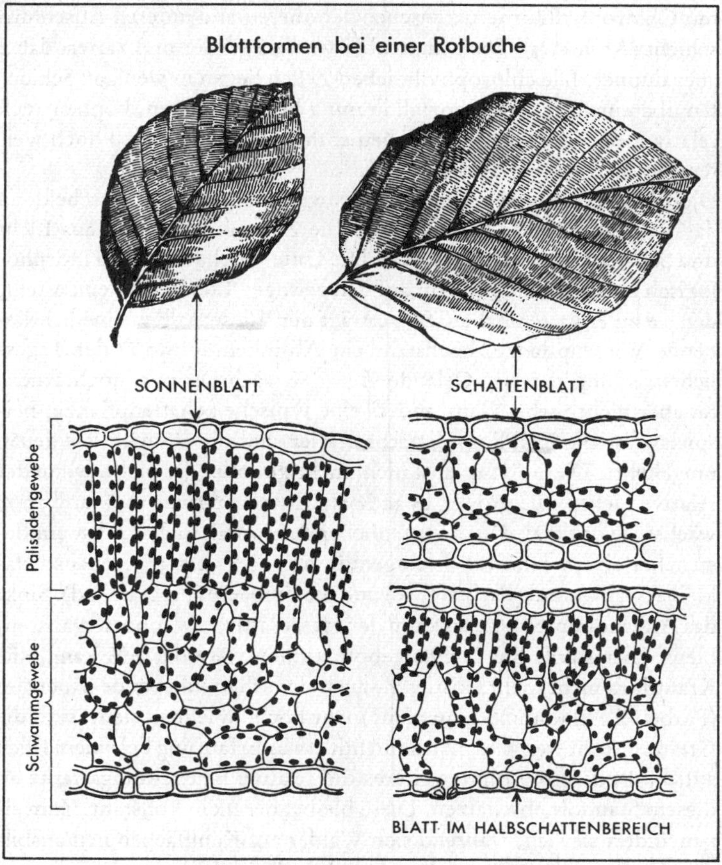

Abbildung 1.5

mit Chlorophyllkörnern zwischen der oberen und unteren Abschlußschicht (Abb. 1, 5). Die Schattenblätter sind größer und zarter, dabei aber dünner. Die chlorophyllreichen Zellen liegen in wenigen Schichten übereinander, im Grenzfall in nur 2 bis 3 Schichten, können auch relativ mehr Chlorophyllkörnchen enthalten. Es gibt dazu noch weitere physiologische Anpassungen.
Die Lichtverhältnisse in einem Hochwald prägen ganz entscheidend das Vegetationsbild, das heißt also die Zusammensetzung aus Licht und Schatten liebenden Pflanzen. Die Unterwuchsarten sind morphologisch und physiologisch oft auf den geringen Lichtgenuß eingestellt, den sie zu erwarten haben. So verträgt der Wiesensalbei, eine lichtliebende Wiesenpflanze, höchstens ein Absinken auf 30 % der Tageslichtstrahlung im freien Gelände. Bei 20 % wächst er zwar noch, fruchtet aber nicht mehr. Ganz anders eine typische Schattenpflanze, beispielsweise die Frühlingsplatterbse. Hier sind die Verhältnisse genau umgekehrt. Diese Art wächst nicht mehr gut oder gar nicht, wenn der relative Lichtgenuß größer als 30 % ist. Zwischen rund 30 % und 20 % wächst sie optimal. Der schattenliebende Hasenlattich wächst am besten bei einem relativen Lichtgenuß von 10 % bis 5 %, ebenso das kleine Springkraut (Farbtafel 1 c) und die Einbeere (Farbtafel 1 d). Sinkt das Angebot unter 3 %, so kann der Hasenlattich zwar noch wachsen, bleibt aber steril. Bei Lichtangeboten unter 1 % oder 2 % kann eine Krautflora nicht mehr existieren, auch der schattenliebende Sauerklee (Farbtafel 1 b) kommt dann nicht mehr hoch. Wie man sieht, sind die Grenzen recht eng, und man kann mit etwas Erfahrung bei einem Blick auf die Bodenflora ohne weiteres die relative Beleuchtungsstärke an diesem Standort abschätzen. Diese bleibt aber nicht konstant. Zum einen ändert sie sich, während sich Wälder auf Kahlflächen neu ausbilden. Zum andern ändert sich ja auch das relative Lichtangebot mit dem Jahresablauf.

7 Über Licht- und Schattenhölzer sowie Frühlingspflanzen am Waldboden

Wenn eine Kahlfläche (ohne Zutun des Menschen) neu besiedelt wird, so wachsen zunächst selbstredend lichtliebende Bäume, sogenannte »Lichtholzarten«, wie die Zitterpappel und die Hängebirke. Sie brauchen relativ starke Beleuchtungen; unter 11 % wachsen sie nicht mehr. Dies führt zu einer interessanten Konsequenz. Wird der Bestand zu dicht, so daß die Beleuchtung am Boden unter 11 % des Außenlichtes sinkt, so können keine Jungpflanzen von Zitterpappel und Hängebirken mehr hochkommen. Mit der zunehmenden Entwicklung schneiden sich die Erstbesiedler also sozusagen den Lebensfaden ihrer eigenen Nachkommen ab. Nun wachsen am Waldboden nur noch Jungpflanzen von Bäumen, die stärker schattenangepaßt sind, beispielsweise die Steineiche und die Buche. Sie vertragen noch gut Lichtminima von 4 % bzw. 1,6 %. Die Jungbäume streben nun ans Licht, wachsen sehr rasch, überholen die Erstbesiedler, die nun im Schatten der Kronen ihrer Nachfolger nicht mehr weiter existieren können und absterben. Letztlich bleibt ein gemischter Eichen-Buchenwald übrig. Im Detail ist das Ganze noch viel weitergehender und komplexer. Man spricht von »progressiven Sukzessionsreihen« und meint damit, daß sich in bestimmter Aufeinanderfolge immer wieder andere Arten durchsetzen. Den Lichtholzarten folgen die Schattenholzarten und so weiter.

Solche Sukzessionen fallen dem Waldspaziergänger kaum auf, denn die Änderungen vollziehen sich ja langsam, im Laufe von Jahren oder Jahrzehnten. Viel deutlicher dagegen ist die jahreszeitliche Änderung zu bemerken. Beträgt die sommerliche Lichtintensität am Boden eines durchschnittlichen Buchenmischwaldes rund 2 %, so steigt sie im zeitigen Frühjahr auf 50 % des Außenwertes. Das sagt noch nichts über die absolute Beleuchtungsstärke aus (die in Lux gemessen wird). Es besagt nur, daß von der im Frühling herrschenden Beleuchtungsstärke über den Kronen (die kleiner ist als im Sommer) 50 % bis zum Waldboden kommen. Will man den absoluten Gang der Lichtintensität auf dem Waldboden über die Jahresmonate verfolgen, so muß man sowohl den Jahresgang der Strahlungsschwankung über den Kronen als auch den wechselnden Beschattungsgrad durch die Ausbildung des Laubes in Betracht ziehen. Insgesamt ergibt sich so eine Verteilung, wie sie in Abb. 1, 6a, S. 36, eingezeichnet ist. Demnach wird das Lichtmaximum gegen Ende des Vorfrühlings erreicht, etwa im März, wenn die Bäume noch unbelaubt sind, die Sonne aber schon höher steht. Ein – kleineres – Nebenmaximum tritt im Frühherbst kurz nach dem Laubfall auf. Im Hochsommer ist das absolute Minimum erreicht; selbst im Winter ist die Beleuchtungsstärke noch mehrfach größer. Daraus ergeben sich

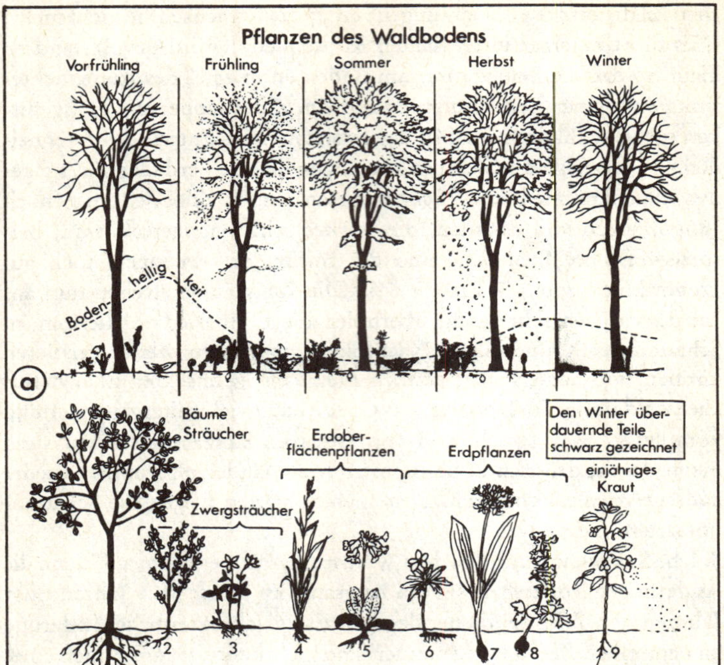

Abbildung 1.6

selbstredend Konsequenzen für die Schattenflora der Waldböden. Lichtliebende Krautarten haben gar keine andere Chance als relativ früh im Jahr sich zu entwickeln und bereits dann zu blühen und zu fruchten, wenn die Bäume noch unbelaubt sind. Dies wiederum setzt voraus, daß sich ihre Triebe aus unterirdischen Reserven rasch entwikkeln können, die den Winter unbeschattet überdauern (Abb. 1, 6b). So findet man gerade bei den Frühblühern eine Menge »Erdpflanzen« wie Buschwindröschen (Farbtafel 2d), Bärenlauch (Farbtafel 2c) und Leberblümchen (Farbtafeln 1b und 3). In sehr kurzer Zeit, im Grenzfall in wenigen Tagen, werden die in den unterirdischen Reserveorganen aufgesparten energiereichen Stoffe aufgebraucht. Wenn es warm wird, überzieht sich dann der Waldboden praktisch über Nacht mit einem grünen Flor und mit weißen oder bunten Blüten. Pflanzen, die im Sommer blühen, findet man auf den Wiesen in Massen; in den Wäldern sind sie die Ausnahme, da sie mit äußerst geringen Lichtmengen auskommen müssen. Ein Blick auf Abbildung 1, 5c, S. 33, zeigt dies. Die wesentlichsten Bodenpflanzen eines Rotbuchenwaldes wachsen zwar bisweilen über viele Monate (so das Waldbingelkraut von Mitte März bis Ende November), blühen und fruchten aber fast alle im Vorfrühling oder zumindest noch im späten Frühling, während die Buchen ihr Laubdach ausbilden, aber die Entfaltung noch nicht abgeschlossen haben. In unserer Zusammenstellung zeigen nur der Waldziest und das gewöhnliche Hexenkraut ein Abweichen von dieser Regel.
So zieht eines das andere nach: Die Waldbodenbelichtung, abhängig von Sonnenstand und Laubausbildung, ist im späten Frühling, Sommer und Frühherbst sehr klein. Nur ganz wenige krautige Pflanzen kommen mit diesen Werten zurecht, sitzen sozusagen am äußersten Ende der Lebensskala für diese Formen. Die anderen können den Waldboden nur besiedeln, wenn sie früher blühen und fruchten als die Bäume ihr Laub ausbilden. Dafür verläuft der Aufbau eines Pflanzenkörpers aus Samen, die Bildung von Blättern, die Synthese von Reservestoffen und dann die Formung der Blüten, Samen und Früchte viel zu langsam. Reservestoffe müssen schon »vorgefertigt« sein. Oberirdisch können sie aber nicht gelagert werden, da sie in strengen Wintern den Frost nicht aushalten würden. Frühblüher müssen deshalb im allgemeinen unterirdische Reservebehälter haben, in Form von Knollen, Zwiebeln, fleischigen Wurzelstöcken und anderen Hilfsorganen.
Wir haben den ganzen Komplex der interessanten Lichtabhängigkeiten

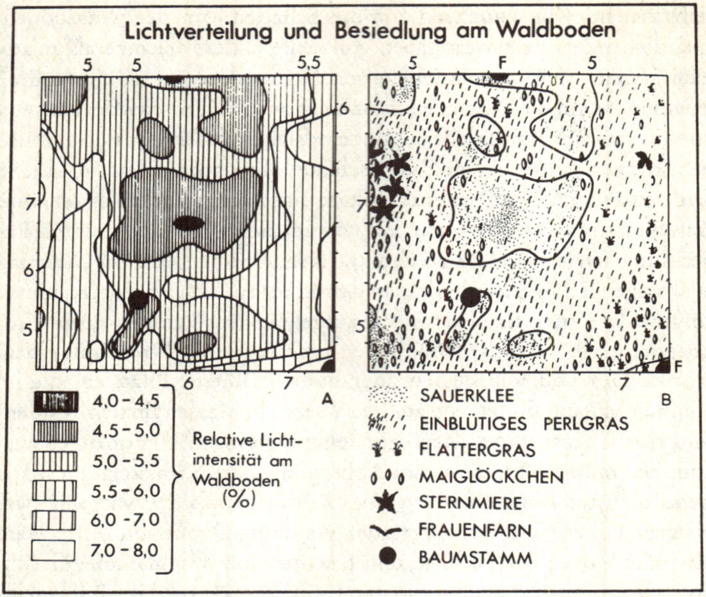

Abbildung 1.7

bisher sozusagen global behandelt. Der Waldboden wird aber nie homogen bestrahlt. Zufällige Verteilungen und Ausbildungen der beschattenden Bäume lassen Stellen, die fast kein Licht bekommen, abwechseln mit ganz gut beleuchteten Flecken. Demgemäß wird die Bodenflora auch in einem Buchenmischwald mit relativ einheitlich erscheinender Baumbedeckung von Meter zu Meter mehr oder minder auffallende Unterschiede zeigen. Dies verdeutlicht die Abbildung 1, 7. Hier wurde eine Probefläche von nur 10 × 10 m vermessen, sowohl hinsichtlich der Verteilung der relativen Beleuchtungsstärke als auch hinsichtlich der einzeln wachsenden Pflanzenarten. Man sieht, daß bei relativen Werten von 6 % bis 8 % noch der Waldfrauenfarn wächst; den Bändern von 5 % bis 6 % folgen ganz gut das Flattergras und das Maiglöckchen, während unterhalb von 4,5 % nur noch das einblütige Perlgras wächst, aber nicht mehr blüht und fruchtet. In diesen dunkelsten Regionen nun siedelt sich der Sauerklee an (Farbtafel 1 b). Er ist eine extreme Schattenpflanze.

Wir haben nur ein einziges Beispiel herausgegriffen – die Waldbodenflora – und nur einen einzigen ökologischen Faktor betrachtet: das Licht. Bereits hier waren die Querverbindungen schon sehr vielseitig und komplex. Das Licht beeinflußt in seinem jahreszeitlichen Gang und seiner momentanen Verteilung sehr drastisch den Bewuchs. Gingen wir einen Schritt weiter und betrachteten gleichzeitig auch die höheren Stockwerke, so müßte man zudem noch sagen, daß auch der Bewuchs das Licht verändert und damit auf diese indirekte Weise wieder die Besiedelung der unteren Stockwerke aufs Einschneidenste bestimmt und begrenzt. Noch komplexer wären die Querbeziehungen, wenn man andere abiotische Faktoren für sich betrachtet, beispielsweise Luftbewegung, Temperatur, Feuchtigkeit. Zudem wären viele Querverbindungen zu ziehen, teils von einem ökologischen Faktor zum anderen (Feuchtigkeit und Temperatur sind auf gar nicht so einfache Weise miteinander gekoppelt), aber auch von den Lebensformen zu diesen Faktoren (ein geschlossenes Blätterdach bedeutet zwangsläufig eine höhere Luftfeuchtigkeit). Damit verkompliziert sich wieder die Wechselwirkung zwischen den Lebensformen selbst (das geschlossene Blätterdach des tropischen Regenwalds begünstigt die Baumbesiedelung durch Aufwuchspflanzen [Epiphyten], die wiederum im Grenzfall Bäume töten können, wodurch Löcher in den Bestand gerissen werden, die wiederum die lokalen Licht- und auch Temperaturverhältnisse – damit auch wieder die momentane lokale Feuchtigkeit – verändern). So hängt alles mit jedem zusammen. Man darf sich nicht vorstellen, daß alle Querverbindungen schon genügend erforscht sind. Gerade bei den Wäldern der Tropen ist noch viel Grundlagenarbeit zu leisten, bevor man das gesamte vernetzte Wechselgefüge der ökologischen Querbeziehungen zwischen den belebten und unbelebten Faktoren wirklich durchschauen kann.

8 Wie man Wälder pflanzensoziologisch klassifizieren kann

Bis an diese Stelle wollte ich Sie führen, Ihnen das Prinzip der Wechselwirkung und der vernetzten gegenseitigen Einflußnahme an einigen wenigen, aber typischen Beispielen aus dem Bereich unserer mitteleuropäischen Wälder erläutern. Lassen Sie uns die Besprechung an dieser

Stelle nun abbrechen und zurückgehen auf den Anfang dieses Kapitels. Wir hatten von den verschiedenen Waldformen gesprochen, wie sie sich den betrachtenden Blicken darbieten, wenn man in Gedanken eine Reise von den Alpen über die Donau in den Jura unternimmt. Bietet sich eine Möglichkeit, solche Waldformen auf übersichtliche Weise systematisch darzustellen, wie in einem Koordinatensystem? Man hat das versucht und sich auf die folgende Auftragsmöglichkeit geeinigt: Die wichtigsten standortbestimmenden Faktoren sind auf der einen Seite der Säuregrad des Bodens, auf der anderen sein Wassergehalt. Die Abhängigkeit eines Phänomens von zwei Faktoren läßt sich nach Art eines kartesischen xy-Diagramms auftragen. Wenn man also auf der Ordinate (Hochkante eines Quadrats) den Wassergehalt aufzeichnet, aufsteigend von reinem Wasser bis zu sehr trockenen Böden, auf der Abszisse (liegende Kante eines Quadrats) den Säuregehalt von stark sauer bis alkalisch, so kann man jedem Wertepaar aus Wassergehalt und Säuregehalt (besser gesagt: pH) einen Punkt im Diagramm zuordnen. Wälder, die sich auf nassen Standorten und stark sauren Böden ansiedeln, stehen also unten links, solche, die sehr trockene und alkalische Böden bevorzugen, oben rechts. Da noch andere Standortbedingungen den Waldbestand mitbestimmen, beispielsweise die Höhenlage und die durchschnittlichen Klimaverhältnisse, gilt eine solche Auftragung nur für bestimmte Randbedingungen. Die Abbildung 1, 8, S. 41 gilt in etwa für gemäßigtes Klima und unter Ausschluß der höheren Berglagen. Es zeigt sich deutlich, daß unser mitteleuropäischer Buchenmischwald das »durchschnittliche« ist, also auf frischen (nicht zu nassen, nicht zu feuchten) Böden vorkommt im Bereich neutraler, schwach saurer bis schwach alkalischer Bodenreaktion. In bezug auf die Feuchtigkeit gibt es gewisse Grenzen; im reinen Wasser und auf absolut trockenem Boden wachsen keine Wälder. Sowohl auf stark sauren sowie auf stark alkalischen Böden können sich aber mehrere Laubwaldgesellschaften einstellen. Welche davon sich letztlich ausbildet, entscheidet die Bodenfeuchtigkeit. So wird sich im Umfeld neutraler Bodenreaktion auf sehr nassen Standorten ein Schwarzerlen-Auenwald ansiedeln, auf recht trockenen dagegen ein Flaumeichenmischwald. Auf recht sauren Böden dagegen wird sich bei nassen Standorten ein Heidelbeer-Fichtenwald ansiedeln, bei trockenen dagegen ein Stieleichenmischwald.

In ähnlicher Weise kann man eine graphische Darstellungsmöglichkeit

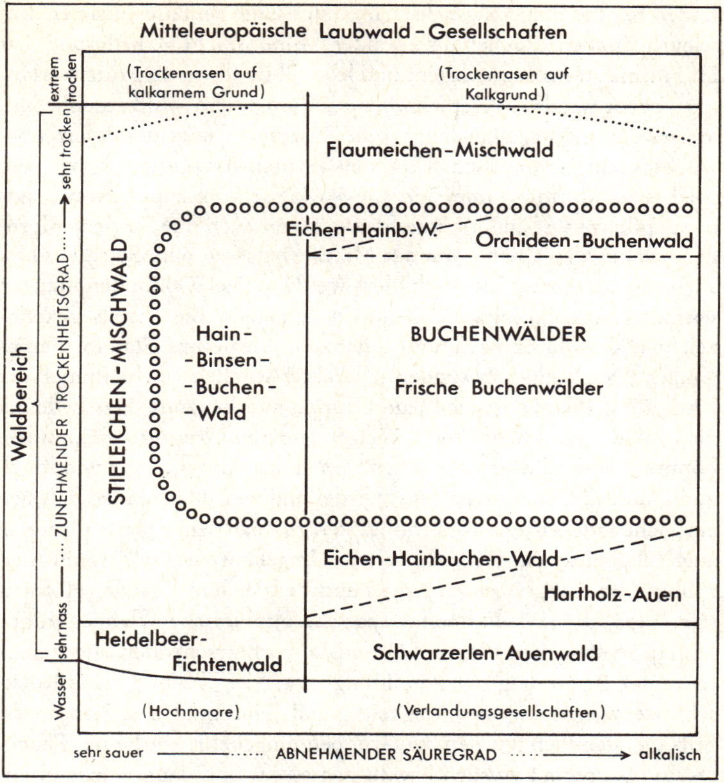

Abbildung 1.8

finden für die Pflanzengesellschaften des Unterwuchses unserer mitteleuropäischen Buchenmischwälder. Eine solche Gliederung hat H. Hofmeister vorgeschlagen, und ich will sie Ihnen im Prinzip erläutern, bevor wir dieses Kapitel über das Ökosystem Wald abschließen, in dem wir uns ausschließlich auf die Zusammenhänge des Pflanzenbewuchses und der abiotischen Umweltfaktoren konzentriert haben. Ein solches Standortdiagramm über die ökologischen Gruppen von Waldbodenpflanzen ist äußerst interessant, wenn auch nur für denjenigen, der sich ein wenig näher mit der Materie befassen will. So soll es hier auch nur als Anregung geschildert werden. Die Waldbodenpflanzen wurden in 24 ökologische Gruppen eingeteilt, die jeweils gekennzeichnet sind durch bestimmte Pflanzen, Areale und Standortbedingungen. Nach einer besonders charakteristischen (nicht immer der häufigsten) Pflanze ist eine jede Gruppe nun benannt. Das bedeutet nicht, daß diese Pflanze nicht auch in anderen Gruppen vorkommen könnte. Sie wird dort aber seltener in Erscheinung treten oder doch zumindest in Gemeinschaft mit wieder anderen Pflanzen, so daß sich ein leicht andersartiges Bild ergibt. So kann man benachbarte Gruppen auch relativ leicht auseinanderhalten. Umgekehrt läßt sich durch Auszählung eines abgesteckten Areals und Vergleich mit Tafeln (Hofmeister, 1978) die jeweils standorttypische ökologische Pflanzengruppe finden. So kann man allein auf Grund der vorherrschenden Pflanzenarten unter Benutzung der Abbildung 1, 9, S. 43 recht genaue Rückschlüsse ziehen auf Feuchtigkeits- und Säuregrad des Standortes. Selbstverständlich wurden die Gruppen umgekehrt erarbeitet. Feuchte- und Säuregrad wurden jeweils gemessen, und dann wurde in tatsächlich mühevoller und langwieriger Kleinarbeit herausgefunden, welche typischen Pflanzen vorkommen und wie sie sich in bestimmte ökologische Gruppen einteilen lassen. So zeigt die Abbildung beispielsweise, daß die Heidekrautgruppe trockene und stark saure Standorte liebt. Dazu gehören außer dem Heidekraut auch ein Gras, der Schafschwingel, ferner der kleine Ampfer und das kleine Habichtskraut. Die Schwertliliengruppe dagegen liebt sehr nasse Standorte, die nur schwach sauer sein dürfen. Außer der gelben Schwertlilie gehören zu dieser Gruppe noch typische Feuchtpflanzen wie die Wasserminze, der Teichschachtelhalm, einige Seggen und das Sumpflabkraut, aber auch der bittersüße Nachtschatten und der Hopfen. Recht charakteristisch ist die Buschwindröschen-Gruppe, die als »Nullacht-

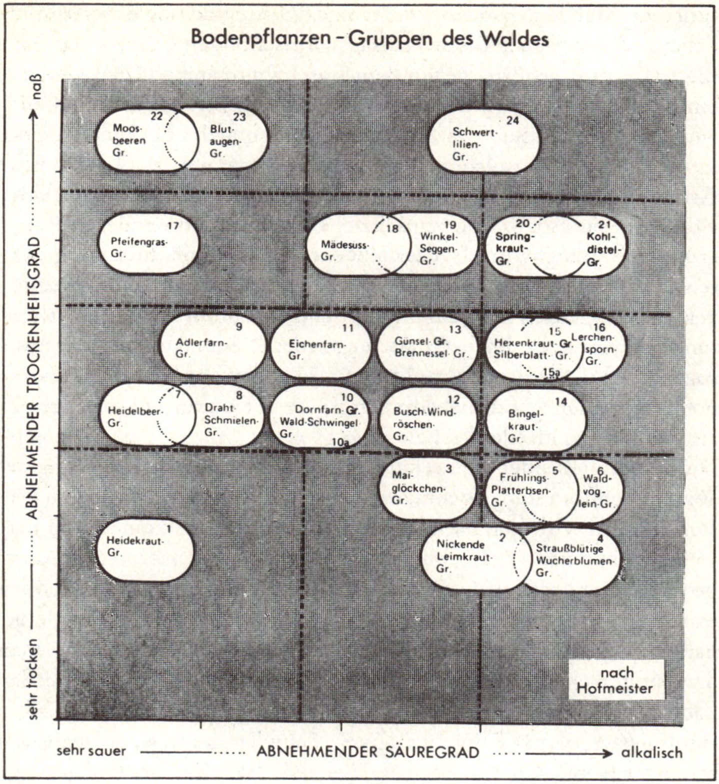

Abbildung 1.9

fünfzehn-Standort« Böden von mäßigem Säuregrad und durchschnittlichem Wassergehalt (»schwachsaure Frischböden«) bevorzugt. Zu dieser Gruppe gehören neben dem Buschwindröschen (Farbtafel 2d) einige Waldgräser, der Waldmeister, die große Sternmiere, die Goldrute, weiter kleinblütiges Springkraut (Farbtafel 1c), Efeu, kleines Immergrün, Waldveilchen, Goldnessel (Farbtafel 4). Jede solche Gruppe ist nun im Diagramm der Abbildung 1, 9 dort eingezeichnet, wohin sie sich sozusagen zurückzieht, wenn sie von anderen Randgruppen bedrängt wird. Ist das nicht der Fall, kann sie einen viel größeren Säure- und Feuchtigkeitsbereich besiedeln. Im Umfeld der eingezeichneten Flecken liegt das ökologische Optimum oder der Verbreitungsschwerpunkt der betrachteten Gruppe. Sehr viel größer ist die sogenannte ökologische Amplitude. Sie kennzeichnet, wie gesagt, die noch tolerierten Standortsbedingungen ohne Konkurrenzsituation, ist also eine mehr ideelle Größe.

Diese abschließenden Bemerkungen zur ökologischen Kartierung der Waldbodenflora sind, nochmals sei's gesagt, nur als Anregung zu verstehen. Man wird demnach das Problem verstehen können und mag vielleicht mit einigem Erstaunen feststellen, daß recht feine, standortbedingte Unterschiede in der Pflanzenbedeckung unserer Waldböden existieren, die man durchaus durch Abzählen bestimmter Areale bei halbwegs guter Pflanzenkenntnis nachvollziehen und aus denen man dann mit recht großer Sicherheit auf Bodenfaktoren rückschließen kann. Das Pflanzenbestimmen ist mit Hilfe gut gezeichneter Tafeln (Hofmeister, 1978) keine allzugroße Schwierigkeit, wenn man sich schon ein wenig damit befaßt hat. Wer also etwas Zeit hat und gern genauer hinschaut, findet hier eine Fülle von Möglichkeiten für Nachentdeckungen.

Wir haben uns bei unseren Streifzügen durch das »Ökosystem Wald« im wesentlichen mit Pflanzen beschäftigt. Im folgenden Abschnitt werden wir anhand des Ökosystems »See« zudem auch manches über Tiere hören. Im dritten Kapitel schließlich wollen wir beide Ökosysteme unter einem bestimmten Gesichtspunkt vergleichen. Wir wollen nachsehen, welche Energie sie umsetzen, wie groß ihre Produktion ist. Das sind ja Gesichtspunkte, die für die Praxis besonders bedeutsam sind. Ökologisches Arbeiten hat vielfach die Analyse und Klärung solcher Aspekte zum Ziel.

2 Ökosystem See

1 Retrospektiven zum Neusiedler See

Als ich das erstemal zum Neusiedler See fuhr – Mitte der fünfziger Jahre –, war ich noch Student. Ein paar Freunde hatten sich zusammengetan und einen alten Wehrmachtskübelwagen gekauft, der auf geheimnisvolle Weise aus dem Afrika-Feldzug zurückgekommen war. Die Einschußlöcher wurden notdürftig geflickt, die Seilzugbremse repariert, und das Ganze bekam einen »naturfreundlichen« grünen Anstrich. Auch wir Studenten besorgten uns unauffällige braungrüne Parkas und fanden uns nun für Entdeckungsfahrten wohlgerüstet. Mit einem solchen Wagen konnte man mitten ins Gelände fahren und auch im Vollgas über kleine Gräben hopsen; vom Wagen aus ließ sich ausgezeichnet beobachten, ohne daß man die Vögel gestört hätte. Nie werde ich den ersten Eindruck von den kleinen Zickseen vergessen, die flachen, salzigen Laken in der Umgebung des Neusiedler Sees, durch die Säbelschnäbler (Farbtafel 6a) und Rotschenkel (Farbtafel 2b) wateten, und in denen die großen Löffler reihenweise standen und mit ihren Köpfen im Wasser herumruderten. An den Ufersäumen des Sees watete man in knöchel- bis knietiefem Wasser und mußte aufpassen, daß man nicht ein halbes Dutzend medizinische Blutegel erwischte. Gelbrandkäfer (Farbtafel 10c) und die riesengroßen pechschwarzen Kolbenwasserkäfer ruderten die Menge herum, überall flirrende Heidelibellen, so weit der Blick reichte. Am flachen Ufer machten die Ziesel ihre Männchen. Tief über dem Röhricht flogen Rohrweihen im langsamen Suchflug, und weit drüben auf den Illmitzer Wiesen standen die Störche. In der Nähe der ungarischen Grenze mit ihren gräßlichen Wachttürmen weite Flachstrecken mit vielen kleinen Rohrhütten. Nächtelang saßen wir in solchen Dingern, zähneklappernd, um im ersten Morgengrauen Großtrappen bei der Balz zu beobachten. Auf der

anderen Seite des Sees, bei der Storchenstadt Rust, war damals schon ein langer Damm ins Wasser gebaut. Ein unbeschreibliches Leben, wenn man morgens um 4 Uhr, fern von allem Kulturlärm, mit leisen Schritten hinauslief gegen die blinkende Wasserfläche, während sich die Nebel unter den ersten Sonnenfingern hoben. Überall das Karre-karre-kiet des Drosselrohrsängers, noch steife, taubesetzte Großlibellen an den Schilfhalmen, Wasserfrösche zuhauf an den Wegrändern, Schwimmkäfer und Ruderwanzen im Flachwasser. Aus dem Röhricht dringt das Pitschen und Picksen der Rallen. Plötzlich gleitet, zum Greifen nahe, ein Purpurreiher lautlos über den Damm. In der Luft Flüge von Enten, und schon rudern auch die Störche von Rust herüber.
Weiter draußen wird der Rohrwald höher, das Wasser tiefer. Hier stehen die besten Hechte und hier leben Barsche und andere Grundler. Dort, an der Grenze des Röhrichts, endet der Damm. Hier beginnt die Zone der Tausendblätter und Laichkräuter und anderer »Schlingpflanzen«. Die Taucherbrille aufgesetzt und abgetaucht, längs der sich windenden Stengel. Viel sieht man nicht in dem trüben, an Schwebstoffen reichen Wasser des Steppensees. Und schon tauchen die Arme bis zum Ellenbogen in den weichen, kühlen Mud des Seebodens, obwohl die Füße fast noch aus dem Wasser gucken. Es schwimmt sich auch nicht gut in diesem von krausen Blättern der Laichkräuter durchsetzten Flachwasser. Also zurück zum Festland. Aus der Fahrrinne neben dem Damm tuckert langsam ein großes Fischerboot. Wir winken, und nach kurzem Handeln nimmt uns der alte Fischer mit hinüber auf die andere Seite, nach Illmitz. Wir wollen uns in dem ornithologisch berühmten Illmitzer Wäldchen einmal umschauen.
Vor kurzem war ich wieder am Neusiedler See. Viele der flachen Zickseen sind verschwunden oder trockengelegt; der Weinbau breitet sich aus. An anderen erheben sich Wohnwagenkolonien und Zeltstädte; statt der gemächlich schreitenden Löffler sausen nun Boote herum. Am Ende des Ruster Damms sind ganze Kolonien von Wochenendhäusern entstanden, auf Pfahlplattformen in den See gebaut. Von den Verbauungen der Ufer mag ich gar nicht reden. Die Zivilisation verlangt ihren Tribut. Seltene Wasserinsekten sind praktisch verschwunden, Reiher und »bessere« Weihen sieht man nicht mehr häufig, auch die Ziesel mochten sich nicht mehr zeigen. Draußen aber, die Laichkrautbestände am Übergang vom Röhricht des flachsten Wasser in die tieferen Uferbereiche – unverändert.

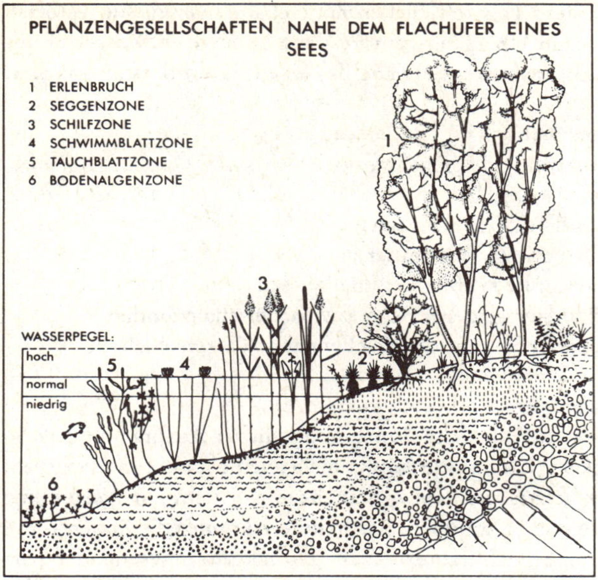

Abbildung 2.1

2 Lebensräume um und in einem See

Ein See grenzt ja mit seiner Uferlinie an das Land; dort verzahnen sich zwei ganz unterschiedliche Ökosysteme, beispielsweise Bruchwiesen oder Auwälder und das Ökosystem See. Der Übergang geschieht häufig ganz gesetzmäßig. Wo man Dämme aufgeschüttet oder Stege gebaut hat, beispielsweise in Rust oder am Federsee bei Buchau, erschließt sich diese in ihrer steten Wiederkehr ganz typische Vegetationszonierung dem Betrachter ohne weiteres. Wenn das umgebende Land flach ist, sind die Bänder der einzelnen Vegetationsbereiche breit und unübersehbar. (An Steilufern dagegen ändert sich das Bild drastisch.) Die jeweiligen Pflanzenbewohner dieser Bestände zeichnen sich nun durch ganz typische und charakteristische Ausgestaltungen und Anpassungen aus. Und jeden dieser Bereiche kann man, wenn man so will, als ein Ökosystem im kleinen betrachten, mit eigenen physikalischen Umweltfaktoren, speziellem Tierbesatz und besonderen Eigentümlichkeiten in den Querbeziehungen zwischen Mikroklima, Pflanzen- und Tierwelt. Sieben Zonen kann man im »ungestörten Normalfall« beim Übergang vom Festland zum freien Wasser unterscheiden, dazu noch drei Bereiche des eigentlichen Sees (Abb. 2, 1, S. 47):

1. Erlenbruchwald
2. Seggenbestände oder Flachmoore
3. Schilfzone (Röhricht)
4. Schwimmblattzone (Seerosen)
5. Tauchblattzone (Laichkräuter)
6. Bodenalgenzone (»unterseeische Wiesen«)
7. Aufwuchsfreier Bodenbereich (»Muschelschalenboden«)
8. Wasseroberfläche und oberflächennahe Wasserschichten
9. Tiefenwasserschichten
10. Tiefer Seeboden

Nicht immer treten alle diese Zonen in deutlicher Ausprägung auf. So fehlen infolge der Landkultur häufig die Zonen 1 und 2. In Flachseen, die mehr Teichcharakter haben, braucht es gar nicht zur Ausbildung der Zonen 5, 6 und 10 kommen. Bei Steilufern können die Zonen 4, 5, 6 auf einige wenige Laichkrautexemplare zurückgedrängt sein oder ganz fehlen; die Zone 4 fehlt häufig dort, wo keine windgeschützten Stellen vorhanden sind, und so fort. Wir wollen hier nicht lehrbuchhaft-systematisch eine Zone nach der anderen genau besprechen, obwohl wir jede kurz charakterisieren. Die Besprechung richtet sich vielmehr danach, wo die besten ökologischen Beispiele zu finden sind, was dem Wanderer und Spaziergänger am ehesten auffallen könnte, und welche Phänomene schließlich produktionsbiologisch besonders bedeutsam sind.

3 Der Erlenbruch

Wir hatten bei unseren Überlegungen zur Ökologie des Waldes ja schon gesehen, daß die Art der bestandsbildenden Waldformation sehr stark abhängt von der Bodenfeuchtigkeit und vom Säuregrad. Infolge des hohen Grundwasserstandes sind die Flachufer zivilisatorisch unbeeinflußter Seen sehr feucht, dazu – insbesondere bei moorigen Uferstreifen – eher sauer. Die Waldgesellschaft, die sich auf einen solchen Standort ansiedeln und halten kann, ist nach Abbildung 1, 8, S. 41 also

b
d

2 Frühjahrsblüher am Waldboden

a Der Huflattich, Tussilago farfara, blüht an Waldrändern. Zuerst erscheinen die bekannten, grellgelben Blüten, später erst die Blätter. Diese Art gehört zu den ersten Frühlingsblühern.

b Wenn im Laubwald noch alles braun und grau ist, schiebt das Leberblümchen, Hepatica nobilis, seine blauen Blütensterne durch den Waldstreu. Die »leberförmigen«, dunklen, gelackten Blätter sind unverkennbar.

c Früh im Jahr, noch bevor die Bäume ihr Laub vollständig angesetzt haben, bedeckt der Bär-Lauch, Allium ursinum, manchmal wie ein undurchdringlicher grüner Teppich den Boden feuchter Hangwälder. Sein charakteristischer Geruch erfüllt dann die Luft und läßt unschwer erkennen, daß sich hier ein Lauchgewächs breitgemacht hat.

d Zu den ersten Frühlingsboten gehört auch das Buschwindröschen, Anemone nemorosa. Hier schiebt es sich am Waldrand durch den Bodenstreu der Sonne entgegen. Fast alle Frühlingsblüher am Waldboden haben unterirdische Speicherorgane, die es ihnen erlauben, bei den ersten Sonnenstrahlen sehr rasch zu sprießen und Blätter und Blüte zu entfalten.

der Erlenbruch. Erlen vertragen langanhaltende Überschwemmungen, und es ist durchaus ein eigenartiger (wegen der Entwässerungsmaßnahmen bei uns auch schon recht seltener) Anblick, kräftig und gesund aussehende Bäume mit knorrigen Stämmen direkt aus dem Wasser ragen zu sehen oder aus einer winterlichen Eisfläche. An Bäumen kommt in diesen Beständen neben der Schwarzerle höchstens einmal eine Moorbirke vor; die trockneren Ränder auf der seeabgewandten Seite sind vielfach mit Weiden umstanden. Man spricht dann von einer »Weiden-Mantelgesellschaft«. Vom Land zum See ändern sich Unterholz und krautige Bodenflora in den Erlenbruchwäldern recht deutlich, so daß man leicht drei Unterzonierungen feststellen kann: Auf der Landseite findet sich in den reinen Erlenbeständen am ehesten noch gelegentlich eine Moorbirke oder eine Kiefer, vielleicht auch eine Esche. Die Böden sind bisweilen großflächig mit Waldmeisterbeständen bedeckt, auch der Waldziest kommt häufig vor, die Himbeere oder Frischbodenpflanzen wie kriechende Günsel. Im zeitigen Frühjahr leuchten die stumpfweißen und glänzendgelben Blüten der Buschwindröschen (Farbtafel 2d) und des Scharbockskrauts. Im mittleren Bereich, wo es schon feuchter wird, findet sich in lichteren Beständen häufig die typische Kohlkratzdistel (Farbtafel 5c), der bittersüße Nachtschatten, gelegentlich auch ein Faulbaum. Hier wächst auch der Hopfen, besonders an den Waldrändern. Zum Wasser zu werden die Erlenbestände mit steigender Grundwasserhöhe immer mickriger und lichter; den Boden bedecken nun reine Sumpfpflanzen wie Sumpfdotterblume und Schwertlilie, Blutweiderich und Wasserdost, Gilbweiderich (Farbtafel 5b) und eine Reihe von Farnen. Gerade hier sind die Stämme mit dichten Moospolstern überzogen. Unmerklich geht der Erlenbruch in eine Flachmoorgesellschaft mit großen Seggenbülten über.

4 Seggenbestände und Flachmoor

Wandert man über diese Seggenbestände, so sind Wasserstiefel anzuraten. Der Boden wird torfig, ist locker und schwingt bisweilen deutlich, wenn man ein paarmal hochspringt. Neben den großen Bülten der Seggen sind kleine, wassergefüllte Schlenken ausgebildet, und so ist das Oberflächenrelief solcher Seggenbestände auf Torfgrund recht wechselhaft. Im Laufe der Jahre ändert sich das kleinräumige Bild im übrigen deutlich. Die hochwachsenden Seggen sterben ab und zerfallen, während sich aus den Schlenken neue Kleinbestände bilden. In zwei oder fünf Jahren wird da, wo heute eine Seggenbülte steht, eine Schlenke sein, und umgekehrt. Dies gilt in erster Linie für die Seggenbestände der Niedermoore. Manchmal gehen aber auch Wiesen direkt in Sauergrasbestände über, die keine Bülten bilden (schlanke Segge). Solche Bestände können dann auch noch als Streuwiesen benutzt werden. Ansonsten findet man in dieser Übergangszone vor allem die steife Segge und die spitze Segge (Carex elata, C. acutiformis), weiter Sumpflabkraut, Gilbweiderich (Farbtafel 5b), Sumpfhelmkraut und andere Pflanzen.

5 Die Schilfzone

Auf unserer Wanderung auf das Seeufer zu wird der Boden immer schwammiger, der Wasserstand höher. Schon tauchen die ersten Halme des Schilfs auf (Phragmites communis). Solange die Halmbestände noch nicht so dicht sind, mischen sich die Schwanenblume, der ästige Igelkolben, der schmalblättrige und der breitblättrige Rohrkolben und andere Pflanzen unter das alsbald vorherrschende Schilfröhricht. Je nach Untergrund, Ufersteilheit, Nährstoffgehalt und anderen Faktoren kann der Schilf nur wenige Meter breite, lichte Bestände oder auf Breiten von Hunderten von Metern undurchdringliche Wälder bilden. Das Röhricht ist auf ganz ungewöhnliche Weise an Untergrund und Wasserstandshöhe anpassungsfähig. Es kommt im Flachwasser vor, wobei seine kräftigen, unterirdischen Wurzelgeflechte kaum eine Handbreit unter der Bodenoberfläche liegen, kann aber noch in etwa 2 m tiefem Gewässer gedeihen, so daß es flach geneigte Ufer weit hinaus zu besiedeln vermag. Aberzehntausende, eng aneinanderstehende, bleistiftdicke Unterwasserstengel bilden eine ideale Basis für allen möglichen Aufwuchs und ein Ökosystem im kleinen. Weiter draußen im Wasser verlieren sich die Begleitarten, und es herrschen reine Röhrichtbestände vor, bis dann der Wasserstand zu hoch wird.

Solche Schilfwälder sind nicht nur als Biozönose von ökologischem Interesse, sondern haben auch handfeste praktische Bedeutung (womit der Ökologie natürlich nicht das Kriterium einer Elfenbeinturm-Wissenschaft zugesprochen werden soll): Schilfwälder bremsen den Wellenschlag und verhindern damit sehr drastisch Ufererosion. Wo sie zerstört werden – durch Uferanbau, übermäßigen Badebetrieb, Schnitt oder Bugwellen von Gleitbooten –, frißt sich der See rasch ins Land vor. Die vielzitierte Selbstreinigungskraft eines Sees hängt nicht zuletzt von einem intakten Schilfbestand ab. Dort können sich Schwebestoffe absetzen, weil der Wellengang gering ist, und von dem myriadenfachen Aufwuchs wird Detritus rasch abgebaut. Zahlreiche Vogelarten nisten im Schilf, unter anderen die Rohrdommeln, aber auch die großen Purpurreiher bauen Schilfnester in ausgedehnten Kolonien. Früher waren sie am Neusiedler See noch an mehreren Stellen vertreten. Schließlich ist der unterseeische Schilfwald ein idealer Laichplatz für viele Fische. Das Wasser ist seicht, ruhig und relativ warm.

6 Gefährdetes Röhricht

Man kann Schilfwälder rasch zerstören, man kann sie aber auch geschickt nutzen, ohne daß ihre Regenerationskraft leidet. So schneiden die Bauern des Neusiedler Sees im Winter, auf der zugefrorenen Eisfläche, die langen Schilfhalme ab, für die sie als »Stukkaturrohr« guten Absatz finden; es wächst nirgendwo geeigneteres Röhricht. So, wie man einen Wald wieder aufforsten kann, wenn auch mit viel Geld und Mühe, gibt es auch Methoden, mittels derer man einen Schilfwald neu anpflanzen kann. Schilf wächst und wächst und wächst – es brauchen nur einmal geeignete Bedingungen eingestellt werden. Leider hat allenthalben ein großes Schilfsterben eingesetzt, das auf verschiedene Ursachen zurückzuführen sein mag. In den fünf Jahren nach 1962 sind beispielsweise in den ausgedehnten Westberliner Wasserflächen 30% der Schilfbestände verschwunden. Man macht besonders mechanische Zerstörung durch den massiven Badebetrieb und den Sportbootverkehr dafür verantwortlich. Wenn in den Schilfwald Schneisen gefahren oder getreten werden, sind vor allem durch Windeinwirkung bald die an der Kante stehenden Halme geknickt, ähnlich wie in einem zu stark aufwuchernden Fichtenforst. In den Seen des bayrischen Voralpenlands wiederum faulen die Halme an der Wasseroberfläche und knikken an dieser Stelle um. Es wird vermutet, daß dies auf die dichten Algenwatten zurückzuführen ist, die sich zwischen dem Schilf breitmachen und der Luft den Zutritt verwehren, dafür aber Faulvorgänge begünstigen. Wie heute jeder weiß, bilden sich solche Algenwatten in Riesenbeständen sekundär als Folge der zunehmenden Eutrophierung unserer Seen. So greift wieder eines ins andere, und die Schadsetzung an irgendeiner Stelle eines komplexen Ökosystems wirkt sich erst nach mehreren, äußerlich vielleicht unscheinbaren Schritten irgendwo aus, dann aber bisweilen sehr drastisch. Noch kann der Ökologe nicht überall auf gesichertes Grundlagenwissen zurückgreifen, wenn er solche Zusammenhänge bearbeitet. Ein Grund mehr für den Geldgeber, biologische Freilandprojekte stärker zu unterstützen, als das bisher geschehen ist.

Bleiben wir noch ein wenig beim Schilfgürtel; lassen Sie uns die Biozönosen im Röhricht ein wenig näher beleuchten, sowohl über als auch unter Wasser, und schließlich das Leben auf der Wasseroberfläche. Die ausführlichsten Untersuchungen über diese Lebenszusammenhänge haben Zoologen der Wiener Universität am Neusiedler See durchgeführt, wie Löffler (1974) in seinem äußerst informativen Buch vermerkt.

7 Tiere im Schilf

Es leben zwar auch einige Säugetiere im Schilfdickicht: Bisamratten, Wanderratten, Mäuse und Spitzmäuse. Andere, wie Rehe und Wildschweine, suchen nur gelegentlich einen Einstand. Die bedeutendsten Schilfbewohner unter den Wirbeltieren sind die Vögel. Ich will nicht von den Schwalben und Mauerseglern sprechen, die indirekt zur Schilfbiozönose gehören, weil sie – dicht über den Röhrichtwäldern dahinstreifend – Insekten fangen, die im Schilf großgeworden sind. Nur kurz erwähnt seien auch die Stare, Schwalben, Drosseln und Sperlinge, die regelmäßig oder nur auf dem Durchzug im Röhrichtwald die Nacht verbringen. Da, wo der Schilfgürtel sich ins freie Wasser verliert, und besonders in offenen Wasserflächen, die sich immer wieder im Schilfwald finden (sozusagen in kleinen Seen im See), leben neben Moorente und Bleßhuhn eine Reihe von Tauchern: Haubentaucher (Farbtafel 5 d), Zwergtaucher, Schwarzhalstaucher. Sie bauen sich ihre stumpfkegeligen Nester häufig aus zusammengeknickten Schilfhalmen. Gerade die älteren Bauten sind etwas zusammengetreten und ragen dann bisweilen nur knapp aus dem Wasser. Ein Hochwasser kann die Brut leicht zerstören. Alle diese Vögel wohnen im Schilf, nähren sich aber nicht von seinem pflanzlichen Bestand. Nur das Bleßhuhn, das man im übrigen besser Bleßralle nennen sollte, frißt die jungen Schilfsprosse ab, kurz nachdem sie über die Wasserfläche lugen. Ein großer Bestand dieser Rallen kann damit durchaus Einfluß auf das Gedeihen des Schilfgürtels nehmen. Noch deutlicher sind die Auswirkungen der Graugans. Am Neusiedler See brüteten vor zehn Jahren noch rund 250 Paare. Die Jungen schlüpfen gerade dann, wenn der Schilf austreibt und nähren sich auch gern von den zarten Sprossen. Sie können so Kanäle und Blenken im aufgelockerten, seeseitigen Röhricht schilffrei halten und damit durchaus Einfluß auf die Großgestaltung ihres Lebensraums nehmen. Außerdem neigen die alten Gänse dazu, sich im Umkreis ihres Nestes freien Blick zu verschaffen. Sie zupfen nicht nur die jungen Schilfpflanzen aus, sondern beißen auch die alten Halme ab, so daß kreisförmige Blenken entstehen. Zunehmend nisten sich auch Höckerschwäne im Schilf ein. Man kann sie schon fast als Kulturfolger bezeichnen. Am Bodensee sind sie schon so zahlreich geworden, daß ihr Bestand vermindert werden mußte. Auch der Schwan baut seine Riesennester an der Wasseroberfläche. Anders Reiher und Löffler: Sie brüten im Schilf, aber ihre Nester aus zusammengeknickten Halmen und eingetragenem Material liegen höher und haben, zumindest mit der Nestmulde, keine »Wasserberührung«. Der große Purpurreiher ist auch der größte Schilfspezialist. In seiner längsgescheckten Zeichnung ist er an die Hell-Dunkel-Verhältnisse des Schilfwalds angepaßt; bei Störung macht er sich lang und trägt den Schnabel hoch, fast wie es die Rohrdommel mit ihrer »Pfahlstellung« vorführt (Farbtafel 7b). Seine Zehen sind besonders lang, so daß er sich mitten im Röhricht leicht vorwärts bewegen kann, indem er mit jedem Fuß ein ganzes Büschel von Schilfhalmen umfaßt. Am Neusiedler See wird es immerhin noch 300 Brutpaare des Purpurreihers geben. Auch der Silberreiher brütet noch häufig, allerdings zusammengezogen in den weniger gestörten südwestlichen Regionen. Die Reiher brüten hier in ganzen Kolonien, bisweilen Nest an Nest. An den Rändern der Reiherkolonien haben sich die Löffler angesiedelt. Interessant übrigens, daß der Graureiher – bei uns ein reiner Bewohner höchster Baumwipfel – am Neusiedler See ebenfalls im Röhricht brütet, wenngleich seine Zahl unbedeutend ist.

8 Vom Stockwerksbau des Schilfwalds

Brutbiologisch könnte man auch von einer Art Stockwerksaufteilung des Röhrichtwaldes sprechen. Die Reiher- und Löffler-Nester sind möglichst weit oben angelegt, nach oben offen. An der Basis nahe der Wasserfläche nisten die Rallen, wie das genannte Bleßhuhn, und zudem Wasserralle, kleines Sumpfhuhn, grünfüßiges Teichhuhn und Tüpfelsumpfhuhn. Mitten im Gewirr der Halme hängen die Einzelnester der großen Rohrdommel oder die Bauten der zur Koloniebildung neigenden kleinen Rohrdommel. Außerdem brüten hier Bartmeise und Mariskensänger – Besonderheiten des Neusiedler Sees – sowie die noch häufigen Rohrsänger, von denen der große Drosselrohrsänger mit seinem lauten »Karre-karre-kiet« so auffällig ist. Rohrammern vervollständigen das Bild. Sogar Beutelmeisen können im Schilf brüten, wenngleich sie ihre pendelnden »Stricknester« lieber an weit ausladenden Zweigen des Baumbestands am Ufersaum hängen. Der Vollständigkeit halber sei erwähnt, daß auch ein Greifvogel im Schilf nistet: die Rohrweihe. Wie Silberreiher und Löffler, brütet sie nur im Schilf; ihre Nahrung sucht sie anderswo. Auf den umliegenden Feldern und Bruchwiesen stellt sie Kleinsäugern nach, am Neusiedler See wohl auch dem Ziesel. Die Löffler fischen gern in den flachen Zickseen der weiteren Umgebung mit horizontal geführten Schnabelbewegungen. Auch die Rohrdommeln sind zur Nahrungssuche unterwegs. Nur die Grau- und Silberreiher stehen gern in den Blenken und am wasserseitigen Schilfrand bewegungslos auf Lauer, um dann blitzartig nach Fischen zu stoßen.

Wenn man sich einmal die Zeit nimmt und, bequem auf einem Klappstuhl sitzend, vom Damm aus eine gegenüberliegende, nicht zu dichte Schilfwand über zwei oder drei Stunden beobachtet, so wird man sich wundern über das Vogelleben, das sich da in den Überwasserhalmen abspielt. Kaum ein Röhrichthalm, an dem während eines Vormittags nicht wenigstens ein Rohrsänger gelandet und hochgekraxelt ist; ununterbrochen surrt und turnt es in diesem Biotop auf und ab (Abb. 2, 2, S. 55). Wenn man eben einmal kurz hinsieht und nichts bemerkt, mag das anders erscheinen, aber der erste Eindruck täuscht. Vielleicht bekommt man die vergleichsweise recht scheue Bartmeise zu Gesicht, die eigentlich keine Meise ist, sondern ein Verwandter der asiatischen Timalien. An seinen dunklen Bartstreifen am mächtigen, grauen Kopf ist

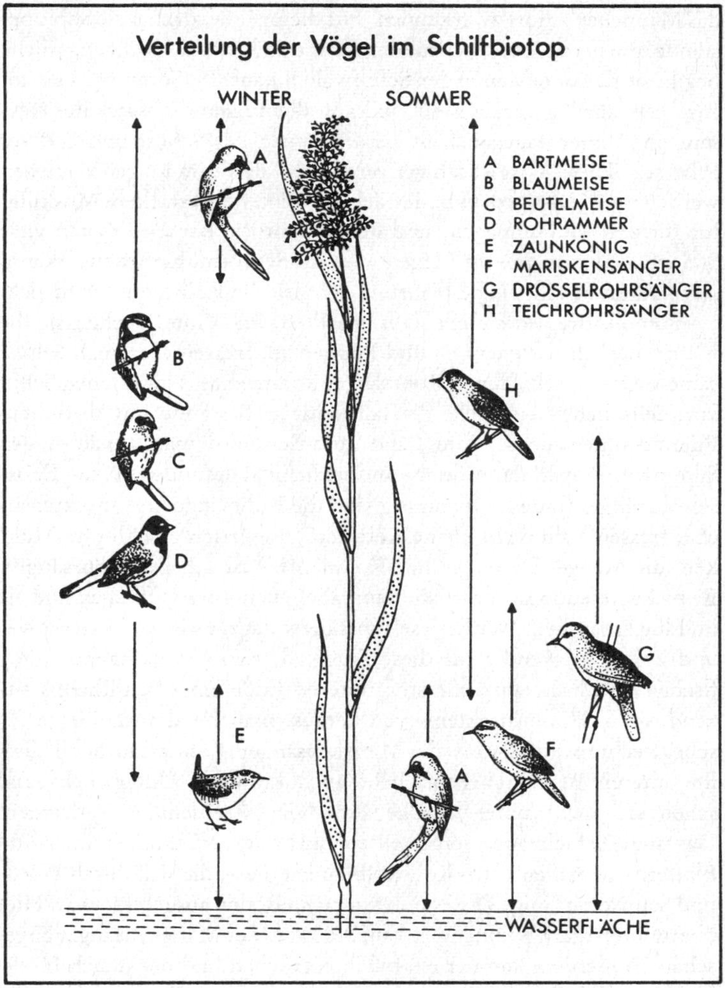

Abbildung 2.2

das Männchen sofort zu erkennen. Für die Brut bevorzugt sie Schilfbestände, die bereits auf trockenerem Boden stehen. Auf Nahrungssuche begibt sie sich aber weit in den Schilfwald hinaus. Im Sommer ist sie auf Insektennahrung spezialisiert, soll vor allem kleine Wasserkäfer fressen, im Winter dagegen frißt sie die Samen des Schilfs und anderer Pflanzen. Diese Kost ist schwer verdaulich, da sie im Magen zerrieben werden muß. Demgemäß bildet sich im Winter eine stärkere Muskulatur für den Muskelmagen, und nun nimmt die Bartmeise auch viele Steinchen auf, so daß ihr Magen wie eine Schrotmühle arbeiten kann. Ähnlich unterschiedliche Nahrung nehmen die Rohrammern zu sich. Im Sommer fressen sie ebenfalls Insekten, im Winter suchen sie die Halme nach Insektenlarven und Puppen ab, fressen aber auch Schilfsamen. Die verschiedenen Rohrsänger kommen teils im offenen Schilf vor, teils lieben sie mehr die landseitigen Bestände mit dichterem Pflanzenunterwuchs. Vom Land zum See wird man zunächst den Sumpfrohrsänger, dann Teich- und schließlich besonders häufig Drosselrohrsänger finden. Unablässig sind die Rohrsänger auf Insektensuche, fressen auch recht kleine Kerbtiere, wie frisch geschlüpfte Mükken, die Menge. Der typische »Halmläufer« ist der Teichrohrsänger. Er pickt sitzende Insekten ab, kann aber auch kurz auffliegen und sie im Flug erhaschen. Der Drosselrohrsänger dagegen ist wohl zu schwer und zu wenig wendig für diese Flugjagd. Er kann dafür ein wenig fischen und holt, am äußersten unteren Ende eines Schilfhalms sitzend, gern Wasserinsektenlarven heraus, manchmal auch kleine Fische. Recht spezialisiert ist der Mariskensänger. Er hupft im Schilf gern im unteren Bereich herum, liebt auch kräftigen Unterwuchs und scheut sich nicht, unter die sogenannte »Knickschicht« einzudringen. Das ist die Schicht aus quergestellten und breitgedrückten Halmen und Blättern – vor allem auch Rohrkolbenmaterial –, die sich durch Wind- und Schneelast einige Dezimeter über dem Boden ausgebildet hat. Hier überwintern gern Spinnen, und auf die hat es der Mariskensänger abgesehen. Außerdem kann er ein bißchen tauchen und fischt sich Insektenlarven. Die Rohrsänger sind samt und sonders gut ans Klettern auf senkrecht stehenden Halmen angepaßt. Mit großen Zehen und langen Beinen halten sie sich fest, wobei sie ein Bein strecken, das andere anziehen. Ihre Nester weben sie meist an mehrere Schilfhalme an; der Mariskensänger aber baut im Gebüsch. Auch ein Schwirl kommt im Schilfwald vor: der Rohrschwirl. Auf den ersten Blick mag man ihn mit einem Rohrsänger verwechseln, aber die andere Fortbewegungsweise ist ganz charakteristisch: Er kann nicht hüpfen wie ein Sänger, sondern läuft »schlüpfend« durch die Halme.

9 Wintergäste

Vor allem im Winter gibt es im Schilf nicht wenige Beutelmeisen zu beobachten. Es wird vermutet, daß sie aus weiter nördlich gelegenen Regionen zugewandert sind. Diese Schilfgäste sind darauf spezialisiert, überwinternde Insektenlarven und Puppen, die mitten in den Röhren der Schilfhalme sitzen, herauszupulen. Dazu schlagen sie zunächst einmal den geschlossenen Schnabel leicht ein, öffnen ihn dann ein wenig und drehen ihn. Durch wiederholte Anwendung dieser Technik kriegen sie so einen Spalt in das zähe Material, aus dem sie die Larve schließlich herausziehen. Die Rohrammern machen das anders. Sie beißen die Halme an und knabbern sich ein Loch hinein. Der häufigste Wintergast im Schilfwald ist erstaunlicherweise die Blaumeise. Sie hat wieder eine andere Technik: Sie »zirkelt« nicht wie die Beutelmeise und beißt nicht wie die Rohrammer, sondern hackt von oben nach unten parallele Striemen in die Wand eines Schilfhalms, bis diese dünn wird und nachgibt. Gern fliegt auch der Zaunkönig ins Schilfgestrüpp ein. Er hält sich vor allem im unteren Bereich auf und bevölkert so im Winter den Biotop, der im Sommer im wesentlichen den Mariskensängern vorbehalten ist. So ist die Kleinvogelbesiedelung des Rohrwaldes recht vielfältig und unterschiedlich. Jeder Vogel bevorzugt seine eigene »Höhenlage«, manche sind eng an bestimmte Gebiete angepaßt, wie die Bartmeisen, andere bewegen sich in einem größeren Bereich, wie die Teichrohrsänger. Im Sommer sind die Verhältnisse anders als im Winter. Teils ändern die Arten ihren Aufenthaltsbereich (die Bartmeise wandert von »ganz unten« nach »ganz oben«), teils sind sie durch andere Arten ersetzt. Die Abbildung 2, 3, S. 58 gibt eine Übersicht.

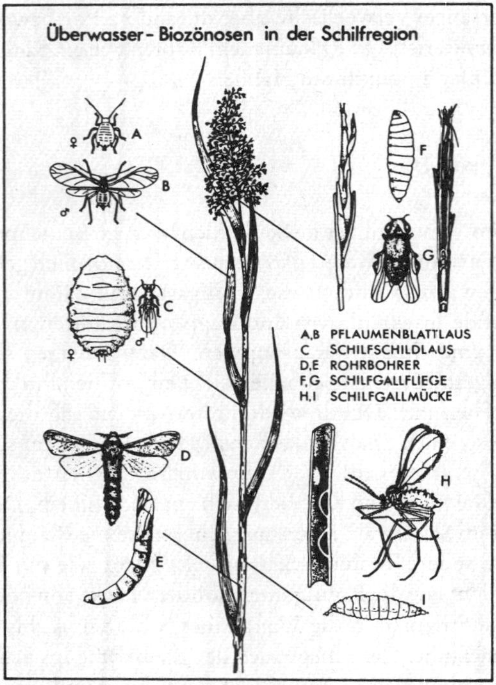

Abbildung 2.3

10 Vom Insektenleben im Röhricht

Alle Röhrichtvögel tanzen nicht zum Spaß die Halme hinauf und hinunter. Sie sind auf der Suche nach Nahrung. Im untersten Bereich fischen manche Vögel nach kleinen Wassertieren. Sonst aber ist der Überwasserschilfwald selbst die Heimstätte eines Heeres von Insekten, die sich alle mehr oder minder vom Schilf nähren. So fließt in einem großen Kreislauf ein Teil der im pflanzlichen Schilf materialgebundenen Energie zu den Insekten und weiter zu den Populationen insektenfressender Schilfvögel. Die Abbildung 2, 3 zeigt nur einen kleinen, wenngleich charakteristischen Ausschnitt aus der Masse der ungebetenen Insekteneinmieter. Wieder gibt es ganz spezifische Anpassungen. Viele Arten leben als Larven im hohlen Schilfhalm selbst, andere bevorzugen die Blattachseln, wieder andere induzieren eine Art Galle, ein spezielles pflanzliches Gewebe um sich herum, und dazu kommt die Masse derjenigen Insekten, die auf den Blättern und außen an den Halmen entweder nur kurz sitzen oder dort einen Teil ihres Lebens verbringen.

Mein Doktorvater, der Münchner Entomologe Werner Jacobs, war nicht nur ein lebendes Lexikon auf seinem Gebiet, sondern auch unnachahmlich als Erklärer. So pilgerten einmal 20 Studenten mit ihm den langen Buchauer Federseesteg hinaus, als er auf einen Schilfhalm deutete: »Was sehen Sie hier?« Wir sahen nichts. Dann pflückte er den obersten Sproßteil ab, der seltsam verdickt und langgestreckt war, klemmte ihn zwischen zwei Finger und führte ihn nach Raucherart zum Mund: »Das ist eine Schilfzigarre!« Es folgte die Erklärung: Die Halmfliege Lipera lucens (Farbtafeln 8a bis d) hatte oben am Schilfhalm ein Ei abgelegt. Die große Fliegenmade – bis 1 cm lang – frißt nun am sogenannten Vegetationskegel des Halms und reizt die Pflanze dazu, um sie herum eine Galle zu bilden. Sie kann 10 bis 20 cm lang werden und sieht mit ihrer Serie eng aneinandergestellter Blatt-Triebe eben aus wie eine »Schilfzigarre«. Das ganze Gebilde ist äußerst massiv und nur unter einiger Schwierigkeit mit dem Taschenmesser längs auseinander zu schneiden. Dann sieht man in der Mitte einen mit etwas Kot angefüllten Gang, den die Larve gefressen hat. Während des Winters liegt die Larve an der Basis dieses Ganges. Im nächsten Frühjahr verpuppt sie sich, und sobald es wärmer wird, schlüpft eine Halmfliege aus. Die begatteten Weibchen werden Eier legen, und der Zyklus wiederholt sich.

Unser Exkursionsleiter hielt das längs aufgeschnittene Ding hoch: »Wer will es haben?« Mehrere Hände flogen hoch. Damals waren Biologiestudenten noch begeisterungsfähig und viele sammelten. Doch mit leisem Lächeln ließ Jacobs die Schilfzigarre in den Sumpf fallen. »Nun, meine Herrschaften, dann machen Sie mal Ihre Augen auf. Jeder fünfzigste Halm ist befallen!« Wir suchten unsere Zigarren also brav selber.

So, wie im Nest des Weißstorchs (Farbtafel 6c) Spatzen als Untermieter hausen oder im Bisamrattenbau Mäuse, so leben außen an den

Schilfzigarren weitere Untermieter, die sich den neu gewachsenen »Mikrobiotop« zunutze machen. Es sind andere Halmfliegen, aber auch Milben und Gallmücken. Wenn die Halmfliege ausgeschlüpft ist, fault das ganze Gebilde und bietet den genannten Insekten nun wieder Nahrung. Sogar die Kotbällchen der Fliegenlarve, die noch im Inneren ruhen, werden wieder aufgenommen, zersetzt und umgewandelt. Auch die eigentliche Röhre im Inneren der stark verholzten Galle bleibt selbstredend nicht ungenutzt, wie überhaupt kleinere und größere Hohlräume in jedem Biotop wieder und wieder besiedelt werden. So legen Heuschrecken ihre Eier in diese Röhren ab, die darin den Winter überdauern. Es überwintern aber auch Ohrwürmer, manche Käfer und besonders Spinnen in diesen schützenden Gängen. Finden sie diese mit Eiern angefüllt, so räumen sie sie erst einmal aus und fressen wohl auch den nahrhaften Inhalt.

Auch die weiter unten liegenden Halmabschnitte bleiben von Schadinsekten nicht verschont. So findet man an längsgeschnittenen Halmen häufig kleine Ausbuchtungen nach innen. Das sind Gallen, die die Pflanze um die Larve der Schilfgallmücke, Perrisia inclusa, herumgebaut hat. Sie sind nicht größer als ein Reiskorn und sehen auch so aus. Ein besonderer Schädling ist der Rohrzünsler, Schoenobius gigantellus. Seine Raupe bohrt sich in junge Schilftriebe ein und frißt sie der Länge nach aus. Solche Triebe sterben ab. Dann wechselt die Raupe auf einen neuen Trieb und wiederholt ihr Zerstörungswerk. Weniger schädlich ist der häufige Rohrbohrer, Phragmataecia, ebenfalls ein Schmetterling. Die Larven der Rohreule, Archanara geminipunctata, nagt ebenfalls die Halme innen aus, so daß diese irgendwann bei einem kräftigen Windstoß abbrechen. Neben anderen Insekten gibt es dann noch die Schilfschildläuse, deren Weibchen als ungeformte, sack- oder schildartige Gebilde besonders in der Nähe der Blattachseln sitzen, und weiter Blattläuse auf den Blättern selbst, allen voran die Pflaumenblattlaus. Alle diese ungebetenen Insektengäste schädigen das Schilf, entweder kaum merklich (wie die Blattläuse) oder doch mehr oder minder drastisch. So wachsen Halme mit »Schilfzigarren« nicht mehr, oder sie fruchten nicht mehr, wenn sie vom Halmspitzenminierer Tomasiella befallen sind. Gefürchtet ist die Rohreule, da sie die Halme zum Abbrechen bringt. Am Neusiedler See wird sie durch den winterlichen Schilfschnitt kleingehalten. Sie verpuppt sich nämlich in den Überwasserstengeln, die im Winter ja vielfach abgeschnitten und ver-

arbeitet werden. So kann sie sich nicht so stark verbreiten.
Eine ganz eigenartige Biozönose also im Biotop des Schilfwalds. Vielfacher Insektenbefall in und an den Schilfhalmen zieht ein vielseitiges Kleinvogelleben nach sich. Der Insektenbefall schädigt Schilfwald nicht wirklich – man schätzt am Neusiedler See den Ausfall nur auf 0,3 % der Primärproduktion –, aber ohne ihn wäre die Kleinvogelpopulation gestört, und dies würde sich wieder an anderen Stellen im Nahrungskreislauf bemerkbar machen. Wir kommen im 3. Kapitel darauf zurück. Der Vogelkot fällt ins Wasser und erhöht nun das Nährstoffangebot im Unterwasserbereich des Schilfs, das noch weit vielfältigere und stärker miteinander vermischte Lebensgemeinschaften aufzuweisen hat. Sehen wir uns hier ein wenig um.

11 Geheimnisvolles Leben an den Unterwasserhalmen

Seeon im Chiemgau ist nicht nur berühmt wegen seiner Kirche und der zauberhaften Lage des Orts um den Klostersee. Bei Biologen noch bekannter sind die zahlreichen kleinen Moorseen, Bäche, Seggenbestände und Moorgebiete. Der Bauer am Steg des privateigenen Brunnsees ist auf die Badegäste nicht gut zu sprechen. Es sind zu viele geworden, und sie trampeln ihm alles zusammen. An meine Begleiterin und mich hat er sich gewöhnt; wir sind öfters dort, und da wir von der Universität kommen und immer etwas zu untersuchen haben, fühlt er sich sogar angesprochen und gibt uns diesen und jenen Tip. Wir schnorcheln ein gutes Stück hinaus bis an die Röhrichtgrenze des gegenüberliegenden Ufers und tauchen ab. In zweieinhalb Meter Tiefe ist das Wasser bereits ganz fürchterlich kalt; aus unterseeischen Quelltöpfen bekommt es eisigen Nachschub. Tiefer ist der Seeboden dort nicht. Das Wasser ist kristallklar, und wir sehen weit in den Schilfbestand hinein. Gleich hinter uns beginnt die Zone der Seerosen (Farbtafel 5 d). An den dicken, geringelten Stielen kann man abtauchen, bis die hellgrünen Unterwasserblätter der Teichrosen sichtbar werden, die man als »Unterwasserkohl« kennt. Sie sehen tatsächlich wie große Kohlköpfe aus. Jeder von uns hat in einer Kunststofftasche einen dicken Stein versenkt. Wir halten uns nach dem Abtauchen an den Tragebeu-

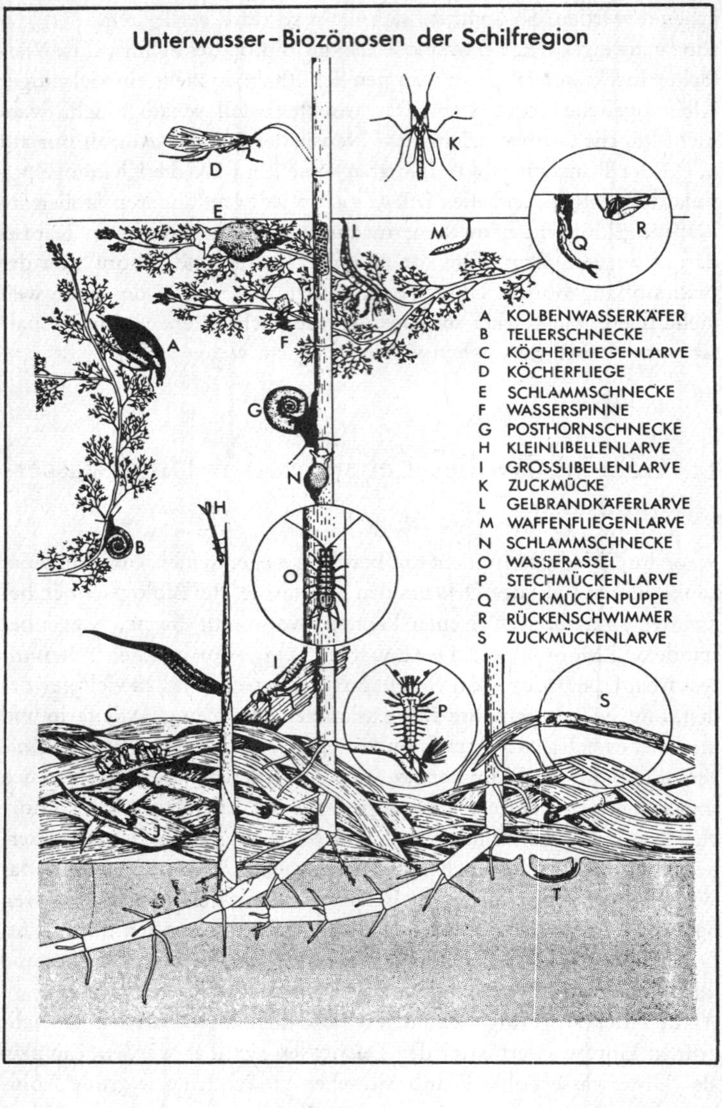

Abbildung 2.4

teln fest, können so ruhig bleiben und sparen Sauerstoff. Eine knappe Minute kann man so beobachten, und was sieht man da nicht alles! Wo sich der Seeboden ins Dunkle verliert, liegen große Hechte auf dem Grund. Sie beachten uns überhaupt nicht. Kleine Barsche und nicht näher identifizierbare Fischbrut tummelt sich am Rand des Schilfwaldes. Da und dort ein Süßwasserschwamm an einem Schilfhalm. Wasserkäfer rudern dazwischen herum. Wasserasseln laufen auf und ab, und die Sumpfdeckel- und Posthornschnecken (Farbtafel 9d) ziehen gemächlich dahin. Libellenlarven (Farbtafel 10d), weiter oben die braunrückigen Rudergebilde der Rückenschwimmer, und an den Seerosenblättern die Miniaturformen der Zwergrückenschwimmer (Farbtafel 10b). Wir tasten uns mit den Masken nahe an die Unterwasserstengel heran (Abb. 2, 4). Nun fällt allerlei Kleingetier auf, Kleinlibellenlarven, kleine Tellerschnecken, vor allem die Köcherfliegenlarven mit ihren aus dunklem, struppigem Pflanzenmaterial zusammengebauten Röhren. Die Schilfstengel, im Seitenlicht betrachtet, sind über und über bedeckt mit einem zarten, flaumigen Aufwuchs. Dazwischen die fein gepunkteten Gallertklumpen von Wasserschneckenlaich. Wir kratzen ein wenig von dem Aufwuchs ab und wollen ihn zur späteren mikroskopischen Untersuchung in einer kleinen Kunststofftüte auffangen. Er verteilt sich wie eine zarte Schwebewolke im Wasser und läßt sich nicht fassen. Deshalb schneiden wir kurzerhand einige Schilfstengel knapp über dem Boden ab, schnorcheln mit ihnen zurück und streifen sie in einer kleinen weißen Wanne aus. Das Ganze wird kräftig durchgeschüttelt, von groben Schwebstoffen befreit und kommt dann in eine kleine Handzentrifuge, die über zwei Minuten in wirbelnder Umdrehung gehalten wird. Die Spitze der Zentrifugengläschen ist nun gefüllt mit einem trüben Brei. Wir gießen das Wasser ab, schütteln den restlichen Brei auf und tauchen einen Glasstab ein. Ein schmutzig aussehender Tropfen bleibt hängen. Er kommt auf den Objektträger, wird mit einem Deckglas abgedeckt. Auf der umgedrehten Tragekiste steht ein kleines Forschungsmikroskop bereit. Schon der erste Blick durch den Binokularansatz versetzt uns in eine andere Welt (Abb. 2, 5; Schwarzweißtafel 2).

Da finden sich die feinen Fäden grün schimmernder Fadenalgen mit plattenförmigen oder gezackt-spiralartig aufgewundenen Chlorophyllkörpern. Von zerbrechlicher Schönheit sind flache Scheiben aus miteinander verbundenen Zellen, die außen einen Kranz aus zipfelig ausgezogenen anderen Zellen tragen. »Zackenrädchen« heißen diese Gebilde. Pediastrum. Sie gehören ebenfalls zu den Grünalgen. Andere bilden gallertige Haufen oder Schnüre mit mehr oder minder regelmäßig eingeschlossenen Zellen oder bestehen aus einigen aneinander liegenden Zellen, von denen die äußeren halbmondförmig abgebogen sind oder wegen ihrer langen Ausläufer doch so erscheinen: Gattung Scenedesmus. Kleine Augentierchen oder Flagellaten schwimmen mit wirbeligen Körperdrehungen herum. Sie sind grün gefärbt wegen ihrer zahlreichen Chlorophyllkörnchen und tragen einen roten Augfleck. Bei schrägem Seitenlicht sieht man ihre Geißel als flirrendes Band schwingen. Die schönsten Formen aber bilden die Joch- oder Zieralgen. Da gibt es große Halbmonde, prächtig dunkelgrün gefärbt (Closterium) und viele andere Formen, die aus zwei spiegelbildlichen Hälften aufgebaut sind. Diese können hantelförmig sein und Fortsätze tragen wie bei Staurastrum oder wie halbe Brotlaibe aussehen wie bei Cosmarium, einer Gattung, die sehr viele unterschiedliche Arten hervorgebracht hat. Zu den schönsten Zieralgen gehört die Gattung Micrasterias, der »Kleinstern«. Hier enden die flächigen Hälften in breit oder schmal ausgezogene Fortsätze, und das ganze Gebilde sieht wirklich aus wie ein kleiner Stern. Nun schieben sich wahre Riesen ins Blickfeld, fast ein Drittel Millimeter lange Stab- oder Nadelkieselalgen der Gattung Synedra, und da ist auch schon die Schiffchen-Kieselalge (Navicula), die nirgendwo fehlen darf. Nun erscheint ein abgerissenes Fetzchen Pflanzenoberfläche, und wir stellen auf den Rand scharf. Da sitzen an zierlichen Gallertstielen wieder andere Kieselalgen, die, wie Miniaturmumien aussehend, im Zusammenstehen etwa fächerartige Konfigurationen einnehmen. Sie gehören zur Gattung Gomphonema, der Stielchen-Kieselalge. Hier nun ein braungelb gefärbtes zerbrochenes Kieselband (so sieht es jedenfalls aus), dessen Teilstücke mit den Kanten noch aneinanderhängen. Es ist in Wirklichkeit eine Kolonie der Kieselalge Diatoma, die den charakteristischen deutschen Namen »Zick-Zack-Kieselalge« erhalten hat. Und hier riesengroße, kreisförmige Bänder, aus aneinandergeschlossenen Keilstücken zusammengesetzt: die Sektorenkieselalge Meridion. Wir wundern uns, daß wir sie hier antreffen. Sonst kennen wir sie nur aus Fließgewässern; wahrscheinlich ist sie aus einem der einmündenden Wiesenbäche eingeschleppt worden. Dann zarte, ineinander gesteckte Tüten, die zu bäumchenartigen Skulpturen zusammengesetzt sind: die

3 Blüte des Leberblümchens, Hepatica nobilis
Die blaue Strahlenkrone der Blütenblätter, der weiße Kranz der Staubgefäße und der grüne Miniaturigel der Fruchtblätter in der Mitte mit den milchweißen Narbenköpfchen geben der Blüte dieses Frühjahrsblühers das unverwechselbare Aussehen. Oft ist weit und breit noch alles grau und braun am Waldboden; die Leberblümchen bringen die ersten Farbtupfer.

Kelchalge Dinobryon, ein Vertreter der Goldalgen. Manche Bäumchen-Tüten sind leer, in anderen erkennt man aber den Algenkörper mit seinem golden schimmernden Farbstoffträger, der der ganzen Algengruppe den Namen gegeben hat.
Mikroskopische Tiere sind auffällig, weil sie rasch herumsausen, aber nicht so zahlreich wie die Pflanzen. Auffallend sind vor allem die sitzenden Wimpertierchen, die man als Glockentierchen bezeichnet. Einzeln oder auf verzweigten Stämmchen sitzend, kontrahieren sie sich bei der leisesten Erschütterung und strecken sich dann wieder aus. Vorticella, Zoothamnium, Carchesium, Epistylis – der Mikroskopiker wird mit der Zunge schnalzen, wenn er diese Namen liest. Hie und da ein großes grünes Trompetentierchen, in dessen Plasma grüne Miniaturalgen leben und uns einen Moment lang vorgaukeln, wir hätten hier eine bewegliche Pflanze vor uns: Stentor polymorphus (Abb. 4.4, S. 171). Hastig saust ein flaches Scheibchen auf scheinbar vielen Beinchen einen Algenfaden entlang, ruckweise beschleunigend und dann wieder stehenbleibend: das Lauftierchen Euplotes. Noch ein Wimpertierchen: langgezogen-löffelförmige Gestalt mit unwahrscheinlich lang ausgezogenem, schlangenartig hin und her bewegtem Hals: das »Zuckgänschen« Lionotus. Beschalte Amöben müßten hier auch zu finden sein, und nach einigen Präparatverschiebungen sehen wir auch ein Uhrglastierchen »Arcella« und eine Difflugia, deren Gehäuse aussieht wie ein Miniatur-Heißluftballon, aus feinsten Steinchen zusammengekittet. Vergebens suchen wir allerdings nach einer nackten Amöbe. Diese bis millimeterlangen Riesen leben mehr auf der Schlammoberfläche. Dafür gibt es andere Zyklopen, die das ganze Gesichtsfeld ausfüllen: Rädertiere, die sich mit ihrem »Fuß« festgesetzt haben und ihr Mundorgan unablässig kreisen lassen. Das sind keine einzelligen Urtiere, sondern schon höher entwickelte Formen, die man zu den Rundwürmern zählt.

12 Sonderformen und der Jahresgang des Schilfaufwuchses

Einige Arten, die hier zu finden waren, haben sich sozusagen nur in die Aufwuchsregion verirrt. Es sind Formen der freien Wasserfläche, die zum Plankton gehören, wie zum Beispiel das Zackenrädchen und die

MIKROLEBEWELT IM BEREICH

Tiere

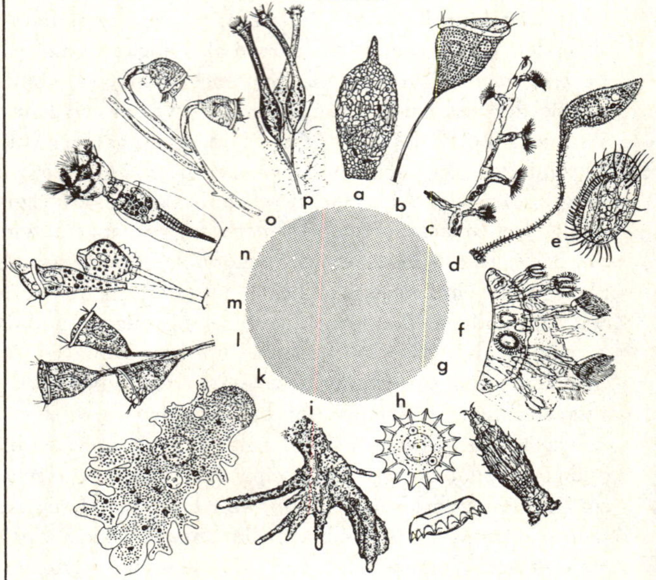

(sehr unterschiedlicher Abbildungsmaßstab)

(Deutsche Gattungsnamen Streble/Krauter 1973)

a Schmelztierchen – b Glockentierchen – c Moostierchen – d Tränentierchen – e Lauftierchen – f G lert-Moostierchen – g Rüsselrädchen – h Uhrglastierchen – i Geweihschwamm – k Blumenkohlamöbe l Strauchtierchen – m Säulen-Glockentierchen – n Reusen-Rädertierchen – o Glockenbäumchen – p lertkugeltierchen

Abbildung 2.5

:RWASSERHALME DES SCHILFS

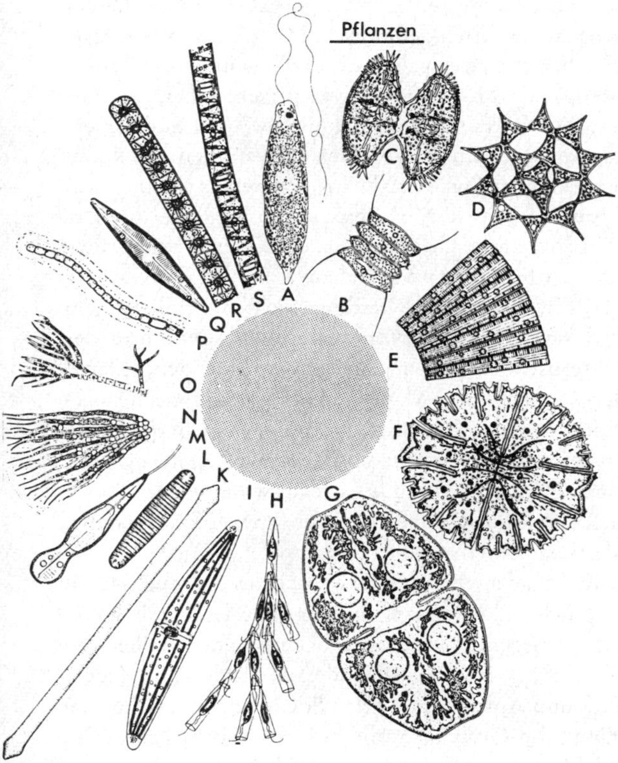

:ctes Augentierchen – B Gürtelalge – C Igel-Tieralge – D Gitterstern – E Sektoren-Kieselalge
:adalge – G Schmuckalge – H Becherbäumchen – I »Möndchen« – K Stab-Kieselalge – L Zick-
:k-Kieselalge – M Stielchen-Kieselalge – N Erdblaualge – O Borsten-Grünalge – P Ringelalge –
Veberschiffchen-Kieselalge – R Sternalge – S Schraubenalge

ganz langgestreckten zarten Kieselalgen. Andere sind wohl von den saueren Riedgraswiesen eingewandert, wie die beschalten Amöben. Schließlich ist es fast stets so, daß gerade die schönsten und interessantesten Dinge nicht zu den häufigsten gehören. So haben wir bei diesem Streifzug keine Floscularia-Arten gefunden, diese zauberhaften, festsitzenden Rädertierchen mit ihren gelappten und bewimperten Räderkronen (Abb. 2, 5n). Auch Moostierchen waren nicht dabei, die wülstige oder knäulige Aufwüchse bilden so ähnlich wie der Süßwasserschwamm Ephydacia. Sie leben in Kolonien und stecken aus dieser Grundmasse ihre milchig weißen Tentakelkronen heraus (Abb. 2, 5c) (»Federbuschpolypen« nennt sie Karl Bertsch, der Klassiker der Beschreibung von Lebensgemeinschaften). Neben dieser Gattung Plumatella gibt es noch wurmförmig verwundene Kolonien der Gattung Cristatella (Abb. 2, 5f), die wir nun allerdings nicht an Schilfstengeln gefunden haben, wo sie eigentlich vorkommen sollten, sondern auf der Unterseite von Seerosenblättern in langsam strömenden, klaren Abflußbächen der Moortümpel. Manche Aufwuchsorganismen erkennt man auch mit dem geschulten Blick des Biologen nicht ohne weiteres. Da fanden wir einmal eine tischtennisballgroße Gallertkugel mit lauter winzig kleinen Pünktchen darin. Es sah aus wie eine Algenkolonie, war aber eine Kolonie des Wimpertierchens Ophrydium versatile, des »grünen Gallertkugeltierchens« (Abb. 2, 5p).

Interessant ist im übrigen der jahreszeitliche Gang des Aufwuchses auf Rohrstengeln unter Wasser. Wenn im Frühjahr die Wiesengräben und Steine der Flachgewässer mit einer zart ockerbraunen gallertigen Schicht überzogen sind, so sind das sitzende Kieselalgen. Sie siedeln sich schon im März und April auch auf den Schilfhalmen an. Ab Mai werden sie verdrängt von Grünalgen, die in Flecken oder gallertigen Rasen wachsen oder aber pinselig verzweigt sind. Naht der Sommer, so nehmen nun solche Grünalgen von den Schilfstengeln Besitz, die härtere, oft halbkugelige Lager bilden können, so vor allem die Borstenalge Chaetophora. Mit Herbstbeginn treten auch auffällige Blaualgen dazu, beispielsweise die Kalkkrustenalge Rivularia oder auch eine Schwingalge der Gattung Oscillatoria, von der andere Arten als typische Bewohner von stark nährstoffhaltigen, fauligen Gewässern bekannt sind. Im Winter geht der Algenbewuchs zurück, hört aber nie ganz auf. Nur die Moostierchen sterben fast ausnahmslos ab und retten ihre Arten über hartschalige Dauereier bis zum nächsten Frühling. So-

bald die Sonne das letzte Eis geschmolzen hat, dauert es nicht mehr lange, und die Stengel färben sich wieder bräunlich. Das Frühjahrsmaximum der Kieselalgen kündet sich an. Und so dreht sich das Rad des Lebens weiter, von Jahr zu Jahr.
Eine abenteuerliche, vielfältige, verwirrende, zauberhafte Welt, dieser Aufwuchs auf den Schilfstengeln! Der Liebhabermikroskopiker freut sich daran, aber auch der Fachbiologe gestattet sich auch einmal ein andachtsvolles »Aha«. Für den Systematiker freilich sind das alles Dinge, die es zu beschreiben gilt, und der Bioenergetiker sieht darin nichts anderes als die erste Stufe in der Nahrungskette, gebundene Energie, die an Freßfeinde weitergegeben wird.

13 Kleintierleben und ökologische Querbeziehungen in der Schilfzone unter Wasser

Und solche Freßfeinde gibt es zur Genüge. Junge Kaulquappen bevölkern im Frühsommer die Schilfbestände in großen Mengen. Es sind die Quappen des Wasserfrosches, der nach längeren Wanderungen ins trockenere Gebiet als ausgewachsenes Tier wieder ins Schilfbiotop zurückkehrt. Aber auch Froschlurche, die sich im Erwachsenenzustand an anderen Stellen aufhalten, leben als Kaulquappen im Stillwasser des Röhrichts: Laubfrosch, Unken und Knoblauchskröte. Die jungen Kaulquappen haben eine Art Schabemund, umstanden mit harten Hornleisten, mit dem sie den nahrhaften Aufwuchs abschaben. Man kann diese charakteristischen Freßbewegungen schön an einer Aquarienwand mit der Lupe studieren. Die eigentlichen Raspler sind aber die Wasserschnecken, Sumpfdeckelschnecke, Schlammschnecke und vor allem die großen und kleineren Tellerschnecken. Sie besitzen bekanntlich eine Raspelzunge, mit der sie eine charakteristische Fahrspur erzeugen. Da sie dabei mit dem Kopf hin- und herpendeln und sich gleichzeitig vorwärts bewegen, entsteht eine Zickzackspur auf dem Untergrund. Auch diese Fahrspuren lassen sich an algenbewachsenen Aquarienscheiben besonders gut verfolgen. Solche Raspelzungen sehen im mikroskopischen Präparat mit ihren vielen, in geordneten Reihen nebeneinanderstehenden Einzelzähnchen wie Miniaturreibeisen aus, und so wirken sie auch. Außer Kaulquappen und Schnecken beweiden auch kleine Jungfische gelegentlich den Aufwuchs, aber die

Schnecken sind die weitaus bedeutendsten Vertilger der Mikroorganismen. Dabei gibt es Schnecken in Riesenmengen: Unter einem Quadratmeter Wasserfläche gibt es im Schilfwald bis zu fünf der großen Schlammschnecken Lymnaea stagnalis (eine einzige reicht schon aus, den Algenbewuchs in einem kleinen Aquarium in Grenzen zu halten), aber bis zu hundert Tellerschnecken (Planorbis planorbis). Diese Schnecken sind schlechte Nahrungsverwerter. Nur 5 % der aufgeraspelten Nahrung setzen sie in eigene Körpersubstanz um – manche Schilfinsekten schaffen dagegen bis zu 60 %. Im Kot der Schnecken liegt also noch viel Energie in Form nicht angegriffener oder halbabgebauter organischer Verbindungen vor. Da Schnecken wegen des geringen Nutzungsgrads viel fressen müssen, produzieren sie auch sehr viel Kot. Dieser düngt nun, zusammen mit den zerfallenden Kotwürstchen der Kaulquappen, das Flachwasser und sättigt es mit feinsten organischen Schwebeteilchen, Detritus genannt. Das Wasser würde sich bald zu einer fauligen Brühe verwandeln, gäbe es nicht eine weitere Gruppe in dieser Biozönose.

Das sind die Filtrierer. Wasserflöhe gehören vor allem dazu, die mit ihren in den Klappen des Panzers ausdauernd auf- und abschwingenden, mit Filterborsten besetzten Beinen das Wasser unermüdlich durchseihen. Die feinen Schwebstoffe, auch einzellige Algen und anderes Plankton, sammeln sich in einer Rinne und werden richtiggehend in den Darm gestöpselt. Unter dem Mikroskop kann man das gut beobachten. Wenn man einigen Wasserflöhen, die vorher gehungert haben, in einer Miniaturwanne eine Suspension von rot gefärbten Hefezellen bietet, so läßt sich bei schwacher Vergrößerung verfolgen, wie sich im Darm ein roter Nahrungsstrang bildet und wie der immer länger wird. Neben den Wasserflöhen machen sich auch noch die vielen, recht großen Rädertierchen als Strudler bemerkbar und schließlich die festsitzenden oder frei bewegten Wimpertierchen wie Trompetentierchen und andere. Diese strudeln allerdings nur allerfeinste Schwebstoffe ein, vorzugsweise auch Bakterien, die sich gerade dann wieder in Massen entwickeln, wenn das Angebot an zersetzbarer Feinsubstanz groß ist. So schließt sich in gewisser Weise ein Nahrungskreis.

Die Hauptlieferanten für energiereiches Substrat sind aber letztlich doch die Schilfpflanzen; eine große Rolle spielt auch der im lockeren Schilfwald gedeihende »fleischfressende« Wasserschlauch (Utricularia). Abgestorbenes Pflanzenmaterial zerfällt zunächst in größere Be-

standteile, die von Kleintieren und Bakterien weiter zerlegt und zersetzt werden. Unermüdlich im Dienst sind die »Holzfäller« des Schilfwalds, die Köcherfliegenlarven. Mit ihren kräftigen Kaukiefern zerraspeln und zerschneiden sie das Pflanzenmaterial, stutzen es auf handliche Stückchen zurecht und bauen sich damit ihre Köcher. Es gibt auch Arten, die Gespinstköcher verfertigen, die sie wiederum mit kleinen Tellerschnecken außen zutapezieren. Auf Sandboden, also nicht in dem hier besprochenen Biotop, kommen schließlich Formen vor, deren Köcher aus mehr oder minder großen Sandkörnchen zusammengesetzt sind. Um die ganze Breite der ökologischen Anpassung dieser Tiere zu kennzeichnen, sei noch einmal erwähnt, daß es auch frei schwimmende Formen im Plankton gibt, die ganz zarte Köcher besitzen und mit langen schwimmhaarbesetzten Beinen im Wasser herumrudern. Nur selten verirrt sich allerdings eine solche Form ins Unterwasserdickicht des Rohrwaldes. Außer der Gattung Limnephilus, die sich im allgemeinen »Blockhäuser« aus abgebissenen Stengelchen baut (Abb. 2, 4c), findet hier die Art Agrypnea pagetana das ihr angemessene Baumaterial in Mengen vor. Sie beißt sich ein Halmstück geeigneten Durchmessers zurecht, in dem sie wohnt.
Haben die Filtrierer das Wasser nach allerfeinsten Schwebepartikelchen durchgeseiht, so machen sich vor allem die Wasserasseln über das noch etwas gröbere Pflanzenmaterial her. Bis zu 400 Exemplare von Asellus aquaticus (Abb. 2, 4O) wurden auf einem einzigen Quadratmeter gezählt. Diese Tiere zeichnen sich durch eine starke Vermehrungsrate aus; während der warmen Jahreszeit kann bereits in 2 bis 3 Monaten eine neue geschlechtsreife Generation entstehen. Wasserflöhe als »Filtrierer« und Wasserasseln als »Feinzerbeißer« stellen so etwa die Extreme der Wasserschutzpolizei dar, die fein verwesende Pflanzenteile beseitigen. Dazwischen betätigen sich noch Vertreter vieler anderer Tiergruppen in dieser Richtung: Die Larven der Stech- und Zuckmücken (Abb. 2, 4P, S) als Filtrierer, wenigborstige Würmer als Schlinger, Muschelkrebse und die Larven der Zuckmücken und Waffenfliegen (Abb. 2, 4M) als Schaber, Glockentierchen als Feinstrudler und schließlich kleine Fadenwürmer und einige Urtierchen als Aufnehmer fast vollständig zersetzter, halbflüssiger Substanzen. Gäbe es diese Tiere nicht, würde der Schilfwald in wenigen Jahren im eigenen Müll der abgebauten Pflanzenteile ersticken, das schwach bewegte, sauerstoffarme Wasser faulig werden und die davon wieder abhän-

gigen Biozönosen stark in Mitleidenschaft gezogen oder zusammenbrechen. So würden aus dem Heer der Wasserinsektenlarven keine geflügelten Insekten mehr schlüpfen, wodurch auch die zahlreichen Schilfspinnen stark dezimiert würden. Es leben ja über 50 Spinnenarten im Schilf, darunter Verwandte der Kreuzspinne, die große Radnetze bauen und die ihre Eikokons dicht in Schilfwedel einspinnen (die dann durch ihre abgebogene Gestalt leicht kenntlich sind). Auf den Schilfblättern fallen dem aufmerksamen Beobachter große Vertreter der Kieferspinnen auf, die ihre Beine zündholzartig nach vorn und hinten zusammenlegen. Am Neusiedler See ist die getarnte Clubiona phragmitis die häufigste Schilfspinne. Ihren Artnamen hat sie nach ihrem Biotop erhalten. Auf jedem Quadratmeter findet man 1 bis 2 Spinnen. Das erscheint nicht viel, und trotzdem wird geschätzt, daß all diese Spinnen zusammen jedes vierte der im Schilfwald herumfliegenden kleinen Insekten fangen. Was die Nahrungsverwertung anbelangt, so haben wir hier das andere Extrem vor uns, verglichen mit den Tellerschnecken. Hatten diese nur 5 % der aufgenommenen Nahrung in eigene Körpersubstanz umgewandelt, so schaffen die Spinnen bis zu 70 %, sind also ideale Nahrungsverwerter. Dieses eingespielte Gleichgewicht würde kippen, gäbe es beispielsweise die mikroskopischen Feinfiltrierer im Schilfwasser nicht: Ein Zusammenhang, der erst nach einigem Nachdenken klar wird. Aber nicht nur das. Wir hatten ja gesehen, daß sich eine Reihe von Vögeln von Schilfspinnen nährt, allen voran der Mariskensänger, aber auch andere Rohrsänger und die Bartmeise. Fallen die Spinnen aus, müssen die Vögel vermehrt auf andere Insekten zurückgreifen, deren Entwicklung zum Großteil aber auch von einer ungestörten Wasserbiozönose abhängt. So greift eines ins andere.

Aufwuchsfauna, Schnecken, Würmer, Krebstiere, junge Kaulquappen, viele Fliegenlarven – alle nähren sich von zersetzender pflanzlicher Substanz und einige von den Zersetzern selbst, den Bakterien. Sie aber bilden ihrerseits Glieder in der Nahrungskette. Vor allem die Vielzahl der Wasserinsektenlarven stellt die nächste Stufe dar. Gelbrandkäferlarven (Abb. 2, 4L) packen kleine Kaulquappen mit ihren gewaltigen Kiefern und saugen sie aus; die »Wasserbiene«, der Rückenschwimmer Notonecta (Abb. 2, 4R), hat es auch auf Kaulquappen abgesehen, die sie mit ihrem Saugrüssel ansticht. Sie vertilgt aber auch Wasserasseln und kleine Fischbrut, während die größere Fischbrut

Nahrungsketten in der Schilfregion

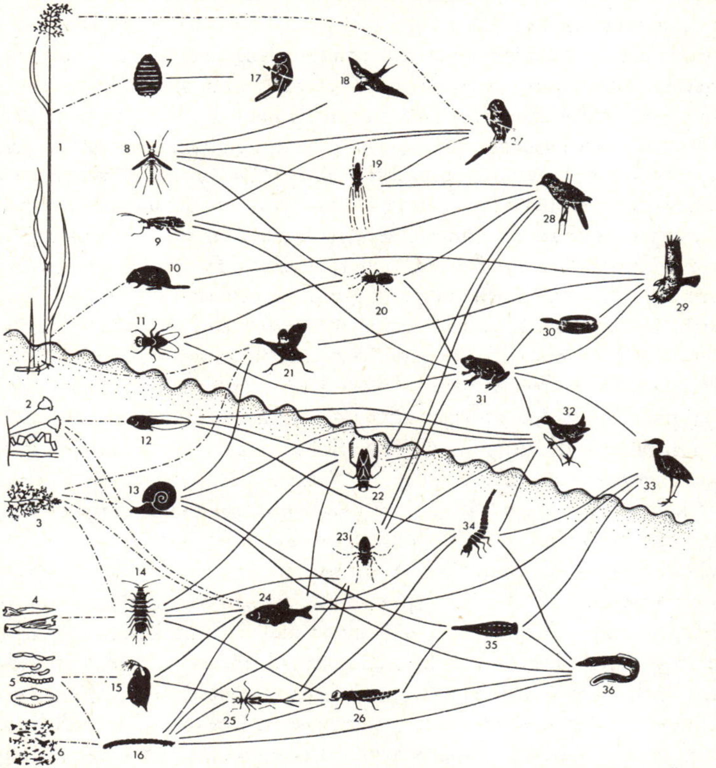

1 SCHILFPFLANZE, 2 AUFWUCHS, 3 WASSERSCHLAUCH, 4 FALLAUB, 5 MIKROORGANISMEN, 6 DETRITUS; 7 SCHILFSCHILDLAUS, 8 ZUCKMÜCKE, 9 KÖCHERFLIEGE, 10 BISAMRATTE, 11 UFERFLIEGE, 12 KAULQUAPPE, 13 WASSERSCHNECKE, 14 WASSERASSEL, 15 WASSERFLOH, 16 ZUCKMÜCKEN-LARVE; 17 BLAUMEISE, 18 SCHWALBE, 19 NETZSPINNE, 20 LAUFSPINNE, 21 BLEßHUHN, 22 WASSERWANZE, 23 WASSERSPINNE, 24 ROTFEDER, 25 KLEINLIBELLENLARVE, 26 GROßLIBELLENLARVE, 27 BARTMEISE, 28 ROHRSÄNGER, 29 ROHRWEIHE, 30 RINGELNATTER, 31 WASSERFROSCH, 32 WASSERRALLE, 33 PURPURREIHER, 34 SCHWIMMKÄFERLARVE, 35 PFERDEEGEL, 36 AAL.

Abbildung 2.6

neben Zuckmückenlarven und Wasserflöhen ebenfalls Wasserasseln frißt. Die Larven der Großlibellen (Abb. 2, 41) schnappen sich mit ihren vorschnellbaren Fangmasken (Farbtafel 10d) gern Wasserflöhe oder Zuckmückenlarven, überhaupt alles Kleingetier, das sich auffällig bewegt, während sie selbst wieder Opfer des Gelbrandkäfers (Farbtafel 10c) werden können, der bekanntlich auch an die Fischbrut geht. Blutegel saugen nicht nur an Warmblütern; es gibt auch Arten, die sich von Schnecken und Wasserinsekten nähren. Die großen Wasserinsekten werden schließlich nicht nur vom Land aus dezimiert – Reiher schnappen sich schon einmal einen Gelbrand; Mariskensänger können ein wenig tauchen und fressen kleinere Wasserkäfer. Unter Wasser lauern Aal, Barsch und Schlammpeitzger auf diese fetten Bissen, während sich Rotauge und Karpfen beispielsweise eher an Kleingetier vergreifen, wie Zuckmückenlarven und Wasserasseln. So existieren komplex miteinander vermaschte drei-, vier- oder fünfstufige Nahrungsketten, beispielsweise: Mikroorganismen → Zuckmückenlarven → Fisch oder: Mikroorganismen → Wasserflöhe → Libellenlarven → Fisch oder: verwesende Pflanzenteile → Wasserassel → Jungfisch → Wasserkäferlarve → Vogel. Bis zu 7 Stufen können so ineinandergeschachtelt sein, wenn man die erste Stufe der pflanzlichen Substanz mit dazuzählt: zersetzende pflanzliche Feinsubstanz → Zuckmückenlarven → Kleinlibellenlarve → Wasserspinne → Wasserfrosch (Farbtafel 9c) → Ringelnatter → Rohrweihe. Zum einen die Vielstufigkeit der Ketten, zum anderen ihr großer Vermaschungsgrad sind typisch für den Biotop »Schilfwald«. Im freien See, beispielsweise, sind die Nahrungsketten viel kürzer und auch weniger vermascht. Ein vorzügliches Schaubild dieser Querbeziehungen hat Löffler entworfen (Abb. 2, 6). Ich durfte es bereits für mein Buch »Funktionen des Lebens« verwenden und bringe es hier wegen seiner einmaligen Aussagekraft nochmals.

14 Bewohner des Oberflächenhäutchens

Unerschöpft und vielfältig sind die Formen und Querbeziehungen in dem Biotop »Schilfwald«, in dem wir uns nun näher umgesehen haben. Sowohl im Überwasserbereich wie in der klaren, strömungsarmen Unterwasserwelt gibt es eine Vielzahl von Formen und Anpassungserscheinungen, die ihresgleichen sucht. Beide Bereiche stehen in regem

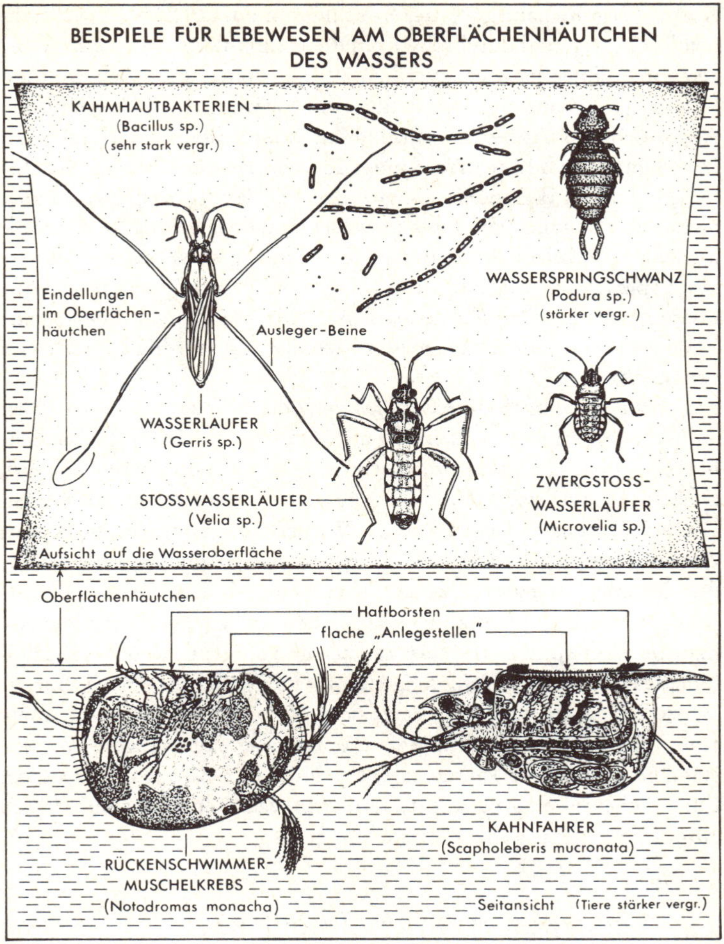

Abbildung 2.7

Austausch miteinander. Mücken schlüpfen aus ihren wasserbewohnenden Larven und durchschwirren die Halmwildnis, wo sie zu Mengen von Spinnen gefangen werden. Vögel tauchen und stochern unter Wasser nach Nahrung. Das ist die eine Richtung des Energieflusses. Abgestorbene Pflanzensubstanz fällt ins Wasser, ebenso Myriaden von Insektenleichen und auch tote Jungvögel aus den Nestern und Nestkolonien. Das ist die andere Richtung. Die Wasseroberfläche ist aber nicht nur eine imaginäre Grenze zwischen diesen beiden Reichen. Sie ist auch eine Lebensgemeinschaft im Kleinen, weist äußerst interessante Spezialisationen und Anpassungen auf. Wir können diese interessante Welt des Oberflächenhäutchens hier nur kurz streifen; einen Vertreter – ein wahres Fabelwesen – werden wir allerdings ausführlich behandeln.

Legt man eine eingefettete Rasierklinge oder Nähnadel vorsichtig auf die Wasseroberfläche, so wird sie nicht untergehen. Das Oberflächenhäutchen dellt sich etwas ein, aber solange es nicht durchstochen wird, bleibt der Gegenstand darauf liegen, auch wenn er relativ schwer ist. Diese Eigenschaft machen sich die Wasserläufer zunutze, die großen Gerris-Arten mit ihren langen Auslegerbeinen (Abb. 2, 7) ebenso wie die kleineren Teichwasserläufer Velia und die Miniaturformen wie Microvelia. Auch Spinnen können auf der Oberfläche herumlaufen, wie manche Wolfsspinnen (Pirata piraticus) und die große Raubspinne Dolomedes fimbriatus. Wenn man eine Pirata vom Uferbewuchs auf die Wasseroberfläche scheucht, zeigt sie sogar bestimmte Orientierungsreaktionen; ihre Laufrichtung wird unter anderem auch vom Sonnenstand bestimmt. Der Taumelkäfer Gyrinus (Farbtafel 10a), der auf der Oberfläche seine Kreise zieht, verdient wegen seiner absonderlichen Anpassungen eine genaue Betrachtung.

15 Meisterkonstruktion Taumelkäfer

Ein Morgen im Moos. Um 5.00 Uhr sind wir losgefahren aus der Großstadt München, haben den Wagen am Damm stehenlassen und wandern nun durch die Bruchwiesen des Erdinger Mooses. Gut, daß wir unsere Schaftstiefel anhaben. Das Gras glitzert und trieft vor Tau. Ein feiner, blauer Dunst liegt über der Landschaft, über die die aufgehende Sonne lange, gelbe Nebelfinger malt. Es ist früh am Tag, und trotzdem herrscht in den Torfstichen schon ein reges Leben. Wasserfrösche springen mit einem Plumps vom Rand in das moorbraune, aber klare Wasser. Hie und da taucht ein Rückenschwimmer von der Oberfläche weg, die »Wasserbiene«, die so schön stechen kann, wenn man sie ungeschickt fängt. Am Rande des Torfstichs, da, wo er in einen kleinen Graben weiterläuft, ruhen ein paar dunkle Punkte auf dem Wasserspiegel – Taumelkäfer! Meine Begleiterin wirft ein Steinchen mittenhinein. Husch, sind sie in Bewegung. Sie tauchen nicht etwa ab, nein – mit geradezu unwahrscheinlicher Geschwindigkeit sausen sie in großen Spiralen auf der Oberfläche herum, kommen sich gelegentlich gefährlich nahe, berühren sich aber nie. Plötzlich ist der eine abgetaucht, dann folgen auch die anderen und sind den Blicken entschwunden. Es scheint, als hätten sie Mühe, von der Wasseroberfläche wegzukommen, diese kleinen blauschwarzen Tropfenkäfer, die so blitzartig herumkurven können, als hätten sie einen Düsenantrieb eingebaut, und die, bei Gegenlicht besehen, ganze Sonnengirlanden auf die Wasseroberfläche zaubern. Plopp – da kommt einer hoch, hat den Wasserspiegel durchbrochen und beginnt sofort, in gemächlichem Tempo seine Kreise zu ziehen. Gleich sind auch die anderen da, und los geht das Spiel, mal langsam, mal schnell, gelegentlich stillstehend, dann wieder in wirbelnder Geschwindigkeit. Nicht viel länger als ein halber Zentimeter sind die kleinen Käfer mit ihrer stromlinienförmig erscheinenden Gestalt. Es ist gar nicht so leicht, einen zu fangen. Bei der geringsten Bewegung weichen sie aus. Wir verzichten schließlich darauf, ein einzelnes Tierchen herauszufischen, sondern streifen mit dem großen Käscher so rasch wie möglich über die Wasseroberfläche, ohne viel hinzusehen. Nach zwei, drei Zügen sitzt tatsächlich ein Duo im Netz. Aus dem Rucksack fischen wir eine kleine, weiße Kunststoffdose und füllen sie zur Hälfte mit Wasser. Das Duo saust wild herum, aber nach einiger Zeit beruhigt es sich und läßt sich beobachten (Farbtafel 10a). Die Tiere drücken eine Delle in die Wasseroberfläche, so wie eine aufgelegte, eingefettete Rasierklinge. Durchstoßen sie überhaupt das Oberflächenhäutchen? Sind sie benetzbar? Ein Blick von unten durch die glasklare Kunststoffdose klärt die Frage: Der Körper taucht ein wenig ein. Unten ist er abgeplattet wie ein Bügelbrett, und gelegentlich saust blitzartig ein zarter Schatten im Wasser herum, eine der papierdünnen Ruderextremitäten. Wir beschließen, uns das Ganze ein wenig näher anzusehen, und nehmen die Käfer mit ins Labor. Den Transport

im Wasser überstehen sie nicht; sie kommen deshalb in ein Glasgefäß mit etwas feuchtem Gras. Im Aquarium halten sie sich auch nicht lange, diese empfindlichen Gesellen. Man muß sie deshalb möglichst bald beobachten und untersuchen. Wenn sie gestorben sind, kommen sie in ein Gläschen mit 70 %igem Alkohol und sind dann einer näheren Untersuchung mit Lupe, Lichtmikroskop oder Rasterelektronenmikroskop zugänglich.
Diese kleinen flinken Insekten sind tatsächlich wahre Konstruktionswunder der Natur. Bewegungstechnisch können sie so ungefähr alles, was überhaupt denkbar ist: laufen, klettern, schwimmen, tauchen, auf der Wasseroberfläche herumsausen oder sogar fliegen. Ihre Ruderbeine gehören, technisch gesprochen, zu den besten Vortriebserzeugern des Tierreichs. Auch sinnesphysiologisch sind die Taumelkäfer überraschend vielfältig ausgestattet. Sie besitzen nicht zwei Komplexaugen wie die meisten Insekten, sondern vier, zwei Oberwasser- und zwei Unterwasseraugen (siehe Schwarzweißtafel 1). Außerdem tragen sie in ihren umgestalteten Antennen hervorragend funktionierende Erschütterungssensoren, mit denen sie nicht nur ihre Beute orten können – zappelndes Kleingetier auf der Wasseroberfläche –, sondern auch vermeiden, irgendwo anzustoßen, sei es an den Ufersaum oder an herumwirbelnde Artgenossen. So sind sie aufs feinste in ihren Lebensraum eingepaßt und bieten, gerade weil sie so komplex und vielseitig spezialisiert sind, ein sehr gutes Beispiel für ökologische Einnischung. Ihre Umwelt ist die Wasseroberfläche, das dünne Oberflächenhäutchen, die Grenze zwischen Luft und Wasser. Zwar können sie sich in die Luft erheben und im Wasser abtauchen, normalerweise aber sausen sie auf der Oberfläche herum. Dabei aber müssen sie beobachten, was im Wasser und in der Luft vorgeht, und da diese beiden Medien unterschiedliche Brechungsindices haben, geht das nicht mit ein und demselben Augentyp; man braucht schon deren zwei. Peilen kann man aber nur mit einem Doppelauge, und so benötigt man als ein Oberflächenbewohner, der sich rasch und gezielt optisch orientieren muß, eben vier Augen – zwei Überwasser- und zwei Unterwasseraugen. Neben dem Feinderkennen ist die wichtigste Orientierungsleistung das Beuteerkennen aus größerer Entfernung. Da sind Erschütterungssensoren, die das Vibrieren der Wasseroberfläche aufnehmen können, wie es von einer ins Wasser gefallenen Fliege verursacht wird, gerade recht. Wieder braucht man zum Peilen zwei etwas auseinander-

liegende derartige Organe. Oberflächenbewohnende Wasserläufer haben solche Erschütterungssensoren in ihren langausgestreckten Mittelbeinen. Die Taumelkäfer benutzen dafür ihre Fühler. Auf eine Beute muß man sich hinbewegen können, und wer zuerst kommt, mahlt zuerst. Ein Taumelkäfer, dessen Unterseite das Oberflächenhäutchen durchstößt, braucht also Ruderbeine, die im freien Wasser arbeiten können. Eine andere Art der Vorwärtserzeugung würde hier nichts nützen. Die optische Nahorientierung und die Vibrationsorientierung auf mittlerer Entfernung versagen aber beide, wenn die Beute mehr als rund einen Meter entfernt ist. Ein Taumelkäfer wird aber nicht abwarten können, bis zufällig einmal im nahen Umkreis eine Fliege ins Wasser fällt, sondern er wird vielmehr die Oberfläche absuchen müssen. Das kostet aber Energie, weil er dazu ununterbrochen in Bewegung sein muß. Man wird also erwarten können, daß die Bewegungsorgane des Tiers, technisch gesprochen, »hochgezüchtet« sind: Sie müssen mit guten hydrodynamischen Wirkungsgraden arbeiten, damit das Käferchen mit seiner zur Verfügung stehenden Energie auskommt, beziehungsweise besonders rasch schwimmen kann. Je schneller es schwimmt, eine desto größere Fläche bestreicht es in der Zeiteinheit und desto größer ist wiederum die Chance des Beutefindens, auch in Konkurrenz zu den Artgenossen. Ein schnell herumsausender Käfer wird aber nicht nur mit der untergetauchten Bauchseite im Wasser Widerstand erzeugen (wegen der bügelbrettartig-flachen Gestalt nicht sehr viel), sondern auch mit der aufgetauchten Rückenseite Luftwiderstand. Es ist deshalb verständlich, daß auch der aufgetauchte Rumpf strömungsgünstig ausgestaltet ist. Dies kommt dem Tier auch beim gelegentlichen Unterwasserschwimmen zugute. So zieht eines das andere nach sich. Man muß etwas vorsichtig sein, wenn man so argumentiert, daß die Umwelt die Gestalt des Käfers prägt oder der Käfer sich mit allen morphologischen Eigentümlichkeiten besonders »raffiniert« auf die Umwelt einstellt. Wenn man aber wertfrei Gegenüberstellungen macht und immer nachprüft, ob sich diese oder jene Eigenheit besonders gut mit den Anforderungen des Lebensraums eines Tieres vertragen, so wird man gerade bei solchen hochspezialisierten Formen immer wieder positive Korrelationen finden, beispielsweise Übereinstimmungen im Bau und den funktionellen Anforderungen oder im verhaltensbiologischen Repertoire als »Antwort« auf die Anforderungen, die die belebte oder tote Umwelt stellt.

16 Der höchstentwickelte Ruderapparat des Tierreiches

Im Labor sausen die Taumelkäfer entweder mit einer Affengeschwindigkeit auf der Wasseroberfläche des Aquariums herum oder verhalten sich absolut ruhig. Manchmal klammern sie sich mit ihren Vorderbeinen an, die zahlreiche gestielte Saugnäpfe tragen (Schwarzweißtafel 1). Sehen kann man in keinem Fall, wie sie ihre Beine bewegen. Daß die raffiniert geformten Ruderbeine einer speziellen Bewegung bedürfen, leuchtet ohne weiteres ein, wenn man sich ein solches Gebilde einmal näher ansieht. Schnippelt man ein Hinterbein mit einer feinsten Präparierschere von einem toten Exemplar weg und legt es auf die Oberfläche eines Wassertropfens, den man auf einen Objektträger aufpipettiert hat, so passiert folgendes: Wie von Geisterhand gezogen, klappen die ineinander geschachtelten papierdünnen Beinglieder auseinander, und es entfaltet sich ein hauchzarter Saum allerdünnster Schwimmblättchen an den Rändern (Schwarzweißtafel 1b). Die Oberflächenspannung ist schuld an diesem Schauspiel. Bei schwacher Vergrößerung hat man nun den am höchsten evolvierten Ruderapparat der Natur vor sich. Das Rasterelektronenmikroskop holt die feinsten Einzelheiten heraus; allerdings schrumpfen die zarten Chitinstrukturen beim Eintrocknen und sehen dann nicht mehr so delikat aus wie auf dem Oberflächenhäutchen des Wassertropfens. Hüfte, Hüftring, Schenkel, Schiene, Fußglieder (Abb. 2, 8): das sind die Teile des typischen Insektenbeins. Beim Laufkäfer sind sie alle langgezogen – stabförmig. Beim Taumelkäfer dagegen sind sie auf geradezu extreme Weise abgeplattet und so ausgestaltet, daß sich jeweils das äußere Glied in eine Nische des inneren einklappen kann. So klappen die einzelnen Fußglieder spielkartenartig gegeneinander, und das ganze Paket kann in eine flache Ausbuchtung der Schiene eingeschlagen werden. Dieses Paket wiederum läßt sich in eine flache Höhlung des Schenkels einlegen, und die Schwimmblättchen, diese langen, aber extrem dünnen Gebilde, legen sich automatisch den Rändern an, wenn kein Wasserdruck da ist, der sie spreizen kann. So verschwindet praktisch das ganze Bein bis auf den Schenkel! Aber auch dieser kann dicht an die Käferunterseite angeklappt werden, so wie man die flache Hand auf den Bauch legt. Hydrodynamisch verschwindet er dann auch, weil dann praktisch keine Fläche vorhanden ist, die gegen das freie Wasser

4 Goldnessel, Galeobdolon luteum

Die Goldnessel, Galeobdolon luteum, ist eine charakteristische und besonders schöne Pflanze der Waldböden, die zu der Buschwindröschen-Gruppe der Bodenpflanzen gehört. Mit dem Buschwindröschen (Farbtafel 2d), der Zaunwicke, dem vielblütigen Weißwurz, dem Waldveilchen und anderen Pflanzen ist diese Gruppe gut zu charakterisieren. Man findet sie vor allem in Buchen- und Eichenmischwäldern auf nährstoffreichen, frischen und nicht zu sauren Böden.

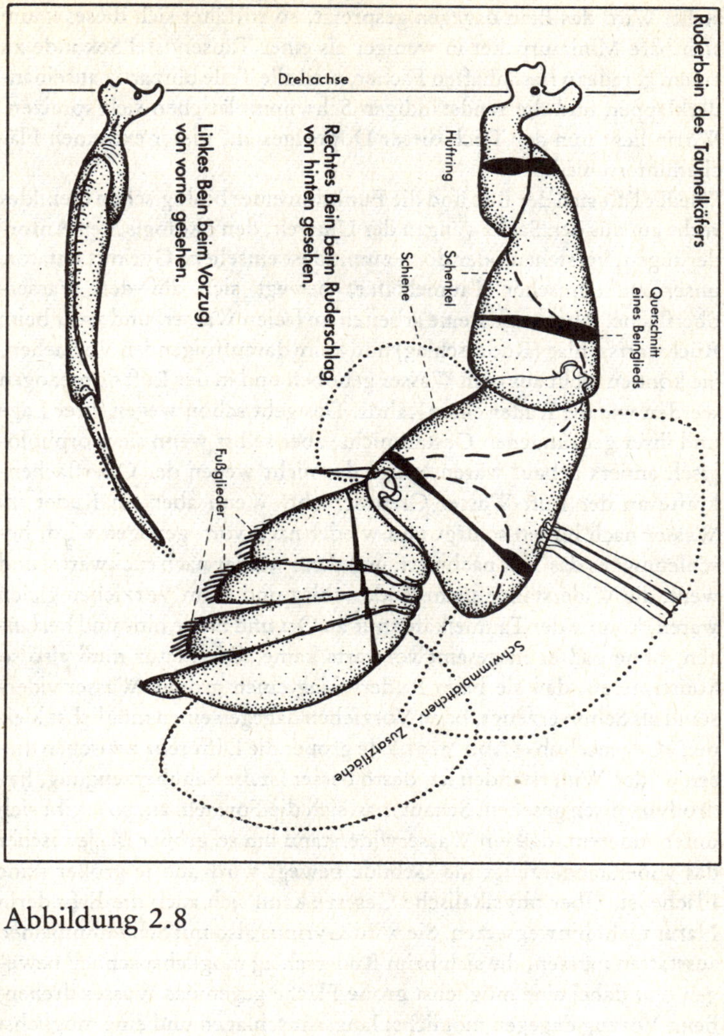

Abbildung 2.8

steht. Wird das Bein dagegen gespreizt, so entfaltet sich dieses kaum sichtbare Miniaturpaket in weniger als einer Tausendstel Sekunde zu einem geradezu riesenhaften Fächer, weil alle Teile blitzartig auseinanderklappen und die randständigen Schwimmblättchen sich spreizen. Worin liegt nun der Trick dieser Doppelgestalt, dieser extremen Flächenunterschiede?

Wieder läßt sich der Bau und die Funktion eines biologischen Gebildes recht gut aus den Sachzwängen der Umwelt, den ökologischen Anforderungen, verstehen oder doch zumindest einsehen. Gyrinus natator, unser einheimischer Taumelkäfer, bewegt sich auf der Wasseroberfläche. Aber seine Beine arbeiten im freien Wasser, und zwar beim Rückwärtsschlag (Ruderschlag) und beim darauffolgenden Vorziehen. Sie können nicht aus dem Wasser gehoben und in der Luft vorgezogen werden wie die Ruder eines Kahns. Das geht schon wegen ihrer Lage und ihrer gedrungenen Gestalt nicht, aber selbst wenn sie morphologisch anders gebaut wären, ginge das nicht wegen der Oberflächenkräfte an der Luft-Wasser-Grenzschicht. Wenn aber ein Ruder im Wasser nach hinten schlägt und wieder nach vorn gezogen wird, beschleunigt es das Tier nach vorn und dann wieder nach rückwärts, und wenn die Widerstände beim Ruderschlag und beim Vorziehen gleich wären, könnte der Taumelkäfer nur an Ort und Stelle hin- und hertanzen, ohne daß er insgesamt vorwärts käme. Die Natur muß also so konstruieren, daß sie beim Ruderschlag einen großen Wasserwiderstand als Schub erzeugt, beim Vorziehen dagegen einen möglichst kleinen »Gegenschub« (Abb. 2, 9b). Je größer die Differenz zwischen diesen beiden Widerständen ist, desto besser ist die Schuberzeugung, hydrodynamisch gesehen. Schaut man sich die Formeln an, so ergibt sich unter anderem, daß ein Wasserwiderstand um so größer ist, je rascher das widerstanderzeugende Gebilde bewegt wird und je größer seine Fläche ist. Über physikalische Gesetze kann sich auch die Erfinderin Natur nicht hinwegsetzen. Sie wird Gyrinus also mit Schwimmbeinen ausstatten müssen, die sich beim Ruderschlag möglichst schnell bewegen und dabei eine möglichst große Fläche gegen das Wasser drehen, beim Vorzug dagegen möglichst langsam schlagen und eine möglichst kleine Fläche aufweisen. Nun versteht man auch die riesenhaften Flächenänderungen. Beim Vorzug klappt das Bein zu einem kleinen Nichts zusammen, beim Ruderschlag spreizen sich all die abgeflachten Festglieder, und die Fläche vergrößert sich noch durch die blitzartig

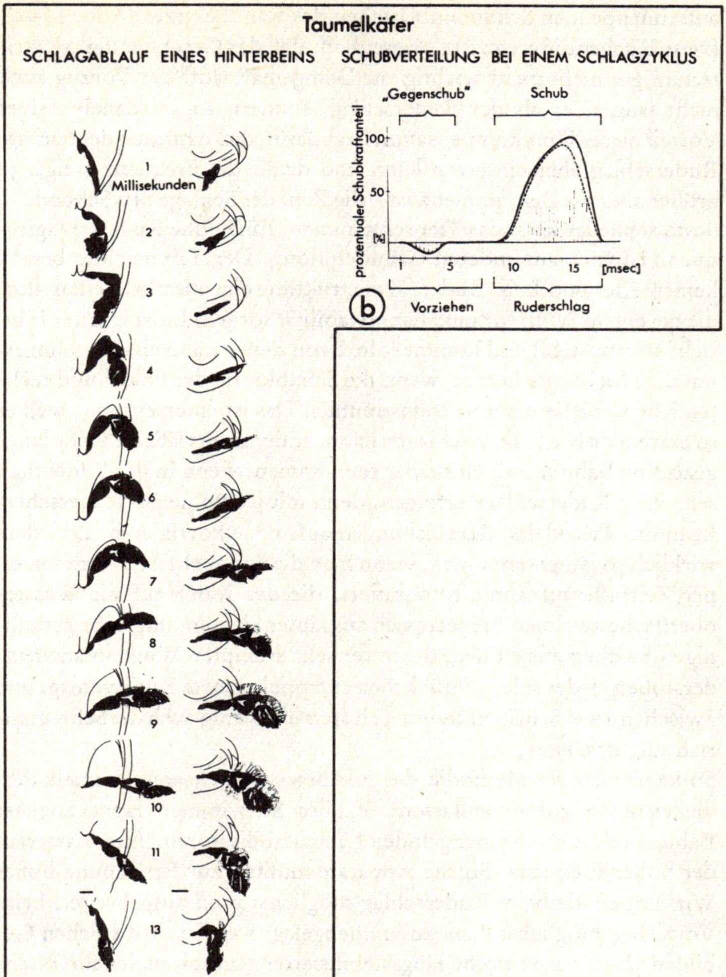

Abbildung 2.9

aufschnappenden Schwimmblättchen des Randbesatzes (Abb. 2, 9a). Diese Flächendifferenz ist so riesenhaft, daß das Geschwindigkeitskriterium gar nicht mehr wichtig ist. Demgemäß läuft der Vorzug auch nicht langsamer als der Ruderschlag, sondern sogar schneller. Der Vorteil dieser Überkompensation liegt darin, daß natürlich der nächste Ruderschlag eher einsetzen kann und damit die Frequenz steigt. Je größer aber die Beinfrequenz ist – die Zahl der Schläge pro Sekunde –, desto schneller kann das Tier schwimmen. Eine hohe Ruderschlagfrequenz ist auch aus anderen Gründen nötig. Der Taumelkäfer besitzt keinen Kiel und kein Ruder, Konstruktionseigentümlichkeiten also, die bei einem Schiff für gute Längsstabilität sorgen. Er ist in jeder Hinsicht sehr unstabil und kommt sofort von seiner Bahn ab und schnurrt um die Hochachse herum, wenn die Schubkräfte der linken und rechten Körperhälfte nicht übereinstimmen. Das ist einerseits gut, weil er so extrem rasche Haken schlagen kann, andererseits läßt sich eine langgezogene Bahn nur dann sauber schwimmen, wenn in der Zeiteinheit sehr viele Ruderschläge erfolgen, denn mit jedem neuen Ruderschlag kann das Tier kleine Abweichungen aufs neue korrigieren. Daß dem wirklich so ist, erkennt man, wenn man die Sonnenkringel-Bahn in einer Zeitrafferaufnahme fotografiert, die der Käfer auf die Wasseroberfläche zeichnet. Sie setzt sich aus lauter kleinen, ungefähr geradlinigen Stücken zusammen, die unter sehr stumpfen Winkeln aneinanderstoßen. Jedes solcher Stückchen entspricht einem Ruderschlag, und zwischen zwei Schlägen ändert sich stets ein wenig auch die Schwimmrichtung des Tiers.

So kann man die Methodik des Fortbewegens unseres Taumelkäfers vielleicht so zusammenfassen: Stabiles Schwimmen langgezogener Bahnen erfordert bei mangelnden Längsstabilisatoren Unterwasserruder hoher Frequenz. Solche Apparate müßten zur Erreichung hoher Wirkungsgrade beim Ruderschlag möglichst groß ausgebreitet, beim Vorziehen möglichst flach zusammengelegt werden. Mit solchen Gebilden kann ein schlecht längsstabilisierter Rumpf auch sehr rasche Wendungen ausführen. Wären Stabilisatoren da, bräuchte die Antriebsmaschinerie nicht so hochgezüchtet und zeitlich fein aufeinander eingespielt sein, aber das Tier wäre auf der anderen Seite auch nicht so wendig und müßte schließlich auch eine größere Energie ausgeben, weil Ruder und Kiele zusätzlichen Wasserwiderstand erzeugen. Auch das gibt es, nämlich bei einer verwandten Gattung unseres Taumelkäfers, die die Wissenschaftler mit Orectochilus bezeichnet haben. Er soll in langgezogenen Mäanderbahnen flußaufwärts schwimmen, pflegt sich also in einem anderen Biotop aufzuhalten als der Stillwasser liebende Gyrinus. Als Steuerruder dienen den Männchen die behaarten, lang ausfahrbaren Geschlechtsorgane! Offensichtlich ist beim Fließwasserbewohner Orectochilus (der abgetrieben wird, wenn er nicht eine bestimmte Schwimmrichtung – eben flußaufwärts – einhält) ein solches Ruder nötig, bei Gyrinus nicht. Hier kann man rasch ins Spekulieren kommen. Bei Fragen der ökologischen Einnischung können solche Überlegungen aber sehr gut als heuristisches Prinzip dienen. Man fragt sich, wofür eine Struktur, eine Bewegungsweise, eine Verhaltensweise besonders geeignet sein könnte im Hinblick auf die Anforderungen, die die Umwelt stellt. Oft finden sich dann Korrelationen, die sich vertiefen lassen, wenn man die Fragen feiner und feiner stellt. Die phantastisch hochentwickelten Ruderapparate der Taumelkäfer geben hier ein gutes Beispiel für vergleichende Untersuchungen. Leider sind ihr Bau und ihre Wirkungsweise nur von Gyrinus natator gut bekannt. Hier habe ich einmal versucht, durch Berechnungen, kinematische Analysen und Modellmessungen die hydrodynamischen Wirkungsgrade zu bestimmen. Der Gesamtwirkungsgrad liegt etwas unter 80 % und entspricht damit den besten technischen Verstellpropellern. Der beste Teilwirkungsgrad lag mit 97 % nahe an der theoretischen Grenze von 100 % – Optimierung von Form-Funktions-Beziehungen, von denen der Techniker nur träumen kann. bei Schiffsantrieben mit oszillierenden Mechanismen jedenfalls. Im Turbinenbau dagegen sind solche hohen Wirkungsgrade erreicht worden, auch bei rasch laufenden Elektromotoren geringer Belastung.

Der Biologe hat sich daran gewöhnt, daß die Konstruktionen in der belebten Welt oft in extremer Weise hochgezüchtet sind und damit bisweilen faszinierende Untersuchungsobjekte abgeben. Für den Techniker ist das im allgemeinen neu. Fängt er aber erst einmal Feuer, so kann er auf Grund seiner technisch-physikalischen Spezialkenntnisse oft besonders gut einen Lösungsansatz finden und damit wichtige Beiträge zu physiologischen oder physiologisch-ökologischen Problemen leisten. So hat vor noch nicht allzu langer Zeit die eigentümliche Antenne des Taumelkäfers die Aufmerksamkeit der Physiker auf sich gezogen.

17 Eine Ferntastantenne im kleinen

Insektenantennen bestehen aus einem basalen Glied (»Scapus«), an das sich ein zweites Glied anschließt (»Pedicellus«), das wieder ein Glied mit einer Geißel trägt (»Funiculus mit Arista«), die bei den einzelnen Insektenordnungen oder Familien nun ganz unterschiedlich gestaltet sein kann. Auch beim Taumelkäfer finden sich diese drei basalen Bauglieder wieder. Der Scapus ist in die Körperwand eingelenkt und trägt über eigene Muskeln nun einen schaufelähnlichen kleinen Pedicellus, der mit der unteren »Schaufelfläche« auf der Wasserfläche aufliegt, so wie ein Ski auf dem Schnee. An einer Aufwölbung dieses Teils hängt nun, wieder vom Muskel verspannt, der gestreckt-keulenförmige Funiculus, der aussieht wie ein Miniatur-Tannenzapfen (Abb. 2, 10 und Schwarzweißtafel 1). Wenn nun Wasserwellen auf die »Sohle« des Pedicellus auftreffen – das kann dadurch geschehen, daß ein Beutetier Wasserwellen erzeugt oder dadurch, daß sich Gyrinus bewegt –, so tanzt dieses Glied im Rhythmus der Wellen auf und ab. Der recht

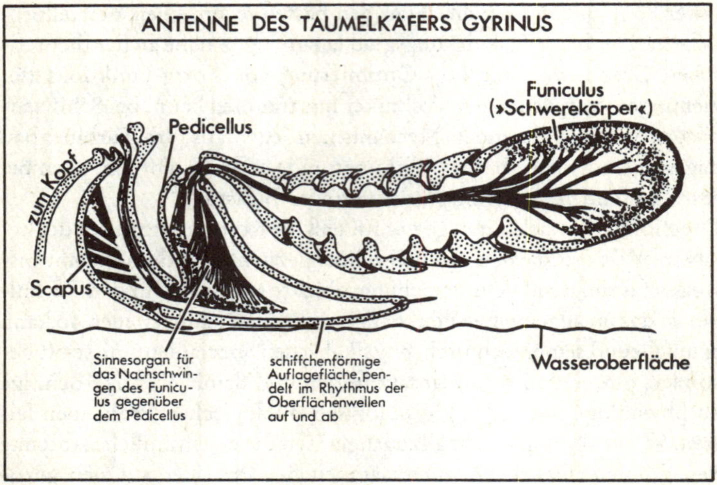

Abbildung 2.10

schwere Funiculus dagegen versucht wegen seiner relativ großen trägen Masse in Ruhe zu bleiben, und so knicken sich Pedicellus und Funiculus im Rhythmus der anregenden Wellen gegeneinander ab. Im Pedicellus liegen nun fein säuberlich nebeneinander die Zellen eines auf periodische Dehnung besonders gut ansprechenden Sinnesorgans, des sogenannten Johnston-Organs. Diese erzeugen im Rhythmus der Schwingungen Nervenimpulse. In solcher Form codiert werden nun die Frequenz und die Amplitude der einlaufenden Oberflächenwellen ans Gehirn gemeldet. Aus den Zeitdifferenzen der Meldungen, die von der linken und der rechten Antenne kommen, kann das Gehirn wahrscheinlich die Phasenverschiebung ausrechnen und damit die Stelle orten, von wo aus die Wellen einlaufen. Dazu gibt es hübsche Experimente. Wenn man eine kleine Scheibe von etwa 0,5 cm^2 Fläche nimmt und über einen oszillierenden Magneten auf der Wasseroberfläche tanzen läßt (etwa mit 20 Schwingungen pro Sekunde), kann man die Zitterbewegungen eines Insekts nachahmen, das ins Wasser gefallen ist. Läßt man die Scheibe mit einer Amplitude von etwa 1 mm auf- und abschwingen, so sausen die Käfer aus größerer Entfernung heran, bis aus 30 bis 50 cm. Sie können die vermeintliche Beute also fernorten. Im Nahbereich übernehmen dann die Augen das weitere Heranführen, und schließlich wird mit Tast- und chemischen Sinnesorganen auf Beinen und Mundwerkzeugen geprüft, ob es sich wirklich um eine Beute handelt.

Die eigenartig gebaute Antenne mit ihrem schaufelartigen Wasserauflleger erfüllt aber noch einen anderen Zweck. Es ist niemals beobachtet worden, daß schwimmende Taumelkäfer irgendwo anstoßen, selbst unter ungünstigen experimentellen Bedingungen nicht. So hat man einmal einen Zaun gebaut, aus 1,2 mm dicken Drahtstücken, die in einem solchen Abstand nebeneinander gehängt worden sind, daß Gyrinus gerade noch zwischen ihnen durchkam. Damit wurde ein flaches Wasserbecken in zwei Hälften geteilt. Die Taumelkäfer schossen zwischen den schmalen Zaunlücken hindurch, als ob sie nicht vorhanden wären, und stießen niemals an einen Draht. Auch im Dunkeln funktioniert die Geschichte. Der Grund ist wohl der Wassermeniskus, der sich um jeden eingetauchten Gegenstand hochzieht; auch am Ufersaum ist die Wasserfläche eine Spur aufgewölbt. Diese schmale Wölbung wird mit dem Antennen-Aufleger »abgefahren« und so registriert. Gyrinus kann dann blitzartig Ausweichmanöver einleiten.

Interessant ist im übrigen, daß die größte Schwimmgeschwindigkeit auf der Oberfläche in der Literatur mit 24 cm pro Sekunde angegeben wird. Das ist immerhin rund die 50fache Körperlänge pro Sekunde. Bei etwas über 21 cm pro Sekunde liegt die Grundgeschwindigkeit der ersten Oberflächenwelle (das ist beispielsweise der Wellenring, der sich nach Einwurf eines Steins nach allen Seiten ausbreitet). Schwämme Gyrinus schneller, so würde er eine Oberflächenwelle vor sich herschieben und sich dadurch mit »Überschallgeschwindigkeit« (bezogen auf die Ausbreitungsgeschwindigkeit der Oberflächenwelle) vorwärtsbewegen. Das würde schlagartig sehr große Energie kosten. Es sieht so aus, als ob die Taumelkäfer fast immer knapp unterhalb dieser kritischen Geschwindigkeit blieben und sie nur bei heftiger Störung kurzfristig überschreiten. Energetisch wäre dieses Verhalten äußerst sinnvoll.

Oberflächenwellen spielen auch eine große Rolle bei der Fortbewegung der Wasserläufer auf der Wasseroberfläche. Jedermann kennt diese bis 2 cm großen, länglich-kahnförmigen Wanzen mit ihren vier spindeldürren Auslegerbeinen (Abb. 2, 7). Es sind Landwanzen, die sekundär auf die Wasseroberfläche gewandert sind. Als Insekten haben sie selbstredend sechs Beine, aber die beiden vordersten sieht man nicht so ohne weiteres; es sind eng aneinandergelegte, kleine Greifklauen zum Festhalten der Beute. Die Mittelbeine dagegen bilden die riesigen Ruder. Sie werden sehr rasch gleichsinnig nach hinten bewegt. Dadurch werfen sie eine Wasserwelle auf, von deren Vorderfront sie sich abstoßen. Damit treiben sie den Rumpf vorwärts. Es war lange Zeit nicht recht klar, wie diese Bewegung vor sich geht, wie also diese Tiere so große Reibungskräfte auf die spiegelglatte Wasseroberfläche übertragen, daß sie sich davon abstoßen können. Sie machen es also nach dem Wellenreiterprinzip. Der Brandungs-Surfer läßt sich von einer heranrollenden Welle, auf deren zum Land weisender Flanke er »reitet«, ans Ufer tragen. Der Wasserläufer erzeugt sich seine Welle selbst, von der er sich abstößt.

18 Weitere Oberflächenbewohner

Neben dem Fabeltier »Gyrinus« und den Wasserläufern bevölkern noch andere Lebewesen die Wasseroberfläche. Auf dem Oberflächenhäutchen sitzen oft in Massen die blauschwarzen Springschwänze der Art Podura aquatica (Abb. 2, 7) oder die etwas gewichtigeren Kugelspringschwänze der Gattung Sminthurides. Das Häutchen selbst ist in geradezu typischer Weise zweidimensional, hat keine Dickenerstrekkung. Bakterien, die auf fauligem Wasser eine »Kahmhaut« bilden (Abb. 2, 7), werden nebeneinanderliegen müssen wie die Zinnsoldaten in der Schachtel. Nun gibt es aber nicht nur Tiere, die oben auf dem Häutchen stehen und darauf herumlaufen, sondern auch solche, die von unten am Häutchen »hängen«. Bekannt ist ein spezialisierter Wasserfloh, der »Kahnfahrer« Scapholeberis (Abb. 2, 7), von dem es zwei Arten mit gerade abgestutzten Schalen gibt, die so mehr als punktförmigen Kontakt mit dem Oberflächenhäutchen herstellen können. Er weidet den zarten Bakterien- und Algenbelag des Häutchens ab, das sogenannte »Neuston«. Ähnlich macht es ein kleiner Muschelkrebs, die Art Notodromas monacha (Abb. 2,7). Dann soll es noch eine kleine Uferfliege geben (Notophila), die auf herumschwimmenden Blättern sitzt und den Belag des Oberflächenhäutchens absaugt.

19 Die Schwimmblattzone des Sees

Lassen wir nun die Schilfregion mit ihrem vielfältigen und im wörtlichen Sinn geheimnisvollen (das heißt der näheren Untersuchung und Klärung harrenden) Lebensbeziehungen und bewegen wir uns weiter in Richtung auf das freie Wasser zu. Wasserstiefel werden hier nichts mehr nützen, denn schon sind Tiefen von 70 cm bis 1 m erreicht. Da ist ein flachbodiger Fischerkahn gerade recht, mit dem man durch die Schilfkanäle staken kann (am Neusiedler See nennt man diese »Schluichten«). Die Halmwildnis wird immer schütterer, und schon taucht die freie Seefläche auf. Ziemlich abrupt endet hier der Schilfwald und macht einer neuen Lebensgemeinschaft Platz, der Schwimmblattzone und der anschließenden Tauchblattzone. Wegen ihrer Hauptvertreter nennt man diese beiden Bereiche auch die Seerosenzone und Laichkrautzone.

Seerosen finden sich nicht überall. Sofern der Wind ungehindert Zutritt hat, ist die Wasseroberfläche in zu starker Bewegung, als daß sich die Überwasserblätter der Teichrosen (Nuphar) oder Seerosen (Nymphaea, Farbtafel 5 d) halten könnten. In windgeschützten Buchten oder in kleineren, allseits von hohen Bäumen umstandenen Teichen dagegen findet sich oft Blatt an Blatt, dazwischen die kleinen, kompakten, leuchtend gelben Teichrosenblüten oder die größeren, auseinandergebreiteten, weißlichen Blüten der Seerose. Noch ist das Wasser nicht zu tief. Ein bis zwei Meter können die Blütenstengel oder Unterwasserstiele der Blätter lang werden. Fast stets sind sie in lockeren Spiralwindungen gelegt und federn so auf und ab, wenn ein schwacher Wind die Wasseroberfläche bewegt. Wenn man langsam mit dem Kahn durch die Schwimmblattzone fährt, sollte man nie versäumen, solche Blätter einmal umzudrehen und die Unterseite sorgfältig abzusuchen (nachher wieder zurückdrehen!). An den Rändern findet man nicht selten die kleinen Zwergrückenschwimmer der Gattung Plea (Farbtafel 10b), knapp 3 mm große Miniaturgebilde, Verwandte der stechlustigen »Wasserbiene« Notonecta. Sehr häufig findet sich Schneckenlaich in Ballen oder Schnüren. Es lohnt sich, diesen etwas auseinanderzuquetschen und mit der schwachen Mikroskopvergrößerung die Jungschnecken in ihren Eihüllen zu beobachten. Ältere Seerosenblätter haben mit Sicherheit eine Menge von kleineren oder größeren, bräunlich umrandeten Löchern. Durch solche Löcher schieben manche Libellenweibchen ihren Hinterleib und legen an der Unterseite Eier ab, die sie häufig ins weiche Gewebe einstechen. Manchmal sind solche Einstichstellen in vielfach sich überschneidenden Halbkreisen tangential um das Loch herum verteilt. Sie stammen von einer Kleinlibelle, der Schlankjungfer Agrion pulchellum. Auch Moostierchenkolonien kann man gelegentlich finden, die breiten, gewundenen Bänder von Cristatella mucedo (Abb. 2, 5).

Wenn man so mit dem Kahn durch die Schwimmblattbestände stakt, fällt gleich eines auf: Die weiße Seerose und die gelbe Teichrose vermischen ihre Bestände kaum. Landeinwärts beherrscht die Seerose den Bestand. Sie kann nicht sehr viel tiefer wurzeln als etwa 2 m. Weiter draußen lebt die Teichrose. Bis in Tiefen von 4, ja 5 m dringt sie vor. Ihre langen, wie Zugfedern spiralisch gerollten Unterwasserstiele treiben aus einem mächtigen, im Schlamm kriechenden wurzelartigen Stamm (»Rhizom«). Wenn man abtaucht, verlieren sich die Stengelspiralen im Dunkeln des meist trüben Seewassers, und erst nach einigen Tauchzügen erscheinen die hellgrünen, zarten Unterwasserblätter der Teichrose, der bereits genannte »Unterwasserkohl«. Sie haben keine Spaltöffnungen, da es hier ja auch keine Luft direkt aufzunehmen gibt,

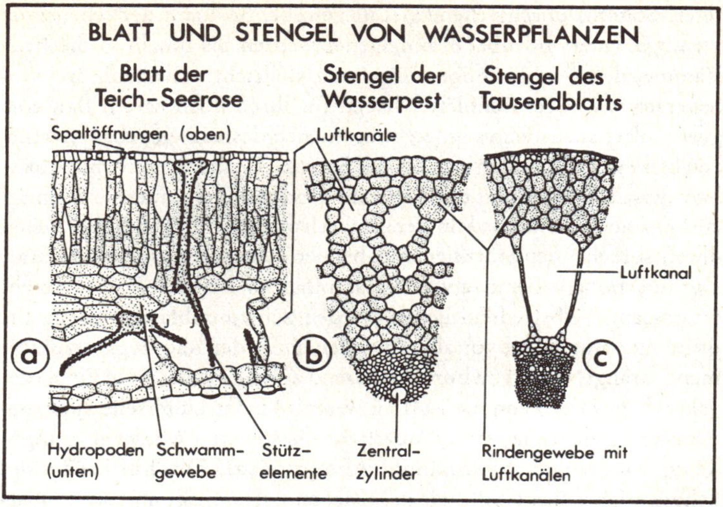

Abbildung 2.11

besitzen aber Chlorophyll und können in dem schwachen Dämmerlicht noch ein wenig assimilieren.

20 Vom funktionellen Feinbau der Seerosenblätter und -stengel

Seerosenblätter (Farbtafel 5 d) sind »raffiniert« gebaut. Vom Zentrum aus etwas aufgebogen, lassen sie Regenwassertropfen auf ihrer unbenetzbaren Oberseite zur Peripherie ablaufen. Unter der kräftigen Oberhaut liegen einige Schichten dicht aneinandergedrängter, stark chlorophyllhaltiger Zellen, wie Bleistifte oder Palisaden nebeneinander stehend. Das ist der wesentlichste Assimilationsort. Unter dieser Hauptassimilationsschicht liegt ein lockeres, schwammartiges Gewebe mit vielen Lufträumen, die in Verbindung stehen mit mächtigen Luftstämmen des Stengels und einem den ganzen »Wurzelstock« (richtiger: Stamm) durchziehenden Luftgewebe. So kann der lebensnotwendige Sauerstoff überall hingeleitet werden bis hinein in die Erdstämme, deren schlammige Umgebung vielleicht vollständig frei von Sauerstoff ist. Seerosenblätter haben für ihren doch zarten Bau eine große Flächenausdehnung. Sie müssen sich deshalb eingebauter Stützen bedienen. So finden sich bei der Seerose T- oder sternförmige Skelete zwischen Oberhaut und Schwammschicht eingebaut. Sie erinnern entfernt an die Stütznadeln der Kalkschwämme. Etwas derber sehen die entsprechenden Stützelemente bei der Teichrose aus (Abb. 2, 11a). Der funktionelle Feinbau von Wasserpflanzen-Blättern ist somit recht interessant. Selbstredend liegen bei den Schwimmblättern die Spaltöffnungen nur oben; vor allem werden sie in der Randregion zusammengedrängt, wo bis zu hunderttausend auf die Fläche eines Fingernagels gehen. Hier kann die Luft eintreten. An der Unterseite sind spezialisierte Zellen eingestreut, durch die – gesteuert – Wasser eindringen kann, sogenannte Hydropoten (Abb. 2, 11a). Die Luftkanäle des Schwammgewebes sind – wie besprochen – sehr groß, und ihrem Auftrieb zufolge kann das Schwimmblatt nicht untergehen. Manche Botaniker sind der Meinung, daß die genannten T- oder sternförmigen Stützelemente noch eine andere Aufgabe haben. Als lästige Miniaturfeilen im Blattgewebe (deshalb heißen sie auch »Feilenhaare«) sollen sie Freßfeinde abschrecken. Nun sind aber gerade die Schwimmblätter sehr häufig zerfressen. Zumindest die Schilfkäfer der Gattung Donacia, von denen manche Arten ihren ganzen Lebenszyklus auf solchen Schwimmblättern verbringen, scheinen sich nichts aus diesen Haaren zu machen.

Schneidet man einen Seerosenstengel quer, so finden sich wie bei anderen Pflanzenstengeln Leitgefäße an den Rändern und in der Mitte, die aber nur schwach verholzt sind. Die letztere Eigenschaft bringt Vorteile, aber auch Nachteile mit sich. Zum einen müssen solche Stengel recht beweglich sein, sich wie Federn dehnen und strecken können, wenn der Wasserstand sich ändert oder die Schwimmblätter vom Winde verschoben werden. Ein zu stark verholzter Stengel wäre dazu nicht in der Lage. Bei starker Belastung wird er auch brechen. Auf der anderen Seite kann in den Wassergefäßen kein allzu starker Sog herrschen. Bei einem Baum laufen die Gefäße ja in kräftigen Verholzungsregionen. Wenn in der Krone aus den Spaltöffnungen Wasserdampf tritt, steigt die Flüssigkeit zum Großteil wegen dieses »Verdunstungssogs« in den Wassergefäßen nach. Hier herrscht nun ein Unterdruck, und die Gefäße würden dadurch vom äußeren Luftdruck zusammengepreßt werden, wären sie nicht in der kräftigen Holzschicht eingelagert. Auch das Seerosenblatt verdunstet eine Menge Wasser. Zum Nachschub kann es sich aber wegen der schwachen Verholzung nicht auf den Kapillarsog verlassen. Hierzu dienen der Wurzeldruck und die genannten Hydropoten auf der Blattunterseite. Schneidet man ein Seerosenblatt ab, so welkt es rasch, auch wenn es in die Vase gestellt wird. Die genannten Möglichkeiten des Wassernachschubs fehlen, und die Leitungsgefäße kollabieren. Auch in den Stengeln finden sich voluminöse Röhren oder netzartige Hohlräume zur Luftleitung. Dies wird bereits deutlich bei Sumpfpflanzen wie dem Bachbungenehrenpreis und ist zum Extrem getrieben bei Pflanzen mit vorwiegend untergetauchten Blättern wie dem Tausendblatt (Abb. 2, 11c). Man kann sich vom Luftleitvermögen eines Seerosenstengels leicht überzeugen. Ein halbmeterlanges Stück eines Seerosenblattstiels wird abgeschnitten. Auf der einen Seite pustet man mit aller Macht hinein, die andere Seite wird unter Wasser gehalten. Hier perlt nun Luft in ganzen Blasenströmen aus. Schneidet man ein Seerosenblatt mit etwa 10–20 cm langem Stiel ab, hält es unter Wasser und drückt durch den Stiel mittels einer angebastelten Fahrradpumpe Luft hinein, so treten feinste Perlen vor allem an den Kanten aus, dort wo die Spaltöffnungen massiert sind. Schneidet man nun eine Blattrippe an, so perlt die Luft dort in deutlicheren Strahlen heraus. Leicht ist auch die Wasseraufnahme durch die Hydropoten zu demonstrieren. Man nehme einen Teller mit einer etwa 2 cm hohen Wasserschicht und gieße einen knappen Teelöffel voll Tusche ein. Dahinein legt man nun ein Seerosenblatt mit der Unterseite nach unten. Nach einigen Stunden wird das herausgenommene und umgedrehte Blatt vorsichtig abgewaschen. Nun sind eine Menge schwarzer Punkte zu sehen. Da, wo Wasser durch die Hydropoten aufgenommen worden ist, sind die feinen Tuschepartikelchen hängengeblieben wie gemahlener Kaffee im Filter. Man kann das Wasser auch mit einer geeigneten Farblösung anfärben. Als erstes werden sich diese wasseraufnehmenden Strukturen verfärben. So sind nicht nur die Blätter, sondern auch die Stengel und Blattstiele der Schwimmblattpflanzen hochspezialisiert. Die Umgestaltung beginnt schon bei Stengeln von Sumpfpflanzen, die noch das feste Land bevölkern. Sie ist ganz extrem bei den Stengeln der Tauchblattpflanzen (Abb. 2, 11b, c). Diese

stellen nun die nächste und vorletzte Region der Uferzonierung Seen dar.
Unser Kahn gleitet langsam aus den Schwimmblattbeständen hinaus ins freie Wasser. Waren im Seerosenbestand gleich hinter dem Röhricht noch Begleitpflanzen zu bemerken, wie der weiß blühende Wasserhahnenfuß oder der rot blühende Wasserknöterich, auch Schwimmblattpflanzen mit Überwasserblüten wie das schwimmende Laichkraut und der Froschbiß, so haben sich diese Arten im tiefer abfallenden Boden verloren. In der Außenzone des Schwimmpflanzengürtels bildeten die gelben Teichrosen fast reine Bestände, soweit man nur die über Wasser liegenden Pflanzenteile betrachtet.

21 Die Tauchblattzone

Wir lassen die letzten Schwimmblätter der Teichrosengesellschaft hinter uns. Nur noch vereinzelt strecken sich unscheinbare Blüten über die Wasseroberfläche. Aber der Eindruck täuscht. Wieder einmal bewährt sich die Taucherbrille, und ich hänge über den flachen Hinterrand des Bootes den Kopf ins Wasser, während mich die Mitfahrer mit einigen sarkastischen Bemerkungen über meine Daseinsberechtigung an den Beinen festhalten. Das Boot läuft aus und dümpelt dann ein wenig im flachen Ostwind. Unter mir eine unterseeische Wiese aus Stengeln mit länglich-gewellten oder zarten, schnürsenkelartigen, spitzen Blättern, aber auch Stengel mit fein zerfaserten Blättern, die aussehen, als ob sie bis auf die Seitenrippen abgefressen wären. Sie stehen in vier- oder mehrzelligen Quirlen in Etagen übereinander. Einige dieser Stengel schieben ihre zarten, geöffneten Blüten über Wasser. Wind oder Fliegen werden sie bestäuben. Wir befinden uns in der Tauchblattzone, und zwar in der landseitigen Region der Überwasserblüher. Zwei Gattungen herrschen vor: die Laichkräuter und die Tausendblätter. Leicht unterscheidbar sind das kammförmige Laichkraut (Potamogeton pectinatus) mit seinen Fadenblättern, das krause Laichkraut (Potamogeton crispus) mit den kleinen, länglichen Dauerwellenblättern, das ährige Tausendblatt (Myriophyllum spicatum) mit vierzähligen Wirteln und das quirlblütige Tausendblatt (Myriophyllum verticillatum), dessen Blattstände meist fünf- oder sechszählig sind (Abb. 2, 12). Der Schwimmer schätzt diese »Schlingpflanzen« gar nicht, und tat-

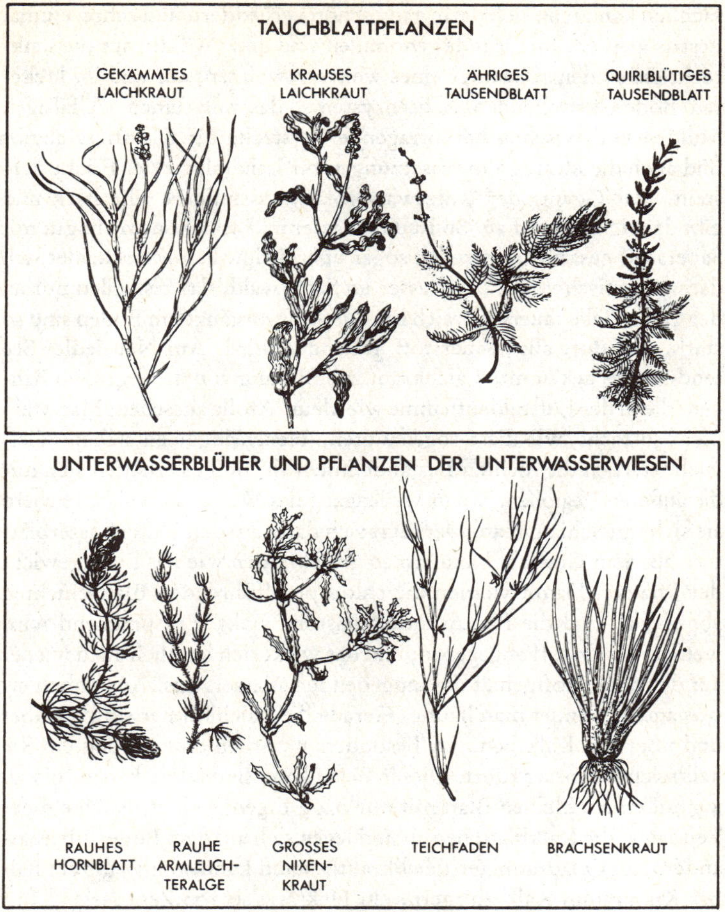

Abbildung 2.12

sächlich kann man sich darin ganz schön verheddern und schon einmal nervös werden. Im Grunde genommen sind diese Wälder nur die senkrecht stehenden Ausläufer eines weit verzweigten, auf und im lockeren Boden kriechenden Achsensystems, das mit seinen vielfältigen Mulden und Nischen hervorragende Verstecke für Kleintiere abgibt und auch die idealen Voraussetzungen für Laichplätze der Fische darstellt. Das Gewirr der Unterwasserblätter assimiliert sehr stark und gibt dabei Sauerstoff ab. So ist das Wasser in dieser Zone recht gut mit Sauerstoff gesättigt, bisweilen sogar übersättigt. Es unterscheidet sich damit drastisch vom Flachwasser im Schilfwald, das bisweilen nur an der Oberfläche sauerstoffreich ist. Die Zehrvorgänge am Boden sind so stark, daß dort aller Sauerstoff gebunden wird. Am Neusiedler See tendiert das gekämmte Laichkraut zur Bildung von metergroßen Ringen, die in der Luftbildaufnahme wie kleine Atolle aussehen. Man weiß nicht so recht, wie diese sogenannten »Hexenringe« entstehen. Vielleicht sterben die dichten Bestände innen ab, und es erhalten sich nur die äußeren Regionen. Wenn Wellengang das Wasser aufwühlt, reichern sie sich mit Schlamm an. Der setzt sich dann auf den Unterwasserblättern ab. Sein Gewicht kann fast so groß werden wie das Eigengewicht der Pflanze. Damit werden die chlorophyllführenden Blattschichten abgedeckt, und die Photosyntheseleistung sinkt. Entsprechend wird weniger Sauerstoff abgegeben, und das wirkt sich letztlich auch wieder auf den Sauerstoffgehalt des umgebenden Wassers aus. Auch noch etwas anderes findet man häufig. Gerade die Laichkräuter sind oft über und über mit Kalk bedeckt, besonders natürlich dann, wenn ein See kalkreiches Wasser führt. Dieser Belag kann beträchtlich sein, bis zu 4 g auf einem kleinen Blatt mit nur 0,4 g Eigengewicht. Nach einiger Zeit fallen die Kalkblättchen ab und legen sich auf dem Boden übereinander. Ein Quadratmeter Laichkrautbestand kann so im Jahr ein halbes Kilogramm Kalk ablagern, ein Hektar also 100 Zentner!

22 Biogene Entkalkung des Seewassers

Wie kommt es zu dieser eigenartigen Kalkbildung? Dies ist eine unmittelbare Folge davon, daß auch grüne Unterwasserpflanzen assimilieren, das heißt mit Hilfe des Sonnenlichts aus Wasser und Kohlendioxid Zucker aufbauen. Wasser ist im Übermaß da; das Licht reicht bei ho-

b
d

5 Pflanzengesellschaften um das Seeufer

a Blick auf eine Wasserfläche mit recht charakteristischer Abfolge der Pflanzenzonen. Im Hintergrund Auwald, dann niedere Erlenbestände, gefolgt von der Schilfzone und schließlich der Schwimmblattzone.

b Eine charakteristische Pflanze der Verlandungsregion, der gemeine Gilbweiderich, Lysimachia vulgaris. Die Blätter stehen in charakteristischen drei- bis vierzeiligen Quirlen, manchmal auch etwas abgewechselt; die kantig spitz erscheinenden Knospen der hellgelben Blüten geben der Pflanze ihr charakteristisch »spitzes« Aussehen.

c Auch die Kohlkratzdistel, Cirsium oleraceum, gehört zur feuchten Uferregion. In den ein wenig um die Stengel herumlaufenden Blattbasen sammelt sich oft Regenwasser an und bildet »Miniaturaquarien«. In den Blattachseln verstecken sich während der trockenen Zeiten gern Ohrwürmer.

d Seerosenblätter – hier eine mexikanische Verwandte unserer weißen Seerose – bilden große Inseln im Wasser. Auf ihrer Oberseite leben die Schilfkäfer, auf der Unterseite entwickeln sich Laich und Eier von Schnecken, Libellen und Wasserinsekten.

hem Sonnenstand in den obersten Wasserschichten auch aus. Das im Wasser gelöste Kohlendioxid steht mit dem der Luft im Gleichgewicht und ist daher auch in ausreichender Menge vorhanden – nur mit einem Unterschied: Es kann, im Wasser gelöst, chemische Reaktionen eingehen. So verbindet sich ein kleiner Teil des gelösten Kohlendioxids CO_2 (rund 2 Promille) mit Wasser H_2O zu Kohlensäure H_2CO_3. Diese zerfällt oder »dissoziiert« wieder in Ionen, in einem ersten Schritt in Wasserstoffionen H^+ und Hydrogenkarbonationen HCO_3^-. Wieviel Prozent CO_2 im Wasser gelöst vorliegen oder im löslichen Hydrogenkarbonat gebunden oder schließlich im fast unlöslichen Karbonat CO_3^{--} abgelagert, das hängt nun vom sogenannten p_H ab, der ein Maß für den Säuregrad des Wassers darstellt. Wir wollen uns an dieser Stelle nicht in den Chemismus hineindenken, den man in jedem besseren Lehrbuch nachschauen kann. Nur eines: Bei stark saurem Wasser liegt das CO_2 vollständig als solches gelöst vor. Beim Neutralpunkt (pH gleich 7) ist es dagegen zu 80 % im Hydrogenkarbonat gebunden und nur noch zu 20 % gelöst. Im basischen Bereich, soweit er in der Natur überhaupt vorkommt, liegt praktisch alles CO_2 im Hydrogenkarbonat gebunden vor. Dies hat nun besondere Konsequenzen für die Unterwasserpflanzen. Manche sind nur in der Lage, gelöstes CO_2 aufzunehmen und der Assimilation nutzbar zu machen. Andere nehmen Kohlendioxid und auch Hydrogenkarbonat auf; aus dem letzteren spalten sie das CO_2 für die Assimilationszwecke ab. Wieder andere nehmen fast nur Hydrogenkarbonat auf. Bei den erstgenannten Typen ist die Assimilation problemlos. Bei den Hydrogenkarbonatverwertern dagegen passiert folgendes: Aus dem HCO_3^- wird das CO_2 abgespalten, und es bleibt OH^- übrig, das ausgeschieden wird. Dieses OH^- ist aber ein angriffslustiges Ion; es verbindet sich sofort mit weiterem HCO_3^- des Wassers zu CO_3^{--} (wobei Wasser frei wird), und dieses CO_3^{--} fällt nun zusammen mit den stets vorhandenen Calciumionen Ca^{++} als $CaCO_3$ aus: Das ist unlöslicher Kalk. So entstehen auch die Kalkablagerungen auf den Laichkraut- und Tausendblattarten. Sie gehören zu den Pflanzen, die ihren Kohlendioxidbedarf zum großen Teil aus dem Hydrogenkarbonat decken, das im Wasser gelöst ist. Dieses nehmen sie mit der Blattunterseite auf. Auf der Blattoberseite dagegen wird das frei werdende Hydroxyd OH^- abgegeben, und dort läuft auch die weitere Reaktion zu Kalk ab, der sich dann natürlich auch nur auf der Blattoberseite niederschlägt. Die Blattunterseite bleibt durch diesen

Trick frei und kann weiter zum Stoffaustausch dienen, beispielsweise auch anorganische Salze aufnehmen und damit eine Funktion ausüben, die bei Landpflanzen den Wurzeln zukommt. Die Kalkablagerung ist sozusagen der Preis dafür, daß die Pflanzen dem gelösten Hydrogenkarbonat das Kohlendioxid entziehen und zur Assimilation verwerten können. Von der Pflanze aus gesehen ist der Kalk ein notwendiges Übel. Wellenschlag spült ihn in feinen Blättchen ab, und auf dem Seegrund setzt er sich ab und trägt zur Bodenbildung bei. Vom Wasser aus betrachtet kann man von einer Entkalkung sprechen (»biogene Entkalkung«). Das Wasser wird kalkärmer, der Boden dafür kalkreicher.

Diese Unterschiede in der CO_2-Nutzung der Unterwasserpflanzen führen nun aber zu beachtlichen ökologischen und pflanzensoziologischen Konsequenzen. Solange das Wasser sauer ist, wie in Torfstichen, können alle Arten gut existieren, die lediglich in der Lage sind, gelöstes CO_2 aufzunehmen. Das Paradebeispiel ist das Quellmoos, Fontinalis, aber auch manche Grünalge und das quirlblütige Tausendblatt Myriophyllum verticillatum. Sobald das Wasser aber alkalischer wird und damit immer weniger CO_2 gelöst und immer mehr im Hydrogenkarbonat gebunden enthält, haben solche Pflanzen keine Chance mehr. Sie werden nun ersetzt durch Hydrogenkarbonatverwerter. Dazu gehören das ährige Tausendblatt Myriophyllum spicatum sowie Wasserschlauch, einige große Laichkrautarten, Hornblatt, Wasserhahnenfuß und besonders die Armleuchteralgen. Auch einige bekannte grüne Fadenalgen gehören in diese Gruppe. Kein Wunder also, daß am Neusiedler See mit seinem nichtsauren Wasser nur das ährige Tausendblatt bestandbildend vorkommt.

Ich habe diese Zusammenhänge zwischen Säuregrad des Wassers, Bindungsart des Kohlendioxids, Befähigung der Pflanzen zur Hydrogenkarbonatverwertung, Kalkbildung auf Unterwasserpflanzen und sekundär auf Seeböden deshalb ein wenig herausgearbeitet, weil sie nach meiner Meinung das allerbeste Beispiel darstellen für die Einwirkung eines naturbedingten, chemischen Umweltfaktors auf ein Ökosystem. Dieser Umweltfaktor ist der Säuregrad des Wassers beziehungsweise sein pH. Er bestimmt hier nicht nur, ob ein Gas mehr gelöst oder mehr in der einen oder anderen Art chemisch gebunden vorliegt; von ihm hängt auch die Artenzusammensetzung der Unterwasserwälder zusammen.

23 Die Zone der unterseeischen Wiesen

Wir verstehen nun auch, warum die nächstfolgende Zone, die Region der unterseeischen Wiesen, gerade im tieferen Wasser vor allem aus Armleuchteralgen besteht, wenn das Wasser nicht sauer ist: Diese sind besonders gute Hydrogenkarbonatverwerter! Sie »entkalken« das Wasser und bauen sogar ein eigenes Stützgerüst aus Calciumkarbonat auf. Wenn Sie sich eine große Betonschale als Gartenteich haben gießen lassen, wird Ihnen der Gartenarchitekt empfehlen, für zwei oder drei Jahre Armleuchteralgen anzusiedeln. Der Beton gibt eine Zeitlang vermehrt Calciumionen ab, die das Wasser für viele Teichpflanzen zu hart machen. Armleuchteralgen sind nun auf Grund des beschriebenen Chemismus fähig, das gelöste Calcium als festen Kalk zu binden. So spielen wieder eine ganze Reihe ökologischer Faktoren zusammen, die man ohne Kenntnis der Zusammenhänge nicht ohne weiteres miteinander koppeln würde. Genau die hier beschriebenen Vorgänge sind im übrigen auch Ursache für die Bildung von Kalktufflagern, die ja Mächtigkeiten von vielen Metern erreichen können. Ähnlich wie die Armleuchteralgen im See und Teich verhalten sich nämlich auch einige Moose in den kalkreichen Bächen und Wasserfällen der Gebirge. Sie bedecken sich stärker und stärker mit Kalkschichten, sterben unten ab, während sie oben weiterwachsen und weiterverkalken. So entsteht lockerer Kalktuff, dem man die organische Herkunft leicht ansieht. Oft wird abgefallenes Laub mit eingeschlossen. Wenn man einen solchen Brocken zerbricht, findet man bisweilen die schönsten Abdrücke – wie im Steinkohlenflöz, nur nicht einige Hundertmillionen, sondern vielleicht nur einige hundert Jahre alt.

Unser Kahn hat die letzten Überwasserblüten der Laichkrautzone zurückgelassen und gleitet nun über eine glatte Wasseroberfläche. Die flach eingestoßene Stange findet keinen Boden mehr zum Staken, deshalb nehmen wir die Ruder zur Hilfe. Noch zeigt der Blick durch die Taucherbrille einen Bestand von Laichkraut, Tausendblatt und Hornkraut (Ceratophyllum). Der Boden ist nun aber schon so tief abgesunken, daß die Stengel ihre Blütenstände nicht mehr über Wasser schikken können. Die genannten Überwasserblüher bilden hier nur noch sterile Sprosse aus. Wir befinden uns in der zweiten Hälfte der Tauchblattzone, dem Bereich der Unterwasserblüher. Ja, das gibt es tatsächlich: Manche Arten von Wasserpflanzen öffnen ihre Blüten unter Wasser. Bestäubt werden sie nun natürlich nicht mehr vom Wind oder von Insekten. Demgemäß sind die Blütenstaubkörner auch nicht mehr besonders leicht; sie würden nur im Wasser aufsteigen, in die pflanzenfreie Oberflächenzone, und sich dort ansammeln, wo sie nichts nützen könnten. Die Pollenkörner sind im Gegenteil durch massive Stärkeanlagerung ziemlich schwer. Sie sinken im Wasser langsam ab. Bei den charakteristischen, zerbrechlich erscheinenden Nixenkräutern (Najas) mit ihren leicht gekräuselten oder pfriemenförmigen Blättern und auch beim zarten Teichfaden (Zannichellia) stehen die weiblichen Blüten unter den männlichen. Wenn Blütenstaub frei wird, rieselt er in ganzen Wolken abwärts und kommt so auch auf die Narben – die Bestäubung ist vollzogen. Da die Unterwasserblüten ja keine Insekten anlocken sollen, fehlt ihnen jeglicher Schauapparat. Sie haben entweder nur noch unscheinbare Blütenblätter oder gar keine mehr. Recht eigenartig ist der Vorgang der Pollenfreisetzung bei den bestandbildenden Hornblatt-Arten. In den männlichen Blüten sitzen die Staubblätter in einer vielblättrigen Hülle, gegen deren Druck sie anwachsen. So steht die Blüte unter einer großen inneren Spannung. Stößt ein Fisch dagegen, oder kommt eine starke Welle, explodieren diese männlichen Blüten richtiggehend und schießen die Staubblätter hinaus. Da ihre Wichte kleiner ist als die des umgebenden Wassers – sie tragen luftgefüllte kleine Kammern um sich herum –, schweben sie langsam aufwärts. Dabei aber platzen und zerreißen die Wände des Staubbeutels, und die Pollen rieseln in großer Menge heraus. In ganzen Wolken setzen sie sich nun langsam ab und kommen dabei auch auf die Narben der weiter unten stehenden weiblichen Blüten. Diese sind mit einem raffinierten Auffangmechanismus versehen. Die beiden Griffeläste, von denen einer länger ausgewachsen ist, bilden zusammen eine langgestreckte, ringelförmige Tasche. Die Blüte stellt sich nun so ein, daß diese Tasche schräg nach oben weist. In ihr wird Blütenstaub aufgefangen wie mit zwei hohlen Händen. Er kullert nun langsam nach innen in die Tasche hinunter. Dort ist ein Schleimbelag ausgeschieden worden, in dem er festklebt. Dieser Schleim übt aber auch eine chemische Wirkung auf das Pollenkorn aus, das alsbald keimt und einen langen Pollenschlauch bildet, der auf die Eizelle im Fruchtknoten zuwächst. Sobald das in diesem Schlauch antransportierte Kernmaterial des Pollens mit dem der Eizelle verschmolzen ist, ist die Befruchtung vollzogen (Bestäubung und Befruchtung werden oft verwechselt.

Das Hornkraut, über dessen Unterwasserwiesen nun unser Kahn dahingleitet, hat im übrigen eine interessante Methodik entwickelt, den Winter zu überstehen. Wenn es kalt wird, bildet es andere Blätter aus, die dicker sind, stärkereicher und auch brüchiger. Mit sinkendem Sonnenstand nimmt auch die Assimilation ab und damit die Sauerstoffproduktion. Damit wird das ganze Blatt- und Stengelgewebe weniger sauerstoffreich, erzeugt geringeren Auftrieb und sinkt – beschwert mit der aufgesparten Reservestärke – langsam auf den Grund ab. Hier kann es gefahrlos überwintern, da ein See kaum jemals bis zu solchen Tiefen zufriert und das Wasser am Grund seine größte Dichte bei 4° C hat. Sobald das Frühjahr kommt, assimiliert die Pflanze wieder und erzeugt damit größeren Auftrieb; außerdem ist der Stärkeballast verbraucht. Nun steigen die Stengel wieder auf. Da sie aber inzwischen brüchig geworden sind, zerfallen sie im Wellengang oder dann, wenn große Fische anstoßen. Aus jedem Teilstück bildet sich aber wieder ein neuer Sommersproß. Der Zerfall steht also durchaus im Dienste der Vermehrung.

Wir hatten die Pflanzenstengel von Vertretern verschiedener Zonen etwas näher angeschaut. Bei Sumpfpflanzen sind sie noch stark verholzt, und die holzigen Leitbündel stehen weit außen und bilden insgesamt eine stabile Trageröhre. Bei den Schwimmblattpflanzen, den See- und Teichrosen, stehen viele Leitbündel zwar auch noch weit außen an der Peripherie, sind aber nur ganz wenig verholzt und nicht miteinander verbunden. So kann der Stengel biegsam werden und sich in Schlingen legen, weil sich die Leitbündel etwas im weichen Gewebe gegeneinander verschieben können. Bei den Tauchblattpflanzen wiederum, deren Region wir nun langsam hinter uns lassen, wird der Stengel gar nicht mehr auf Druck beansprucht. Sie erzeugen ja einen Auftrieb; würde man sie abschneiden, stiegen sie langsam an die Wasseroberfläche auf (jedenfalls viele Arten bei hoher Assimilationsrate); bei den nun lediglich auf Zug beanspruchten Stengeln sind die stark reduzierten Leitbündel alle zusammen in der Mitte zu einem Leitzylinder vereinigt, so ähnlich, wie bei den Landpflanzen die Wurzel gebaut ist (Abb. 2, 11 b, c). Die Unterwasserblätter nehmen ja allseitig Wasser auf und brauchen keinen Nachschub von unten; die Wasserleitgefäße sind demnach schwach ausgebildet. Außerdem ist bei einem sich biegenden Zylinder die Mittelachse am wenigsten (theoretisch gar nicht) auf Biegung beansprucht. Es ist deshalb physikalisch sinnvoll, wenn die immerhin noch ein wenig biegesteifen Elemente in der Mitte zusammengezogen werden. Ganz analog baut die Technik ja auch Teile aus biegeunsteifem Material, die im Zentrum mit einem Stahlseil verstärkt sind. Nirgendwo sonst wirken sich die unterschiedlichen statischen Anforderungen so deutlich aus und lassen sich so einfach formulieren wie beim Übergang vom druck- und biegefesten Stengelrohr der Landpflanzen zum zugfesten Stengelseil der Tauchblattpflanzen. Die dazwischen angesiedelten Vertreter des Schwimmblattgürtels nehmen auch biostatisch eine Mittelstellung ein.

24 Bodenalgen und Übergang zum Tiefenboden

Das Wasser ist nun schon 4 oder 5 m tief. Die Tauchblattpflanzen haben sich verloren, und vom Boden ist in diesem schwebstoffreichen Trübwasser nichts mehr zu sehen. Wir werfen deshalb eine Dretsche über den Bootsrand und ziehen sie einige Meter hinter uns her. Wir haben sie rasch selbst gebastelt. Um einen Stein haben wir 2 m Stacheldraht, den wir an der Dammböschung gefunden hatten, locker herumgewickelt. Eine Schnur wird angebunden, und fertig ist das Kunstwerk. Nach kurzem Schleifen über dem Boden wird es hochgezogen. In den Drahtmaschen hängen ganze Watten von sperrigen Armleuchteralgen (Abb. 2, 12), die keinen sehr angenehmen Geruch verbreiten. Wegen ihrer Kalkeinlagerungen sind sie spröde, und die Stengel knikken beim leichtesten Fingerdruck. Gerade 20 bis 30 cm hoch werden diese unterseeischen Wiesen im besten Fall. Selbst heftige Winde rühren das Wasser in diesen Tiefen kaum mehr auf. Im allgemeinen ist es ganz ruhig, während in den oberflächennäheren Laichkraut- und Schwimmblattbeständen öfters einmal Wasserbewegungen und Turbulenzen herrschen. So können die zarten Wälder der Armleuchteralgen gut gedeihen. Auch Quellmoos (Fontinalis) findet sich in dieser Region, vor allem weit draußen an der Bewuchsgrenze. Zwischendurch gibt es immer einmal ganze Wiesen von Brachsenkraut (Isoetes, Abb. 2, 12), einer Pflanze, die als »...kraut« bezeichnet wird, wie ein Gras aussieht, in Wirklichkeit aber ein Wasserfarn ist. Brachsenkraut und Brunnenmoos auf der einen Seite, die Teppiche der Armleuchteralgen auf der anderen Seite werden aber kaum jemals in gleich dichten Beständen auftreten. Während die Armleuchteralgen kalkreiches Was-

ser bevorzugen, besiedeln die anderen Arten die Böden eher kalkarmer Gewässer. Auch Schlauchalgen kommen in diesen Beständen vor.
Der Bewuchs mit grünen Pflanzen hört auf, wo das Licht für die Photosynthese zu schwach geworden ist. In nicht zu klaren, schwebstoffreichen Seen ist das bei 7 bis 8 m der Fall; hier ist die Lichtintensität auf den Wert von 2 % abgesunken, den wir bei der Besprechung der Wälder auch als den Grenzwert für dichten Unterbewuchs aus schattenliebenden Pflanzen kennengelernt haben. In klaren Bergseen dagegen steigen die unterseeischen Wiesen noch viel tiefer hinab, im Grenzfall bis zu 30 m! Früher war das wohl auch am Bodensee so. Vielleicht läßt sich dieser Zustand auch wieder einmal annähern; die massiven Bemühungen um eine Abwasseraufbereitung, zumindest am deutschen Seeufer, beginnen sich ja auf sehr beeindruckende Weise auszuwirken. Offensichtlich hat die von den Fremdenverkehrsvereinen wütend bekämpfte Verteufelung des »Badeparadieses Bodensee« durch Rundfunk und Fernsehen einiges in Gang gebracht oder doch beschleunigt, was sonst unterblieben wäre.
Am Übergang zum lichtarmen Tiefenboden, da, wo sich die Chara- oder Fontinalis-Wiesen nicht mehr halten können, findet man sehr häufig einen Saum aus Schlamm und Schlick mit abgestorbenen Muschelschalen. In schwebe- und nährstoffreichen Seen kann es schon in 2,5 bis 5 m Tiefe zu dunkel sein für einen Bewuchs mit grünen Pflanzen. Da liegt der Muschelschalengürtel ein wenig höher. Nirgendwo habe ich schönere und größere Teichmuschelschalen heraufgeholt als in der Nähe des Badestrandes am Seeoner Klostersee. Hier stecken fast handtellergroße Anodonta-Schalen zu Tausenden bereits in 3 m Tiefe im Schlamm. Der Klostersee ist ein stark schwebstoffreiches Gewässer. Man sieht kaum 50 cm weit.
Wenn man mit dem Kahn oder Schlauchboot weit hinausgefahren ist auf die glitzernde Seefläche, verschmilzt die auseinandergezogene Zonierung des Uferbereichs zu einer einzigen Theaterkulisse. Perspektivisch zusammengeschoben scheint nun das Röhricht direkt am Erlenbruchwald zu kleben. Aus diesem Blickwinkel allein bekommt man kein Gefühl für die Zonierung des Uferbereichs in gut unterscheidbare Lebensgemeinschaften. Am Neusiedler See der alles beherrschende Schilfsaum, im Dunst des Hintergrunds nur einige Uferbäume und bei guter Sicht vielleicht die Konturen der flachen Höhenzüge im Nordwesten. Ganz anders am Bodensee. Wenn man das Nordufer des

Überlinger Sees abfährt – kaum mehr Schilfbestand, künstliche Uferbefestigungen wohin der Blick fällt, Straße und Eisenbahn, zwischen Sipplingen und Überlingen aber großartige Steilabfälle der Molassefelsen. Am Südufer geht der dunkle Hangwald des Bodanrücks steil hinunter bis zur Seefläche. Keine Spur der Zonierungen, wie wir sie an einem idealen Flachufer sehen können. Nicht immer sind die natürlichen Zonierungen deutlich; bisweilen fehlen sie ganz. Wenn das Ufer beispielsweise aus Steinen und größeren Geröllbrocken besteht, kann Schilf kaum hochkommen. Wo hohe Uferbäume stehen, ist es wiederum zu schattig für Schilf und Sumpfpflanzen, auch wenn der Untergrund paßt. Wo kein Windschutz ist, fehlen regelmäßig die Schwimmblattbestände. Auf festen Schlammböden ist das Schilf oft stark mit Rohrkolben durchsetzt, weiter landeinwärts sprießt der Froschlöffel. Und so gibt es viele Sonderfälle und Abwandlungen.

25 Das Leben im freien Wasser

Als ich das erste Mal am Bodensee war, befanden sich in meinem Studentengepäck auch ein kleines Reisemikroskop und ein Planktonnetz. Ich war im zweiten Semester meines Biologiestudiums, und es war die Zeit des Formen-Kennenlernens, des heroischen Versuchs, ausgehend von der vorwissenschaftlichen Beschäftigung der Schulzeit, die wissenschaftliche Ordnung nachzuvollziehen, die die Biologen früherer Generationen in die Formenmannigfaltigkeit der Tiere und Pflanzen unserer Umwelt gebracht haben. Kurz: Wir sammelten und bestimmten, mikroskopierten und legten Herbarien an. Heutzutage beginnt der Ausbildungsgang eines Biologiestudenten ganz anders. Er wird im ersten und zweiten Semester fast ausschließlich mit den Grenzwissenschaften seines Fachs konfrontiert, mit Chemie, Physik, Mathematik, Erkenntnistheorie, wird mit physiologisch-chemischen Formeln und statistischen Meßverfahren vollgepfropft. Das ist auch gut so; die Biologie hat sich gewandelt, und neue Schwerpunkte sind wichtiger geworden. Als Physiologe muß ich auf eine gute chemisch-physikalische Grundausbildung meiner Studenten dringen. Dabei habe ich aber immer ein leicht ungutes Gefühl. Oft weiß ein Studienanfänger alles über Aminosäuresynthese oder spezielle Fragestellungen der Molekularbiologie und der abstrakten Genetik. Dafür kann er aber eine Raupenfliege nicht von einer Schwebfliege unterscheiden, ja nicht einmal einen Laufkäfer von einem Bockkäfer, kennt weder die kriechende Günsel noch den Wasserdost. Das ist auch wieder verkehrt. Biologen mit guter Formenkenntnis gibt es heute kaum mehr an deutschen Universitäten; die Vertreter der messenden physiologischen Disziplinen dominieren. Wieder finde ich das im Prinzip richtig (nicht nur, weil ich Physiologe bin); Fortschritte und neue Erkenntnisse auf dem Gebiet der Biowissenschaften werden nach wie vor überwiegend aus dieser Richtung kommen. Nur neigen wir in Deutschland eben immer dazu, das Kind mit dem Bad auszuschütten. Für den praktischen Umweltschutz und für die wieder wichtig werdende Feldarbeit des ökologisch orientierten Biologen sind gute Artenkenntnisse nach wie vor unerläßlich. Darüber hinaus muß es Spezialisten für einzelne Tiergruppen geben, denen man schwer zu bestimmendes Material überlassen kann. Wir müssen aufpassen, daß diese Biologen alten Schlags nicht aussterben, ohne daß eine Kontinuität gewahrt ist. Gerade auf diesen Gebieten kann man nämlich gar nicht so gut nach Büchern lernen, sondern bedarf der langen, praktischen Alltagsarbeit unter Anleitung eines erfahrenen Spezialisten.

Nun, damals war das anders, wie gesagt, und so schnappte ich mir als erstes einen Kahn, warf das Planktonnetz aus und ruderte vom Sipplinger Ufer einmal zum Gegenufer und wieder zurück. Das dauerte nach typischer Unterschätzung der Ruderarbeit und der Entfernungen viel länger als erwartet, aber zum Schluß konnte ich doch voll Stolz das Netz in ein kleines Tablettenröhrchen ausspülen und mich an die mikroskopische Aufarbeitung machen. Erste Enttäuschung: Es war kaum etwas drin. Einige wenige Exemplare von fast jeder typischen Form allerdings, ausreichend für ein qualitatives Bild. Aber wo war die Masse des Planktons? Ich wußte damals noch nicht viel von Vertikalwanderungen und hatte, eifrig rudernd, die Oberfläche gerade in der Mittagszeit abgefischt, als sich die Hauptmasse des Planktons in tiefere Regionen zurückgezogen hatte.

Das Plankton, die Myriadenwelt der kleinen und kleinsten treibenden Formen, ist in See wie Meer von äußerst großem ökologischem Interesse. Im Freiwasser bildet das Plankton die Nahrungsgrundlage, die erste Stufe der Nahrungsketten; es ist sozusagen die Basis des Lebens, auf der sich im Ökosystem »Freiwasser« alles aufbaut. Dieses System steht auf der einen Seite selbstredend mit dem Gewässerboden in Verbindung, jedenfalls dort, wo er in nicht allzu großer Tiefe liegt, auf der anderen Seite mit der Wasseroberfläche und damit dem Luftraum. Austauschvorgänge finden statt, und trotzdem ist das Freiwasser ein recht geschlossener Lebensraum. Die Wasseroberfläche ist produktionsbiologisch relativ unwichtig, obwohl der Lebensraum »Oberflächenhäutchen« mit dem Neuston für sich betrachtet interessant ist. Wir haben ihn ja bei der Besprechung des Schilfwalds kurz mitdiskutiert. Der Zusammenhang zwischen Plankton und Gewässerboden kann gelegentlich bedeutender werden, ist aber im allgemeinen auch nicht ausschlaggebend. So ist der Biotop »Freiwasserraum« relativ geschlossen, wenn auch nicht einheitlich. Aufgezwungen wird ihm eine vertikale Schichtung von Lichtintensität, Temperatur und Gehalt an gelösten Gasen, um nur die wichtigsten zu nennen. Finden keine großräumigen Austauschvorgänge statt, so ist diese Etagenanordnung der abiotischen Faktoren grundlegend wichtig, bestimmend und begrenzend für die Besiedelung mit Pflanzen und Tieren: bei äußerlicher Betrachtung vielleicht ein wenig vergleichbar mit der prinzipiellen Auswirkung des Stockwerkbaus im Wald.

Das freie Wasser als Lebensraum – es hat keine Balken, alles muß schwimmen oder schweben. Die Wichte der Planktonorganismen und die des Wassers müssen gut aufeinander abgestimmt sein. Ist eine Planktonform zu schwer, so sinkt sie trotz Gegenbewegungen ab, gelangt in sauerstoffarme Dunkelzonen und schließlich auf den Boden, wo sie stirbt und zersetzt wird. Ist sie zu leicht, so steigt sie auf und sammelt sich in den äußerst stark belichteten, durchwärmten und mechanisch durchgeschüttelten obersten Dezimetern an, einer Umwelt, die sie auf Dauer auch nicht ertragen kann. Plankter müssen also schweben können, dabei sollten sie aber ihre Aufenthaltshöhe im Wasser einregulieren können, damit sie je nach dem momentanen Licht-, Gas- und Nahrungsangebot eine ideale Wasserschicht aufzusuchen vermögen. Diese Idealbedingungen erfüllen die verschiedenen Planktonorganismen nun in unterschiedlicher Weise. Lassen Sie uns einen Blick werfen auf die Formenmannigfaltigkeit der treibenden Welt und ihre Anpassungserscheinungen. Die überraschendsten Formen und die größte Mannigfaltigkeit gibt es freilich im Meer (Abb. 2, 14), über das wir in diesem Zusammenhang nicht sprechen können. Aber auch die einheimischen Seen bieten Interessantes genug.

26 Zur Schwebefähigkeit der Planktonorganismen

Das A und O für ein planktisches Lebewesen, sei es Kleinkrebs, Rädertier oder Alge, ist das Vermeiden des Absinkens. Geraten Plankter in tiefere Wasserschichten unter die sogenannte »Sprungschicht« eines Sees – was das ist, werden wir weiter unten sehen –, so sinken sie unweigerlich bis zum Boden ab und sterben. Wer planktisch leben will, muß also die physikalischen Probleme des Schwebens beziehungsweise der Reibung zwischen Flüssigkeit und Körper optimal gelöst haben. Die ersteren sind ganz klar und einfach zu formulieren: Ein Körper schwebt, wenn seine Wichte (sein spezifisches Gewicht, also sein Gewicht, bezogen auf sein Volumen) gleich ist der Wichte der umgebenden Flüssigkeit. Diese beträgt bei reinem destilliertem Wasser rund 1 cN/cm^3 (genau: 0,981 Centinewton pro Kubikzentimeter). Die mittlere Wichte von Planktonorganismen ist aber mit ganz wenigen Ausnahmen etwas höher, nämlich um 4 bis 5 % (1,05 cN/cm^3). Die meisten Plankter sinken also ab, wegen des sehr geringen Übergewichts allerdings recht langsam. Einige Blaualgen allerdings bilden Gasblasen aus. Mit diesen Auftriebsorganen steigen sie auf und flottieren an der Wasseroberfläche, wenn sie nicht durch senkrechte Strömungen in den obersten Schichten verteilt werden. Bei Massenauftreten können sie sogenannte »Wasserblüten« bilden. Dazu gehört beispielsweise die Gattung Gloeotrichia (Abb. 2, 13a). Zur Herabsetzung der Wichte haben die Planktonorganismen nun verschiedene Hilfsmittel ausgebildet. Gasblasen finden sich bei der genannten Blaualgenart und anderen fädigen Blaualgen sowie bei der eigenartigen, horizontal schwebenden Larve der Büschelmücke Chaoborus (Abb. 2, 13b). Manche Kieselalgen, Hüpferlinge und Rädertierchen vermindern ihre Wichte durch eingelagerte Öltröpfchen (Abb. 2, 13c). Diese beiden Verfahren zielen darauf ab, den Zähler in der Definitionsgleichung für die Wichte (das Gewicht) bei gegebenem Volumen zu verkleinern. Dann wird selbstredend auch die Wichte kleiner. Es läßt sich aber auch bei gegebenem Gewicht der Nenner vergrößern; auch dann wird die Wichte ja kleiner. Diesen Trick nutzen manche Algen und Kleinkrebse aus. Sie bauen eine Gallerthülle um den Körper herum. Diese erzeugt zwar keinen eigenen Auftrieb, verdrängt aber Wasser, so daß das Volumen steigt und damit die Wichte sinkt. Wenn man typische planktische Schmuckalgen

TYPISCHE PLANKTONORGANISMEN DER SEEN

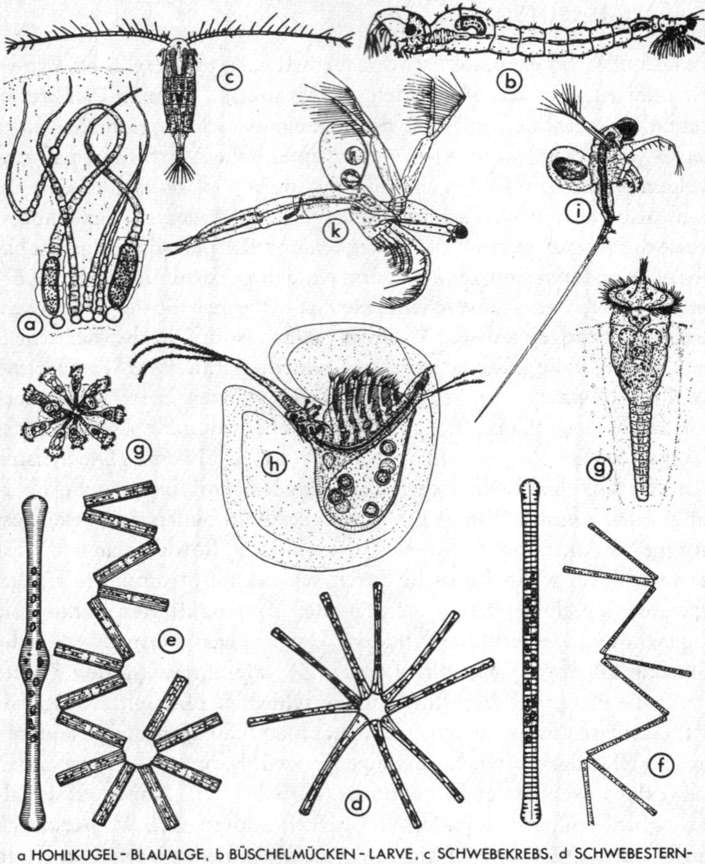

a HOHLKUGEL-BLAUALGE, b BÜSCHELMÜCKEN-LARVE, c SCHWEBEKREBS, d SCHWEBESTERN-KIESELALGE, e FENSTER-KIESELALGE, f ZICKZACK-KIESELALGE, g KUGEL-RÄDERTIER, h GALLERTHÜLLEN-WASSERFLOH, i LANGSCHWANZ-KREBSCHEN, k GLASKREBSCHEN
(deutsche Namen nach Streble/Krauter)

Abbildung 2.13

(Desmidiaceen) in einer Tuschesuspension unter das Mikroskop legt, so wird die sonst kaum sichtbare Gallerthülle durch Verdrängung der Tuschepartikelchen deutlich. Dies zeigt zum Beispiel die Betrachtung der Gattung Staurastrum. Rädertierchen der Gattung Conochilus (Abb. 2, 13g) sitzen entweder einzeln oder zu mehreren in Gallerten. Auch der Wasserfloh Holopedium gibberum (Abb. 2, 13h) hat einen Gallertmantel um sich herum aufgebaut. Mit all diesen Verfahren kann das spezifische Gewicht herabgedrückt werden, erreicht aber doch nicht das des umgebenden Wassers. Die Tiere sinken also nach wie vor ab, wenn auch langsamer. Wenn man von zufälligen aufwärts gerichteten Vertikalströmungen im Wasser absieht (die an anderer Stelle freilich wieder nach unten fördern), bleibt als einziger Ausweg aus diesem Dilemma nur eines übrig: ein Eigenantrieb. So schlagen beispielsweise die Hüpferlinge ihre plattenförmigen bauchseitigen Beinpaare äußerst rasch hintereinander nach hinten und holen sie langsam, als ganzes Paket, wieder nach vorn. Auf diese Weise schießen sie raketengleich ein paar Millimeter durchs Wasser. Während dieser Bewegung werden die langen Antennen (Abb. 2, 13c) angelegt, gegen Ende aber schon wieder ausgefahren (vielleicht tragen sie auch einen aktiven Teil zur Fortbewegung bei). Während des »Vorwärtshüpfens« erzeugen die Tiere wenig Widerstand; in der darauffolgenden Ruhephase aber hängen sie sich sozusagen an ihren lang ausgestreckten, widerstanderzeugenden Antennen auf und sinken nur noch langsam ab. Die Wasserflöhe (Abb. 2, 7) schlagen mit ihren mächtigen, bäumchenartigen Antennen und kippen dabei mit dem Kopf auf und ab. Die Rädertiere saugen sich mit ihrem Räderorgan durchs Wasser, die Wimpertiere benutzen dazu ihr Cilienkleid, und die Geißeltierchen ihre peitschenartig schwirrenden Geißelfortsätze. Bei den größeren Planktern geschieht das Absinken kontinuierlich, die Aufwärtsbewegung dagegen ruckweise. Je schneller die Tiere absinken, desto öfter müssen sie bei sonst gleichen mechanischen Eigenheiten einen aktiven Aufwärtsimpuls ansetzen.

27 Das Formwiderstandsproblem

Wovon hängt nun die Sinkgeschwindigkeit ab? In den Lehrbüchern findet man den allbekannten Ostwaldschen Formelansatz, allerdings regelmäßig fälschlich als Gleichung geschrieben. Tatsächlich bedeutet er nur eine Proportion, und ich will ihn wie folgt angeben:

$$v_S \propto \frac{\Delta G}{W \cdot} \propto \frac{(\gamma_K - \gamma_M \cdot V_K}{W \cdot \eta}$$

Dabei bedeutet V_S die Sinkgeschwindigkeit, D_G das Übergewicht, also die Gewichtsdifferenz zwischen Körper und dem vom Körper verdrängten Wasservolumen (oder die Differenz der Körperwichte γ_K und der Wichte des verdrängten Mediums γ_M, multipliziert mit dem Körpervolumen V), bezogen auf den sogenannten Formwiderstand W und die Viskosität η. Die Formel ist leicht zu verstehen. Ihren Zähler haben wir bereits diskutiert. Je geringer die Abweichung in den Wichten zwischen Körper und Medium ist, desto langsamer sinkt der Körper (vorausgesetzt $\gamma_K > \gamma_M$). Zur Verminderung der Wichte hatten wir zwei prinzipiell unterschiedliche physikalische Mechanismen kennengelernt, die beide von der belebten Welt ausgenutzt werden. An der Viskosität läßt sich nicht drehen. Sie ändert sich zwar stark mit der Temperatur (bei 20° C ist sie nur noch gut halb so groß wie bei 0°), aber bei einer Wassermasse konstanter Temperatur ist sie eben eine feste Größe. Bleibt nur noch der Formwiderstand. Je größer er ist, desto geringer ist die Sinkgeschwindigkeit, desto günstiger ist das also für ein Planktontier. Von der Bedeutung dieses Widerstands kann man sich leicht mit einem kleinen Modellversuch überzeugen. Man nimmt ein Tablettenröhrchen und klebt in der Mitte der Außenseite mit etwas Kaugummi ein Steinchen. Läßt man nun das wassergefüllte (luftblasenfreie) Röhrchen in der Badewanne fallen, so wird es horizontal absinken und nach kurzer Zeit den Grund berühren. Klebt man dann das Steinchen von außen an den Röhrenboden und wiederholt den Versuch, so wird die Absinkzeit kürzer, die Sinkgeschwindigkeit also größer sein. So wird leicht demonstriert, was die Hydrodynamik des längeren kennt, daß nämlich ein quer angeströmter Zylinderausschnitt einen größeren Widerstand erzeugt als ein längs angeströmter. Nun machen wir einen Gedankenversuch. Wir schmelzen das Röhrchen in Gedanken zu einer Glaskugel zusammen, lassen es absinken und stoppen die Zeit. Dann blasen wir es zu einer kleinen Hohlkugel auf, aus der wir nach allen Seiten Glasfäden ziehen, so daß das ganze wie eine Strahlensonne aussieht oder wie die Vergrößerung eines Radiolars (»Strahlentierchens«) aus dem Meeresplankton. Das Gebilde wird nun sicher viel langsamer sinken, da es mit den vielen, lang ausgezogenen

zarten Zylindern, den »Schwebefortsätzen«, stark abgebremst wird. Sein Formwiderstand wird sehr viel größer sein als das solide Kügelchen gleicher Masse. Beide Mechanismen finden wir nun beim Plankton ausgebildet. Langgestreckte Kieselalgen oder Zieralgen (Gattung Closterium) sind fast niemals ganz gerade und überall gleich dick. Meistens sind sie in der Mitte dicker und zusätzlich noch verbogen, so daß sie wie kleine Halbmonde aussehen. So stabilisiert sich ihre Lage im Wasser ganz von selbst so, daß sie quer angeströmt werden, also einen möglichst großen Formwiderstand erzeugen. Andere Kieselalgen hängen zu langen, geraden oder zickzackförmig abgeknickten Fäden aneinander (Abb. 2, 13e, f), die beim Absinken immer quer angeströmte Teile aufweisen. Wieder andere sitzen an einer Stelle zusammen, so daß sie eine sternförmige Konfiguration einnehmen (Abb. 2, 13d), eine Eigentümlichkeit, nach der zum Beispiel die Gattung Asterionella benannt ist. So wirken sie wie kleine Fallschirme, stabilisieren sich sogar im Wasser, weil die strahlenförmigen Algenpartner schirmartig schräg zueinanderstehen. Ähnlich sind manche Grünalgen zu durchbrochenen Radfiguren (das Zackenrädchen Pediastrum), mehr oder minder flachen, glatten oder hohlkugelartigen Verbänden (Gattungen Gonium, Volvox) oder doch zu Gebilden mit langen, dünnen Eckfortsätzen ausgebildet (die Grünalge Scenedesmus, die Kieselalge Attheya, die Zieralge Staurastrum).
Daß lange, dünne Zylinder besonders hohen Formwiderstand erzeugen, sieht man an den ausgestreckten Antennen der Hüpferlinge (Abb. 2, 13c), die ihrerseits wieder mit langen Borsten (d.h. sehr zarten Zylindern!) besetzt sind. An Masse nehmen diese langen Antennen größenordnungsmäßig einige wenige Prozent der Körpermasse ein. Trotzdem vermindern sie die Sinkgeschwindigkeit um rund ein Drittel, grob gesprochen. Sie tun das durch ihren Eigenwiderstand und weiter dadurch, daß sie wegen ihres exzentrischen Ansatzes beim Absinken den Hüpferling mehr waagrecht stellen und damit stärker gegen die Längsachse anströmen lassen. Schneidet man die Antennen nämlich ab, so taucht das Tier recht rasch mit senkrechter Körperachse ins Tiefe. Ein paar Vesuche zu diesem Thema, die ich während einer meeresbiologischen Exkursion mit einfachsten Mitteln (Standglas, Lineal und Stoppuhr) durchgeführt habe, brachten beispielsweise folgendes Ergebnis. Acht Tiere des Hüpferlings Centropages hamatus brauchten im Durchschnitt 43,1 Sekunden, um über eine Fallstrecke

von 10 cm im Wasser abwärts zu gleiten. Schnitt man ihnen die Antennen ab, so brauchten sie im Durchschnitt 30,0 Sekunden; ihre Sinkgeschwindigkeit hatte sich also gegenüber dem intakten Tier um 43 % vergrößert. Ein solcher Hüpferling ist rund 1 mm lang und erreicht eine größte Breite von 0,3 mm. Obzwar schon ein ziemlich großer Plankter, ist er im Vergleich mit freibeweglichen Wassertieren doch winzig.

28 Warum die Plankter so klein sind

Dies ist nun ein ganz allgemeines Kennzeichen planktischer Lebewesen, insbesondere solcher, die keine Eigenbewegung aufweisen. Sie alle sind klein bis winzig. Auch das hat seine hydrodynamische Bedeutung. Der Techniker würde sagen: Je kleiner die Reynoldszahl (in die die Länge eines Körpers linear eingeht), desto größer im allgemeinen sein Widerstandsbeiwert, also die Fähigkeit zur Widerstandserzeugung. Wir können uns diese Gesetzmäßigkeit aber auch mit einem ganz simplen Versuch demonstrieren.
Wir nehmen einen Kieselstein und zerklopfen ihn mit dem Fäustel auf glatter Unterlage zu Pulver (Schutzbrille aufsetzen!). Dies ist nun ein statistisches Gemisch aus allen möglichen Korngrößen von ziemlich groben Teilchen im Millimeterbereich bis zu ganz winzigen, staubförmigen Splittern von wenigen tausendstel Millimeter Länge. Kippen wir nun eine Handvoll dieses Gemisches in ein Standglas, so setzt sich schon nach wenigen Sekunden das »grobe Geröll« als Bodensatz ab. Nach einer weiteren Minute haben sich auch die mittelfeinen Bestandteile darüber abgelagert, aber noch ist das Wasser trübe. Es kann Stunden, ja Tage dauern, bis die allerfeinsten Schwebeteilchen den Boden erreicht haben. Stellt man den Zylinder auf die Fensterbank, so bleibt er womöglich andauernd trübe. Die Sonneneinstrahlung und die aufsteigende Wärme der Zentralheizung induzieren Konvektionsströmungen, deren Geschwindigkeit größer ist als die Sinkgeschwindigkeit der feinsten Partikeln. Diese werden also mitgenommen und immer wieder im Wasservolumen verteilt. Alle Teilchen und Splitter hatten das gleiche spezifische Gewicht, die gleiche Wichte; sie bestehen ja aus dem gleichen Material. Unterschiedlich war nur ihr absoluter Durchmesser, die »Korngröße«. Wenn kleinere Teile sich langsamer absetzen, bedeutet das unter den gegebenen Bedingungen, daß sie einen re-

b
d

6 Vögel am Wasser

a Der Säbelschnäbler, Recurvirostra avosetta, ist ein großer, schwarzweißer, langbeiniger Vogel, der mit seinem säbelartig aufgebogenen Schnabel im Uferschlick nach Nahrung stochert. An den Salzlachen des Neusiedler Sees war er früher besonders gut zu beobachten, aber auch an der norddeutschen Küste kommt er noch vor. Wegen seiner charakteristischen Färbung und Schnabelform kann man ihn auch im Flug leicht ansprechen.

b Wenn man in der Brutzeit in die Nähe eines Nestes des Rotschenkels, Tringa totanus, kommt, kann es passieren, daß der brütende Vogel auffliegt und in engen Kreisen unter wüstem Geschrei um den ungebetenen Eindringling herumkurvt. Manchmal fliegt er auch Scheinangriffe. Charakteristisch ist die rötliche Schnabelbasis. Sieht man die Flügel von oben, so läßt sich der typische breite weiße Streifen am Flügelhinterrand ausmachen, der den Rotschenkel unverwechselbar kennzeichnet.

c Der Weißstorch, Ciconia ciconia, ist selten geworden. Im Elsaß gibt es ihn kaum mehr, aber auch die typischen »Storchenstädte« am Neusiedler See und in Norddeutschland beklagen den Rückgang. Pflegeversuche, Störche zu überwintern und zu füttern, sind fragwürdige Unterfangen. Wenn die letzten Moore verschwunden sind, wird es auch den Weißstorch bei uns nicht mehr geben. In den Dörfern des Nestos-Deltas in Griechenland dagegen kann es vorkommen, daß auf jedem Telegraphenmast ein Weißstorchnest sitzt; wie eine Perlschnurkette sieht das aus. Die Schnäbel können gefürchtete Waffen sein. Dieser Weißstorch verdankt seine Verletzung wahrscheinlich dem Schnabelhieb eines Rivalen.

d Haubentaucher, Podiceps cristatus, gibt es bei uns noch in größerer Zahl. Im Herbst sammeln sich auf dem Bodensee zwischen Überlingen und Sipplingen Trupps, die fast hundert Exemplare zählen können. In dem charakteristischen Flachwasser dieser Region taucht es sich gut nach Fischen. Dieser Haubentaucher brütet nahe dem Ufer auf einem vielbegangenen Weg im Taubergießen-Gebiet (Altrheinarme bei Kappel) und ist die Beobachter und Tierfotografen offensichtlich schon gewöhnt, da er auch beim Stehenbleiben nicht vom Nest verschwindet.

lativ größeren Widerstand induzieren. Genau dies besagt mit anderen Worten das Stokesche Gesetz, wonach die Sinkgeschwindigkeit v von kugelförmigen Körpern (bei sehr kleinen Reynoldszahlen) umgekehrt proportional ist dem Durchmesser D; $v \sim D^{-1}$. Das ist leicht einzusehen. Mit den Bezeichnungen D für Durchmesser, O für Oberfläche und V für Volumen ergeben sich die Proportionen $O \sim D^2$ und $V \sim D^3$. Damit ist $O/V \sim D^2/D^3 = D^{-1}$. Da die Sinkgeschwindigkeit proportional D^{-1} ist, ist sie also auch proportional O/V. Je kleiner beispielsweise eine Kugel wird, desto größer wird O im Verhältnis zu V. Proportional zu O ist bei absinkenden Körpern der Reibungswiderstand, proportional zu V das Gewicht, beziehungsweise – bei konstanter Wichte – das Übergewicht, das die Körper im Wasser langsam sedimentieren läßt. Kleinere Kugeln erzeugen also beim Absinken mehr Reibungswiderstand im Verhältnis zu ihrem Übergewicht als große, und deshalb sinken sie auch relativ langsamer. Das ist der simple physikalische Hintergrund dafür, warum Plankter so klein sind.

29 Absinken heißt Absterben

Nichtsdestoweniger: Das Übergewicht bleibt, wenn auch die Sinkgeschwindigkeit auf ein Tausendstel oder ein Zehntausendstel vermindert ist, im Vergleich mit ungünstigen Ausgestaltungen. Nach einiger Zeit können auch die kleinsten Plankter so weit abgesunken sein, daß es kein Zurück mehr gibt. Dies gilt jedoch nur für absolut ruhiges Wasser. In Seen und Teichen, gerade auch im Meer, herrscht in den oberen Wasserschichten immer eine temperatur- oder windinduzierte Konvektionsströmung, die die ersten 10 oder 20 Meter mehr oder minder kräftig durcheinanderbringt. Wie der Versuch mit dem feinsten Quarzmehl zeigt, werden die kleinsten, sehr langsam absinkenden Plankter immer wieder aus tieferen Schichten hochgewirbelt, so daß sie lang genug oben bleiben können, um ihren Lebenszyklus abzuschließen. Fehlen aber stärkere Konvektionsströmungen wie in windstillen kühleren Gewässern, und sind die Plankter größer und haben ein beträchtlicheres Übergewicht mitzuschleppen, so hilft nur eine andere, nun typisch biologische Methode. Die Lebewesen müssen den unausweichbaren Verlust durch eine besonders hohe Vermehrungsrate wettmachen. Dieses Schicksal trifft naturgemäß große Kieselalgen mit

schwerem Panzer, der keine Schwebefortsätze trägt, noch am ehesten. So wurde einmal festgestellt, daß bei der Kieselalgen-Gattung Cyclotella am Tag zwischen 2 und 20 % der Population durch Absinken verlorengehen, je nachdem, wie die momentane Konvektion ist. Die Vermehrungsrate ist aber mindestens so groß wie der Verlust und kann bis auf 100 % pro Tag steigen, so daß sich die Populationsdichte hält. Wenn aber keine Ausgleichsströmungen da sind, wie beispielsweise im Winter unter dünnem Eis, so sinken diese Algen praktisch quantitativ ab und sterben.
Noch einige Zahlen, die die Bedeutung der Kleinheit unterstreichen. Im Zürichsee herrscht im Sommer eine große Kieselalgendichte. In jedem Kubikzentimeter Wasser findet man einige dieser Formen. Schmölze man aber alle ihre Panzer zusammen, so ergäbe sich ein Würfel von lediglich 2 m Seitenlänge! Rechnet man für die kleineren Kieselalgen einen mittleren Durchmesser von einem hundertstel Millimeter, so passen, engstmöglich aneinander gepackt, auf einen einzigen Kubikzentimeter schon 100 Millionen Stück! Etwa so viele sind in einem nährstoffreichen See auf einen Kubikmeter verteilt. Auf jeden Kubikzentimeter fallen dann also 100 Stück. Bei Massenentwicklung kann sich die Zahl aber gut und gern verhundertfachen. Im Laufe von Jahrhunderttausenden können die unablässig herabrieselnden Panzer der abgestorbenen Kieselalgen meterhohe Ablagerungen bilden. »Kieselgur« nennt man solche Böden, die durch einen Blick durchs Mikroskop sofort ihre Abstammung verraten. Sie sind besonders saugfähig. So soll Alfred Nobel dadurch auf sein Dynamit gekommen sein, daß er einmal beobachtete, wie ein Wagen mit Nitroglycerin umkippte; es erfolgte keine Explosion, der Boden nahm die hochexplosive Flüssigkeit auf. Dynamit ist nitroglyceringetränkter Kieselgur.
Plankton, schweigende treibende Welt! Wir haben die verschiedenen Mechanismen der Schwebefähigkeit abgehandelt, weil sie physikalisch leicht zu formulieren sind und einen besonders überzeugenden Einblick in die konstruktive Einpassung von Lebewesen in ihre Umwelt geben. Daß die Planktonorganismen zudem noch zauberhaft schön sind, wird wohl auch der exakteste Naturwissenschaftler nicht übersehen (Abb. 2, 14). Einige Extrembeispiele zum Abschluß. Der kleinste Plankter ist ein fast kugelförmiges Bakterium von kaum ein tausendstel Millimeter Durchmesser. Die größten Süßwasserplankter sind seltsam aussehende Wasserflöhe der Gattung Leptodora und Bythotrephes,

des Dünnhautkrebschens und des langarmigen Tiefenschwimmers (Abb. 2, 13i, k). Beides sind Rund- oder Glaskrebschen oder Langschwanzkrebschen. Der letztere ist mit seinem langen Schwanzanhang fast zentimeterlang. Diese Tiere leben im tieferen Wasser und rudern mit ihren mächtigen Antennen ruckweise herum. Sie sind glasartig durchsichtig, so daß man sie im Beobachtungsgläschen vollständig übersehen würde, bliebe nicht das große, dunkle Auge.

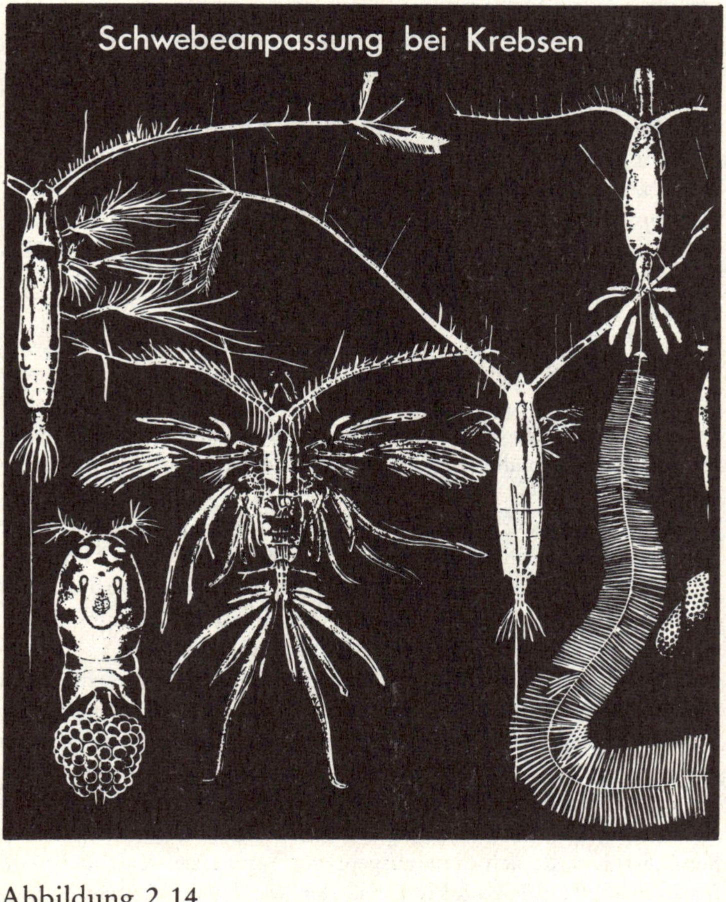

Abbildung 2.14

Man war der Ansicht, daß die glasartige Durchsichtigkeit vor Freßfeinden schützt, die das Tier im matten Licht der Tiefe dann wohl überhaupt nicht sehen. Bodenseefelchen fressen aber mit Vorliebe solche Krebschen. Sie seihen sie nicht aus wie der Wal den Krill, sondern schnappen sie einzeln! Sie müssen sie also wohl irgendwie bemerken. Vielleicht nehmen sie sie aber nicht optisch wahr, sondern über die mechanischen Erschütterungen, die sie beim Schwimmen erzeugen. Im übrigen wurde der abenteuerliche Bythotrephes sehr spät entdeckt, erst 1857, als ein Mikroskopiker einmal nachguckte, was alles im Magen eines Bodensee-Blaufelchen enthalten war. Die am extremsten ausgestalteten Planktonkrebse finden sich freilich im Meer (Abb. 2, 14). Der Hüpferling Calocalanus pavo sieht mit seinen langen Antennen, Borsten und gefiederten Schwanzanhängen aus wie ein lebender Fallschirm.

Wir hatten zu Beginn unserer Überlegungen zur Schwebefähigkeit des Planktons festgestellt, daß ein solches Lebewesen fast unweigerlich verloren ist, wenn es unter die »Sprungschicht« eines Sees absinkt. Was hat es damit auf sich?

30 Die »Sprungschicht«

Läßt man von einem Boot aus ein Thermometer ins Wasser eines tieferen Sees, so wird man in den ersten Metern kaum eine Temperaturänderung finden. Je nach Seentyp, Windverhältnissen und Trübung des Wassers geht das so 5 oder 10 oder 15 Meter. Dann plötzlich zeigt der Temperaturmesser innerhalb weniger Meter eine drastische Abnahme. Darunter ändert das nun kühlere Wasser seine Temperatur nur noch relativ wenig. So haben Schüler in einem Kurs von E. Schmidt zur Seenbiologie beispielsweise das Diagramm der Abbildung 2, 15a aufgenommen. Bis 10 m Tiefe war der See um die 16° C warm. Dann plötzlich sprang die Temperatur bei nur 3 m Höhendifferenz auf 9° C zurück (deshalb heißt diese Schicht »Sprungschicht«), und danach nahm sie bis 25 m Tiefe langsam auf 7° C ab. Es ist also nicht so, daß der See einen einheitlichen Wasserkörper bildet, dessen Temperatur von oben nach unten kontinuierlich abnimmt. Zumindest während der Sommerzeit stellt sich diese ausgeprägte Temperaturschichtung ein. Sie ist darauf zurückzuführen, daß der Wind die obersten Wasserschichten kräftig durchmischt, während in den unteren keine solchen Ausgleichströmungen vorhanden sind. So setzen sich zwei ganz unterschiedliche Wasserkörper gegeneinander ab, die kaum Austausch miteinander haben. Die oberste Schicht ist durchsonnt, und hier finden sich die Myriaden grüner Algen, die zur Photosynthese fähig sind. Wo die Sprungschicht beginnt, endet im allgemeinen auch die Bodenbesiedelung mit Pflanzen. So begrenzt die Sprungschicht recht genau den Wasserkörper nach unten, in dem sowohl Plankter als auch festsitzende Pflanzen leben und Photosyntheseprodukte bilden können (Abb. 2, 15 a). Weiter unten ist die Sonneneinstrahlung zu gering. Hier würden Pflanzen weniger Zuckersubstanz bilden, als sie selbst verbrauchen, könnten also nicht existieren. Nun wird verständlich,

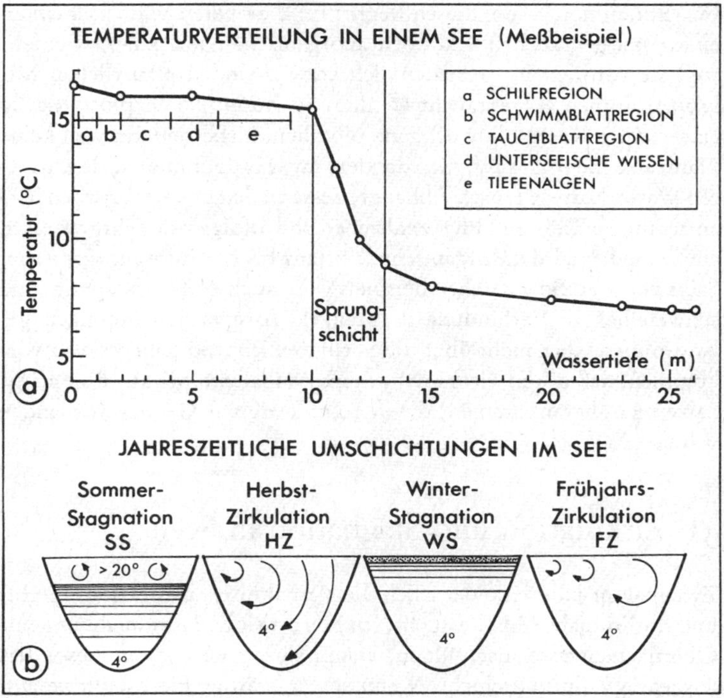

Abbildung 2.15

warum das Absinken einer planktischen Alge unter die Sprungschicht ihrem Todesurteil gleichkommt. Sie taucht in den für sie lebensfeindlichen Dunkelbereich ein. Da im Sommer kaum aufsteigende Tiefenwasserströmungen da sind, die die Sprungschicht durchbrechen, ist auch die Chance gering, daß sie mit solchen Großturbulenzen wieder hochgetrieben wird. Zu den Temperatur- und Lichtunterschieden in den Wasserkörpern oberhalb und unterhalb der Sprungschicht kommen noch zwei weitere Erscheinungen. Im Oberwasser ist im allgemeinen relativ viel Sauerstoff gelöst, einerseits weil die Pflanzen assimilieren und dabei bekanntlich Sauerstoff abgeben, andererseits wegen der windbewegten Kontaktfläche zur Luft. In den unteren Wasserschichten dagegen kann Sauerstoff knapp werden, wegen Zehrprozessen am Seeboden sogar ganz fehlen. Anders ist es mit den Nährstoffen. Im »Epilimnion« – um diesen Begriff für die oberen Wasserschichten einmal zu gebrauchen – können anorganische Salze knapp werden, weil sie von den in Myriaden sich entwickelnden pflanzlichen Mikroorganismen aufgebraucht werden. So stoppt eine explosionsartig einsetzende Wasserblüte oft ganz plötzlich, insbesondere, weil keine Nährsalze mehr da sind. Ganz anders im »Hypolimnion«, dem unteren Wasserkörper. Durch Abbauprozesse an den ununterbrochen herabrieselnden Tier- und Pflanzenleichen und infolge von Zehrprozessen am Seeboden wird die organische Substanz bis zur Stufe anorganischer Salze zersetzt. So entstehen beispielsweise stickstoff-, phosphor- und schwefelhaltige Verbindungen. Mangels Ausgleichsströmungen gelangen diese aber nicht über die Sprungschicht. So kann es also vorkommen, daß in 5 m Tiefe Pflanzen massenhaft sterben, weil sie an die Salze nicht herankommen, die in 10 m Tiefe zur Genüge vorhanden wären!

31 Zirkulation und Stagnation in Seen

Zweimal im Jahr verändern sich die Verhältnisse, nämlich im Herbst und im Frühjahr (Abb. 2, 15b). Im Herbst sinkt das nun abkühlende Oberflächenwasser nach unten. Damit sinkt auch die nun besonders ausgeprägte Sprungschicht. Wenn später kräftige Herbststürme aufkommen, wird der Wasserkörper tief aufgewühlt. Damit wird die Sprungschicht zerstört, und das Wasser des gesamten Seebeckens wird innig durcheinandergemischt. Es ist nun an der Oberfläche wie am Grund in etwa gleich warm, besser gesagt kalt (einige wenige Grad); die Oberfläche bekommt Nährsalze und der Boden Sauerstoff. Im Winter, insbesondere unter einer Eisdecke, stellt sich nun eine andersherum gepolte Wasserschichtung ein. Das dichteste Wasser von 4° C liegt unten; kälteres und damit weniger dichtes Wasser schichtet sich darüber. Das bleibt so, bis die Eisdecke schmilzt und die Sonnenstrahlen an Kraft gewinnen. Dann erwärmt sich auch das kalte Oberflächenwasser; es kommt zu Ausgleichsströmungen, und die Frühjahrsstürme tun ein übriges. Die Wassermasse wird wieder durcheinander gemischt, wenngleich meist nicht so stark wie im Herbst. So bleibt kühles Tiefenwasser häufig in der Nähe des Grundes. Im Sommer bildet sich dann wieder eine Sprungschicht aus, und der Kreislauf beginnt von neuem. Das klassische Schema in einem nicht zu seichten, aber auch nicht zu großen See besteht also aus vier Teilen, zwei Durchmischungsperioden (Zirkulationen HZ und FZ, Abb. 2, 15b) und zwei Perioden, in denen der Wasserkörper mehr oder minder unbewegt bleibt (Stagnationen, SS und WS): Frühjahrszirkulation, Sommerstagnation, Herbstzirkulation, Winterstagnation. Wegen der meist unterschiedlichen Mischungsverhältnisse spricht man auch von einer Vollzirkulation des Herbstes und einer Teilzirkulation des Frühjahrs. Ist ein See zu flach, so bilden sich alle diese Verhältnisse nicht deutlich oder gar nicht mehr aus. So ist das Wasser des nur rund 2 m tiefen Neusiedler Sees mehr oder minder homogen in bezug auf seine Temperatur und seinen Chemismus. Anders beim Bodensee. Wegen seiner großen Wärmekapazität gibt es hier höchst selten winterliche Abkühlungen des Oberflächenwassers mit Eisbildung. Damit gibt es auch keine Winterstagnation und keine Frühjahrszirkulation (eigenartige, hier nicht näher diskutierte unterseeische Strömungen und ihre jahreszeitlichen Schwankungen sorgen aber auch hier für sekundäre Durchmischungen).

Ist die sommerliche Sprungschicht für das pflanzliche Plankton die tödliche Grenze, so macht sie dem größeren, tierischen Plankton nichts aus. Es ist bekannt, daß die Masse der Hüpferlinge und Wasserflöhe tagesperiodische Wanderungen ausführt, deren Vertikalstrekken Kirchturmhöhe erreichen können! Wasserflöhe reagieren in besonderem Maße auf die Lichteinstrahlung. Tagsüber halten sie sich in mittleren Wasserschichten auf, in denen noch etwa eine Lichtintensität herrscht, wie sie für den Waldboden typisch ist. Gegen Abend steigen sie weiter auf (durch aktiven Schlag ihrer Antennen) und kommen bis nahe an die Wasseroberfläche. Dort futtern sie sich mit den mikroskopisch kleinen Algen voll, die tagsüber Zucker und Stärke gebildet haben. In der Nacht sinken sie dann weit ab, und gegen Morgen steigen sie dann wieder auf ihr »Warteniveau« in mittlere Tiefen. Dort warten sie den Tag ab, bis sie abends in den oberflächennahen Regionen wieder einen gedeckten Tisch vorfinden. Warum das Zooplankton so große Vertikalwanderungen ausführt, die ja Energie kosten, ist so ganz klar noch nicht. Die Planktontiere könnten ja auch Tag und Nacht oberhalb der Sprungschicht bleiben und laufend Algen futtern, die dort ja immer vorhanden sind, wenn auch des Nachts weniger nährstoffreich als am Abend eines photosynthetisch aktiv verbrachten Tags (ein Teil des Assimilats wird zur Deckung des eigenen Energieverbrauchs abgebaut, wenn keine Sonne scheint). Man hat dazu Experimente angestellt. Bietet man unter künstlichem Tag- und Nachtrhythmus im Labor einer Population von Wasserflöhen nur in den Abendstunden planktische Algen, so wachsen die Tiere kräftig. Bietet man ihnen die Nahrung aber Tag und Nacht, so bekommt ihnen das nicht so gut. Sie kümmern dahin. Über die feineren Gründe weiß man noch nichts, aber die Vertikalwanderungen haben doch offensichtlich eine große funktionelle Bedeutung.

32 Die Vertikalwanderungen von Planktonformen

Auch Phytoplankter können »wandern«. Nur die aktiv beweglichen Formen (Geißelalgen zum Beispiel) bewegen sich allerdings im Tag-Nacht-Rhythmus auf und ab. Die Schweber folgen passiv der im Laufe des Herbstes stattfindenden Abwärtsdrift der Sprungschicht. So findet man die Hauptmasse immer oberhalb der Sprungschicht, die beispielsweise zwischen Oktober und Januar von 20 auf 70 m absinken kann (Abb. 2, 16a). Die Masse des Planktons ist immens. So hat man einmal abgeschätzt, daß der nicht allzu große Zürichsee – der als nährstoffarmer Voralpensee früher auch keine allzugroße Planktonpopulation hatte und nach einer Periode der Eutrophierung heute wieder auf dem Weg zur Gesundung zu sein scheint – immerhin eine Planktonmasse enthält, mit der man (im nassen Zustand) 30 große Güterwagen vollfüllen könnte. Hunderte von Tonnen Plankton schweben also im freien Wasser auf und ab, auf und ab im Rhythmus des Tages und der Nacht. Allein die physikalische Leistung für diese Massenbewegung ist beachtlich. Man sollte meinen, daß sich ein Heer von Freßfeinden auf diese Plankter stürzen. Dem ist aber nicht so.

Verglichen mit dem freien Raum der Meere ist die relative Masse des Süßwasserplanktons immer noch bescheiden. Große Tiere, die mit Reusenapparaten das Plankton herausfiltern, kämen energetisch nicht

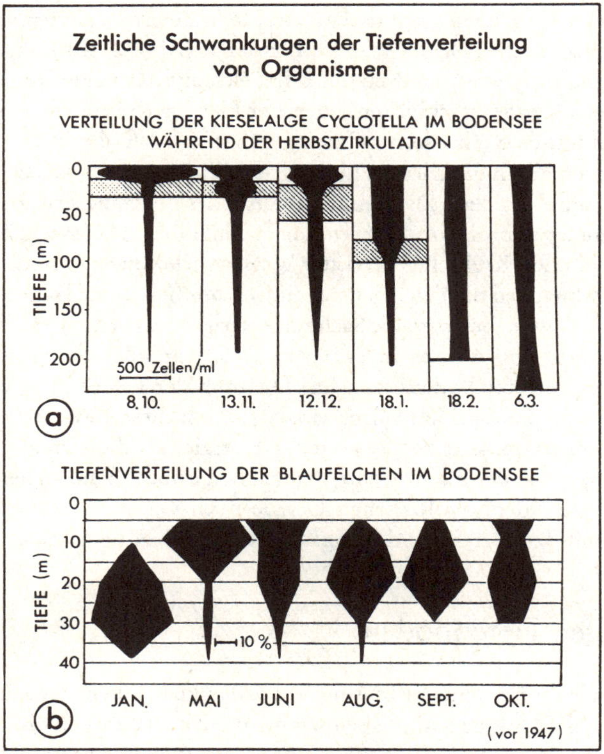

Abbildung 2.16

auf ihre Kosten. Sie konnten sich daher im Süßwasser nicht evolvieren. Bartenwale als die größten und schwersten Tiere, die diese Erde jemals hervorgebracht hat, leben von den kleinen Planktonorganismen (»Krill-Krebschen«), die sie allerdings in Riesenmengen verzehren. Bei uns im Süßwasser sind Planktonfresser im wesentlichen die Blaufelchen des Bodensees und verwandte andere Fische norddeutscher Seen, wie Kilch und Maräne. Die Felchen ziehen in lichten Schwärmen durch die uferlosen Gründe des Obersees und folgen im Rhythmus der Jahreszeiten dem Plankton. Wenn die planktischen Krebse sich im Sommer weiter oben aufhalten, findet man die Masse der Felchen auch in Tiefen zwischen 5 und 10 Metern. Wenn sich nach der Herbstzirkulation auch die großen planktischen Krebse in tiefere Regionen verteilt haben, stehen die Felchen in 20 bis 30 m Tiefe (Abb. 2, 16b). Ihre Kiemen sehen aus wie feine Reusen. Die Felchen filtern aber ihre Beute nicht aus, sondern schlucken jeden der kleinen Krebse einzeln. Die Kiemenreusen verhindern offensichtlich nur, daß die Beute beim Schlucken durch die Kiemen hinausgedrückt wird, statt daß sie in die Speiseröhre wandert. Diese mühsame Art des Nahrungserwerbs mag im Sommer unproblematisch sein, da in den höheren Wasserschichten einige hundert Krebschen pro Liter Wasser vorkommen können. Vielleicht schnappen die Felchen dann einfach um sich, ohne lange zu zielen. Im Winter aber wird die Sache schwieriger. Nach der gründlichen Durchmischung gibt es in größerer Tiefe nur noch einige wenige Krebse pro Liter Bodenseewasser. Die muß der Felchen erst einmal finden und dann gezielt aufschnappen. Wenn diese Bewegung nicht ökonomisch abläuft, kostet sie mehr Energie, als die Miniaturbeute einbringt, und der Fisch könnte so nicht lange überleben. Vielleicht ist es hier zu einem ökologischen Gerade-noch-Gleichgewicht gekommen, mit dem der Fisch die ungastliche Jahreszeit übersteht.

33 Der Tiefenboden

Wenn ein Organismus stirbt, sinkt er ab. Plankter sinken oft ganz langsam ab; die Gründe dafür haben wir oben recht ausführlich diskutiert. Schon im Moment des Todes beginnen Zersetzungserscheinungen; es siedeln sich Wasserbakterien an, beziehungsweise vermehren sich ungehemmt, nachdem die Lebenskräfte erloschen sind. Kleine Krebse sind während des Lebens nahezu bakterienfrei, also »steril«. Schon wenige Stunden nach dem Tod ist dagegen die Oberfläche mit Bakterien überzogen, die nun schon den Abbau einleiten, während die kleine Leiche tiefer und tiefer sinkt. Zumindest die kleinen Plankter sind dann organisch bereits vollständig abgebaut, bevor sie auf einen tiefen Seegrund gelangt sind. Schwer abbaubare oder unzerstörbare Reste, wie die Panzerklappen der Wasserflöhe oder die Schalen der Kieselalgen, sammeln sich dann an, vermischt mit halbzerstörtem organischem Material, anorganischen Sinkstoffen wie feinsten Ton- und Sandbestandteilen und so weiter. Sie bilden den Bodenschlamm.

Der Tiefenboden der Seen ist ökologisch sehr bedeutsam und bildet eine eigene schweigende Welt für sich, gekennzeichnet durch Lichtmangel und Sauerstoffarmut, dafür aber Reichtum an organischem und anorganischem Material. Grüne Pflanzen können hier überhaupt nicht mehr leben, aber massenhaft Bakterien, die ihre Energie nicht aus Photosynthesen beziehen (wozu sie Licht bräuchten), sondern aus Chemosynthesen. Wie die photosynthetischen Organismen bauen sie Glukose, eine Zuckersubstanz, auf. Die Energie dazu entziehen sie aber nicht dem Sonnenlicht, sondern verschiedenartigen chemischen Reaktionen, und zwar gerade solchen, mit denen organische Substanz immer weiter zu anorganischen Salzen immer geringeren Sauerstoffgehalts abgebaut werden. Die Zusammenhänge und die bioenergetischen Grundlagen habe ich in meinem Buch »Funktionen des Lebens« ausführlich geschildert. Sie sollen uns hier nicht näher beschäftigen.

Nur wenige Tiere können in dieser lebensfeindlichen Umwelt des Tiefseebodens existieren, an dessen Oberfläche wenig Sauerstoff, dafür aber bisweilen mengenweise Schwefelwasserstoff vorhanden ist. Die wenigen Arten – meist Mückenlarven und kleine Würmer – haben dazu spezielle Anpassungserscheinungen ausgebildet. Wenige Formen leben auf dem Bodenschlamm, aber diese vermehren sich bisweilen so, daß die Individuenzahl riesenhaft wird. So hat man auf einem einzigen Quadratmeter Schlammgrund des Bodensees schon 30000 Fadenwürmer, 20000 Ringelwürmer und 4000 Mückenlarven festgestellt! Der Seeboden ist deshalb von so großem ökologischem Interesse, weil sich als Faulschlamm ablagert, was nicht abgebaut oder wieder in den Kreislauf zurückgeschickt werden kann. Solche Lager an halb abgebautem organischem Material und anorganischen Salzen (insbesondere

Phosphaten) können wie ein Zeitzünder wirken. Befassen wir uns abschließend mit dem Ökosystem »Seeboden«.

Ein Binnensee ist stets ein kurzfristig existierendes Gebilde – jedenfalls durch die Zeitrafferbrille des Geologen betrachtet. So existieren die Voralpenseen erst seit der letzten Eiszeit, und in wenigen zehntausend Jahren werden sie verschwunden sein, aufgefüllt. In solchen nährstoffarmen, klaren Gewässern sind dafür vor allem die gewaltigen Mengen an Sedimenten verantwortlich, die die Bergflüsse mitbringen. Ansonsten aber spielt die Auffüllung der Becken durch biogenes Material eine beachtenswerte Rolle. Im Schilfwald setzt sich Detritus ab, der Boden steigt an, das Schilf wandert weiter hinaus, und der Vorgang wiederholt sich. In der Vegetationszone der Laichkräuter und Tausendblätter sammeln sich im Laufe der Jahrtausende durch die fortlaufende »Entkalkung« des Seewassers Kalkbänke an, die während der Lebensgeschichte eines Sees zu meterdicken Schichten von »Seekreide« zusammenbacken können, aufgebaut aus abgesprungenen und zu Boden gesunkenen Kalkplättchen, die sich auf der Oberseite der Tauchblätter abgeschieden haben. Aus der durchlichteten Region des oberflächennahen Wassers sinkt ein unaufhörlicher Regen kleiner Tier- und Pflanzenleichen zu Boden. Auf einen einzigen Quadratzentimeter Seeboden lagern sich in einem Jahr nicht weniger als 1 bis 10 Millionen Kieselalgenschalen ab. Dazu kommt schwer abbaubare tierische Substanz, wie Gehäuse, Schalen, Chitinteile und pflanzliche Produkte, nämlich Zellulose-Verbindungen des Holzes. Kalk hält sich nicht immer und überall; meist werden kalkige Reste wieder aufgelöst. In Moorseen kommen dazu noch die Schalen der beschalten Amöben, insbesondere aber die eingespülten Reste abgestorbener Torfpflanzen. So steigt der Boden höher und höher. Dies geht besonders schnell, wenn die herabregnende Substanz nicht vollständig abgebaut wird. Bei den Faulvorgängen entsteht Schwefelwasserstoff, der zusammen mit den in den Resten mancher Bakterienhüllen enthaltenen Eisenverbindungen Eisensulfid gibt. Dies ist rußschwarz und gibt dem Faulschlamm der Tiefenböden seine charakteristische Färbung. Wo stark schadstoffbeladene Flüsse einmünden, wachsen die schwarzen Faulschlammlager der Seeböden mit beängstigender Geschwindigkeit. Hier beherbergt der Seegrund außer Bakterien, die ohne Sauerstoff leben können, und an Sauerstoffarmut angepaßte Würmer und Zuckmückenlarven kaum ein Leben.

34 Tiere in licht- und sauerstoffarmer Tiefenwelt

Wie erwähnt kommen die wenigen an Tiefenbedingungen angepaßten Arten in Riesenmengen vor. Der höchste Wert, von dem ich gehört habe, wurde an Flußeinmündungen im Bodensee gefunden: Bis zu 200000 Tubifex-Schlammwürmer (Abb. 2, 17) auf einem einzigen Quadratmeter! Diese Würmer stecken richtiggehend »mit dem Kopf im Sand«, einer hart neben dem andern. Der größte Teil des Körpers ragt ins freie Wasser, und mit ihm führen diese Tiere Schlängelbewegungen durch, wenn wenig Sauerstoff vorhanden ist. Auf diese Weise führen sie immer wieder neues Wasser an die Körperoberfläche heran und bauen damit stets aufs neue die für eine Diffusion nötige Konzentrationsgrenzschicht auf. Eine Anpassung an die sauerstoffarme Umwelt ist auch darin zu sehen, daß diese Würmer Hämoglobin enthalten und deshalb rot erscheinen. Es ist zwar nicht im Blutkörperchen lokalisiert wie unser Hämoglobin, sondern in der Körperflüssigkeit gelöst, kann auch nicht so viel Sauerstoff binden; aber es ist doch eigenartig, daß dieses »respiratorische Pigment«, wie die Physiologen solche atmungswichtigen Farbstoffe nennen, bei so niederen Tieren und auch bei den hochentwickelten Wirbeltieren vorhanden ist. In Abwassergräben stark verschmutzter Dorfteiche findet man Tubifex-Würmer bisweilen noch in kaum dezimetertiefen Wasserschichten. Der Boden erscheint rot gefärbt. Tritt man aber heftig mit dem Fuß auf, so verschwindet der ganze Zauber: Die Würmer haben sich allesamt blitzartig in ihr Röhrensystem zurückgezogen. Ansonsten aber sieht die Ansammlung parallel schlängelnder Würmer, über die scheinbar Wellen dahinziehen wie über ein windbewegtes Getreidefeld, sehr eigenartig aus. Diese senkrechten Gänge biegen einige wenige Zentimeter unterhalb der Schlammoberfläche waagrecht um. Sie werden von den Tieren immer weiter gegraben, während der Schlamm aufgefressen und am hinteren Körperende wieder ausgeschieden wird, und zwar rundherum um die Röhrenmündung. Pro Tag setzt ein Wurm auf diese Weise rund 20 Kubikmillimeter Bodensubstanz um. Rechnet man nun 20000 solcher Würmer auf einen Quadratmeter, so haben diese in einem Monat so viel Schlamm gefressen und wieder ausgeschieden, daß sich theoretisch eine Sedimentauflage von 2 cm Höhe auf der alten Bodenfläche gebildet hat. Tubifex-Würmer pflügen also unter Wasser den

Boden ebenso um wie die Regenwürmer den Ackerboden. Mit dem Schlamm kommen auch die abgelagerten anorganischen Verbindungen aus einigen Zentimetern Tiefe an die Schlamm-Wasser-Grenze. Auf einem solchermaßen dicht besiedelten Quadratmeter werden im Monat nicht weniger als 60 g Stickstoff und ein halbes Gramm Phosphor aktiviert. Insbesondere bei der Herbstzirkulation können diese gelösten Salze nun auf die gesamte Wassermenge verteilt werden und stehen dann im nächsten Jahr den neu aufblühenden Populationen pflanzlichen Planktons zum Aufbau zelleigener Substanz zur Verfügung. Auf diese indirekte Weise greift die Masse der kleinen Würmer am Seeboden sehr merklich in das pflanzliche Planktonleben der hohen Wasserschichten ein und beeinflußt damit auch auf indirekte Weise alles, was von diesen »Primärproduzenten« abhängt. Ähnlich interessant

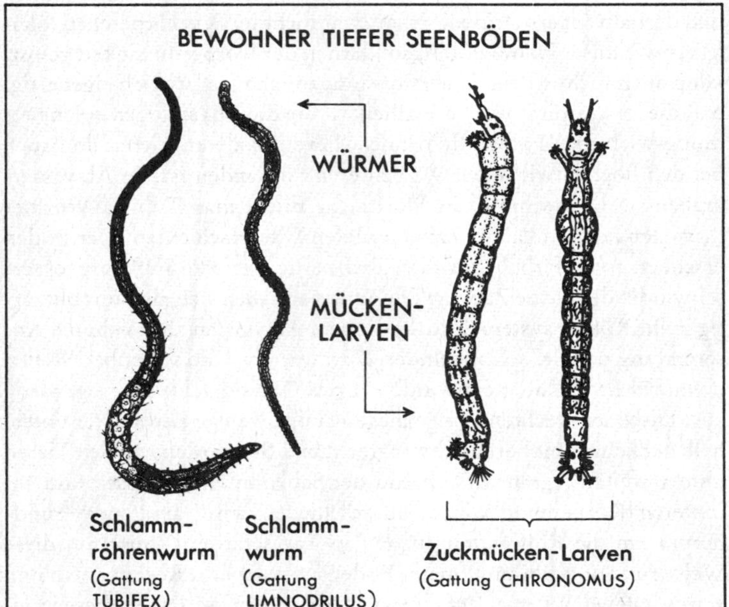

Abbildung 2.17

sind die Zuckmückenlarven (Gattung Chironomus, Abb. 2, 17), die ebenfalls in Riesenmengen die Seeböden bevölkern. Sie fressen allerdings keinen Schlamm wie die Tubifex-Würmer, wenngleich sie sich darin und auf der Schlammoberfläche Röhren bauen, ganz ähnlich diesen Würmern. Noch eine weitere funktionelle Ähnlichkeit bei diesen Vertretern so unterschiedlicher Tiergruppen: Wenn Tubifex oder Chironomus in ihren Röhren stecken und das Bodenwasser sauerstoffarm wird, beginnen beide Tierarten mit pendelnden Bewegungen ihres Körpers. Wie eine Schwingflügelpumpe der Technik erzeugen sie damit Druckdifferenzen vor und hinter dem Körper, und folglich gerät das Wasser in den Röhren in Strömung. Es wird Wasser von der Schlammoberfläche abgesaugt und in einem feinstverteilten System von Abermillionen von Röhren durch die obersten Zentimeter des Sediments geführt. Damit wird dieser Bereich durchlüftet, es wird immerhin ein wenig Sauerstoff in den Boden gelangen, wo ohne die unablässige Pumpwirkung dieser Schlammbewohner nicht ein Jota wäre. Damit können aber aerobe (Sauerstoff veratmende) Bakterien wieder aktiv werden und die Abbauprozesse weiterführen! Zusätzlich zur Freisetzung organischer Salze ist dies ebenfalls ein ökologisch sehr wichtiger Effekt der Bodenfauna.
Gibt es gar keinen Sauerstoff mehr, so müssen manche Chironomus-Arten (die im übrigen ebenfalls Hämoglobin enthalten und deshalb rot gefärbt erscheinen) nicht unbedingt sterben. Sie gehen einige Tage oder Wochen zu einem Leben ohne Sauerstoff über, zur »Milchsäuregärung« (s. »Funktionen des Lebens«, S. 190). Gibt es später wieder Sauerstoff, dann bauen diese Mückenlarven die angesammelte Milchsäure durch besonders starke Atmung wieder ab; man spricht von einer »Erholungsatmung«. Wenn nach einigen Wochen Sauerstoff im tiefen Wasser ganz verschwunden ist, dann müssen auch diese Anpassungsmeister sterben. Im übrigen werden ihre Riesenpopulationen noch auf eine andere Art sehr drastisch dezimiert: durch bodenbewohnende Fische. Bevor wir ihre Rolle ein wenig näher beleuchten, sei kurz noch nachgetragen, was die Chironomus-Larven fressen. Schlamm nehmen sie nicht auf, und dadurch unterscheiden sie sich nun deutlich von den Tubifex-Würmern. Sie leben zum Großteil von kleinen Algen, die sie entweder von der Schlammoberfläche abweiden oder aus dem Wasserstrom herausfiltrieren, den sie durch ihre Röhren pumpen. Daß dem so ist, konnte man nicht nur durch direkte Beobachtung erschließen,

sondern auch auf indirekte Weise. Wenn man alle paar Tage eine Schlammprobe aus ein und demselben Suchquadrat hochhievt und durch Wiegung und Auszählung das mittlere Gewicht einer Chironomus-Larve bestimmt, so zeigen sich im Laufe eines Jahres Sprünge, die recht schön zusammenfallen mit Maxima in der Produktion kleiner Algen, speziell von Blaualgen und Kieselalgen. Immer wenn diese Algen sich stark vermehren, wachsen auch die Chironomus-Larven, werden schwerer. Dies ist beispielsweise in den Monaten August, September, Oktober oder April, Mai der Fall. Was zum Boden absinkt – und wir haben ja gesehen, daß die Menge beträchtlich ist, bis zu 20 % einer Population am Tag – wird zum großen Teil von dicht an dicht lebenden Chironomus-Larven aufgefressen und umgesetzt. In den Monaten dazwischen wachsen die Larven kaum oder nehmen sogar an Masse ab, teils weil es nichts zu fressen gibt (Winter), teils weil zu wenig Sauerstoff da ist und damit der Nahrung nicht die gesamte Energie entzogen werden kann (Sommer).
So gibt es auch für die Bodenfauna Sauregurken-Zeiten, ebenso wie für die frei schwimmenden Tiere. Wenn im Winter nur noch 2 oder 3 Hüpferlinge im Liter Wasser sind, hat es ein Bodensee-Blaufelchen schwer, seinen Energiebedarf zu decken. Energie braucht es aber nicht nur zum Schwimmen, sondern auch zur Bildung der Fortpflanzungsprodukte. So setzen die Weibchen eine immense Menge an Energie in die Produktion von Eiern um. Gerade wenn der Winter so richtig einsetzt – um die Nikolauszeit –, sammeln sich die Blaufelchen im Obersee des Schwäbischen Meeres über Tiefen von rund 200 m und laichen. Die Eier sinken ab – etwa mit Geschwindigkeiten von 1 m pro Minute. Nach einer Reisezeit von mindestens 3 Stunden müßten sie dann auf dem Grund angekommen sein. Dort bleiben sie erst einmal einige Monate liegen, bevor in der Faschingszeit des nächsten Jahres die jungen Larven erscheinen. Nur in den großen Tiefen eines nährstoffarmen Sees haben die Eier im übrigen eine Überlebenschance, weil dort noch genügend Sauerstoff ist. Die meisten allerdings erleben den Schlupfzeitpunkt nie. Bis zu 95 % der Felcheneier am Seeboden werden aufgefressen, und zwar im wesentlichen von der Trüsche (Lota vulgaris), einem ausgesprochenen Bodenbewohner. Im Bodensee kommt noch der Tiefensaibling dazu. Aus den 5 % überlebenden Eiern entwickelt sich aber wiederum nur ein kleiner Bruchteil bis zu einem fortpflanzungsfähigen Fisch. Insgesamt hat höchstens ein Promille der abgelegten Eier diese Chan-

b
d

7 Ein Vogel im Schilf

a Im Ephros-Delta fanden wir auf einer Exkursion ein Nest der dort noch recht häufigen Zwergrohrdommel, Ixobrychus minutus, im Schilf. Hier biege ich die Halme auseinander, so daß ein kleiner »Gang« entsteht. Er reicht aus, um mit dem Teleobjektiv zu fotografieren, ohne daß die Nestmulde freigelegt und der Sonne ausgesetzt wird. Nach dem Fotografieren wurde der »Gang« jedesmal wieder zugemacht. Wir sahen jeden Tag nach und verfolgten das Nestverhalten der Jungen mit der Kamera. Im Mündungsgebiet der großen Flüsse an der griechisch-türkischen Grenze, wo es vor Vögeln noch wimmelt, kann man das schon einmal machen. Für unsere Gegend wird die Nachahmung nicht empfohlen.

b Ein Elterntier der Rohrdommel saß hudernd auf dem Nest und ist beim Herannahen des Fotografen zur »Pfahlstellung« erstarrt. Man muß schon genau hinschauen, bis man das Tier erkennt. Es macht sich ganz schlank, legt die Flügel nach vorn zusammen, streckt den Schnabel hoch nach oben. Allein die starren, bernsteingelben Augen verraten das Tier.

c So sahen die Jungen aus, als wir das Nest entdeckten. Sie waren vor wenigen Tagen geschlüpft.

d Eine Woche später sind die Jungen schon groß und selbständig. Sie machen kleine Ausflüge ins Schilf, kehren aber beim Füttern immer wieder ins Nest zurück. In der Zwischenzeit haben wir unser Lager am Rohrdommelnest aufgeschlagen und die Schilfhalme ganz auseinandergezogen. Wir tarnen uns überhaupt nicht mehr und laufen ungedeckt ans freistehende Kamerastativ, wenn etwas Interessantes kommt. Weder die Alten noch die Jungvögel kümmern sich noch darum.

ce. Kein Wunder, daß die Eiproduktion hoch sein muß. Daß sich Trüschen überwiegend von Felcheneiern ernähren, haben im übrigen Magenuntersuchungen ergeben. Bis zu 2000 Felcheneier in einem Trüschenmagen – das spricht eine beredte Sprache.

35 Seenforschung und angewandte Limnologie

Wenn es die Felcheneier nicht gibt, halten sich die Bodenfische an Hausmannskost: Tubifexe und Chironomuslarven. Im Winter steigen die Oberflächenfische in tiefere Regionen und beteiligen sich an dem Vernichtungswerk. Bis zu 50% der Populationen werden aufgefressen, bevor im nächsten Frühjahr mit der Algenproduktion hoch oben das stagnierende Leben tief unten weiterläuft. In diesem ausgependelten Gleichgewicht haben sich all die geschilderten und noch viele andere gegenseitige Abhängigkeiten im Laufe der Jahrtausende eingespielt und gehalten. Neuerdings zerstört der Mensch dieses Gleichgewicht durch Schadstoffbeladung der Seen, Abfischerei, Veränderung der Uferregionen (Laichplätze) und so weiter und so fort. Am schlimmsten ist die Belastung mit anorganischen Abbaustoffen, insbesondere Phosphaten: Stichwort »Eutrophierung«.
Abschließend sei der Blick des Lesers auf das System der Abhängigkeiten und den Kreislauf der Stoffe gerichtet. Wir haben das »Ökosystem See« in diesem Buch sehr ausführlich besprochen. Es ist das Hauptkapitel. Das hat seine Gründe. Selten kann man in einem größeren Ökosystem die einzelnen Bereiche so schön trennen und für sich betrachten, auf der andren Seite aber ihre Querverbindungen eingängig formulieren. Selten gibt es über ein Ökosystem auch so viel Datenmaterial in der Literatur wie gerade über die Binnenseen. Das ist darauf zurückzuführen, daß die wissenschaftliche Seenforschung – die Limnologie – eine alte Tradition hat. Überall in Europa wurde seit vielen Jahrzehnten an Seenforschungsinstituten Grundlagenarbeit geleistet, in Deutschland beispielsweise am Bodensee in Langenargen und Konstanz oder am Plöner See in Plön (Holstein), in Österreich am Neusiedler See durch Institute in Wien, Neusiedel und neuerdings Illmitz oder am traditionsreichen Institut in Lunz (Niederösterreich). In der Schweiz wurden beispielsweise der Genfer- und der Zürichsee seit Jahrzehnten aufmerksam untersucht; auf diese ersten Anfänge geht eine Wurzel der Seenforschung zurück. So hat man heute schon eine

Unmasse von Daten, und es schälen sich mehr und mehr Zusammenhänge heraus. Die Literatur über Seenforschung zusammen mit der hydrobiologischen Literatur, in der Teiche und andere Kleingewässer beschrieben werden, füllt ganze Bibliotheken. Ich selbst bin über die Beschäftigung mit der Mikro- und Makrofauna der Gewässer zur Biologie gekommen und habe, obgleich auf anderen Gebieten forschend, die Fortschritte der Gewässerkunde stets mit großem Interesse mitverfolgt. Eine Reihe wichtiger Punkte und gut bekannter Zusammenhänge habe ich nach den Originalarbeiten und referierenden Zusammenstellungen der Limnologen hier vorgestellt. Wer die Literatur der letzten 25 Jahre aufmerksam mitverfolgt hat, wird deutlich gemerkt haben, wie sich auch in diesem Fachgebiet die Entwicklung der Forschung von der Deskription zur Kausalanalyse vollzogen hat, von der katalogartigen Beschreibung einzelner Arten zu den Querbeziehungen der Arten untereinander bis hin zu Fragen ihrer Vernetzung im Ökosystem See und ihrem Zusammenspiel mit den abiotischen Faktoren. Die Tendenzen laufen auf der einen Seite in Richtung auf die Lösung von Fragen zu Stoffumsätzen und Produktivität in einem Ökosystem. Man könnte diese Richtung als »ökologische Energetik« bezeichnen, und wir werden uns im nächsten Kapitel ein wenig damit befassen. Zum andern bemühen sich die mehr angewandt arbeitenden Limnologen fieberhaft darum, möglichst im Detail Klarheit zu gewinnen, wie Gewässer mit Schadstoffbelastungen fertig werden, was man ihnen zumuten kann und was nicht. Beide Gesichtspunkte beinhalten Umweltforschung par excellence, beide sind von größter Bedeutung, ja Brisanz.

Lassen Sie mich eine kurze Zusammenfassung machen und einige ergänzende Bemerkungen einbringen.

Das Ökosystem See weist im typischen Fall eine horizontale und vertikale Gliederung auf. Zum einen folgen von den randständigen Schwarzerlenbeständen bis zum pflanzenlosen Tiefboden eine Reihe von Pflanzengesellschaften aufeinander, die Biotope eigener Art bilden, jeweils mit eigenem Tierbestand und biotop-eigentümlichen Wechselbeziehungen. Solche Wechselbeziehungen haben wir vielseitig formulieren können zwischen Pflanze und Tier, zwischen Tier und Tier, zwischen Pflanze oder Tier und den abiotischen Umweltfaktoren wie Temperatur, Licht und Gehalt an Atemgasen. Viele Querbeziehungen schließen sich zu Kreisläufen, die teils biotopspezifisch bleiben, teils die Biotope oder Gesellschaften übergreifen und damit verbinden. Die Vertikalschichtung im Ökosystem See reicht von der freien Wasseroberfläche bis zum Tiefenboden. Jede Schicht hat wieder ihre speziellen Eigentümlichkeiten, was die physikalischen Faktoren oder die Bevölkerung mit Lebewesen anbelangt. Als ökologisch besonders bedeutungsvoll haben wir auf der einen Seite das Plankton des freien Wassers, auf der anderen den Besatz der Schlammoberfläche kennengelernt. Durch die Sprungschicht getrennt bildet sich in den Sommermonaten sowohl im oberflächennahen Wasser wie im Tiefenbereich eine eigene Lebewelt aus, mit ganz unterschiedlichen Verhältnissen der Lichteinstrahlung, des Sauerstoffgehalts und des Gehalts an Mineralsalzen. Die untere »Abbauschicht« lebt einzig und allein von dem herabrieselnden Dauerregen organischer Substanz aus der oberen »Produktionsschicht«. Im klassischen Fall werden diese Schichtungen zweimal im Jahr durch die Frühjahrs- und Herbstzirkulation zerstört und homogenisiert. Das eigenartige physikalische Verhalten des Wassers, das seine größte Dichte bei 4° C hat, spielt dabei eine wesentliche Rolle. Aus der Masse der Pflanzen- und Tierbewohner eines Sees kristallisieren sich Nahrungsketten heraus. Alles hängt ab vom Phytoplankton, dem »Primärproduzenten« (dazu kommen Bakterien, die gelöste Produkte der Assimilation verwerten). Mikroalgen- und Bakterienfresser sind die ersten Konsumenten oder Primärkonsumenten. Wir haben die Wasserflöhe als typische Vertreter dieser Gruppe kennengelernt. Planktonfresser sind die zweiten Konsumenten oder Sekundärkonsumenten. Hierzu zählen sowohl räuberische Kleinkrebse wie Jungfische (Barsche) und ausgewachsene Fische (Bodenseefelchen). Die Endkonsumenten der Nahrungskette sind sowohl Raubfische – wie Hechte – als auch fischfressende Vögel, die danach tauchen (Haubentaucher), sie im Wasser greifen (Fischadler) oder auch solche, die verendende Fische von der Wasseroberfläche nehmen (Schwarzer Milan). Selbstverständlich ist auch der Mensch als Fischesser ein Endkonsument. Man kann die Zusammenhänge in Form einer Pyramide formulieren, was im nächsten Kapitel gezeigt werden wird. Von der Basis zur Spitze, von den Primärproduzenten bis zu den Endkonsumenten wird die Biomasse immer kleiner. Größenordnungsmäßig gesehen werden beim Übergang von einer Stufe in die andere nur rund 10% der Substanz »gerettet« (im Detail gibt es da allerdings große Unterschiede).

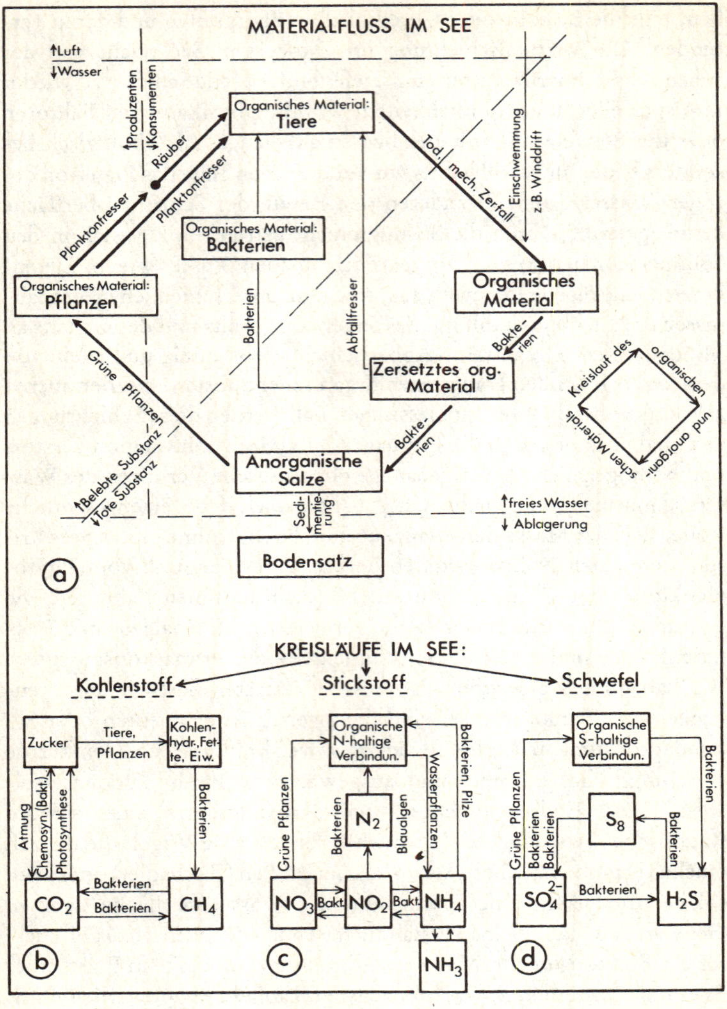

Abbildung 2.18

Gekoppelt mit dem Substanzumbau beim Durchlaufen der Nahrungsketten läßt sich ein Kreislauf der Stoffe formulieren, sowohl der lebenden und toten organischen Substanz als auch der anorganischen. Er ist in Abbildung 2, 18 nachvollziehbar dargestellt. Lebende Tiere und Pflanzen sterben; ihre Substanz wird zersetzt und teils vor dem Endabbau wieder »rezykliert«, teils von Bakterien bis zu den anorganischen Salzen abgebaut und dann erst rezykliert oder abgelagert. Die wichtigsten anorganischen Elemente sind in diesem Zusammenhang Kohlenstoff, Stickstoff, Schwefel und Phosphor. Stark kohlenstoffreich sind die Zucker- und ihre Aufbauverbindungen (Stärke) und Abbauverbindungen (bis zum Endabbauprodukt Kohlendioxid; s. »Funktionen des Lebens«). Stickstoffhaltig sind vor allem die Eiweiße und ihre Abbauprodukte, schwefelhaltig sind einige Aminosäuren. Beim Endabbau C-, N-, S-haltiger Verbindungen spielen Bakterien eine ausschlaggebende Rolle. Einige Details dazu sind aus Abbildung 2, 18 zu entnehmen. Eine besondere Rolle im Zusammenhang mit der Eutrophierung der Seen spielt das Phosphat. Darüber wurde gerade in den letzten Jahren sehr viel geschrieben, so daß ich hier nicht auch noch auf Details eingehen sollte. Düngephosphate und Haushaltsphosphate, von Feldern und über Flüsse in die Seen gespült, sind die Kerngefahr für unsere Gewässer.

3 Stoffkreislauf, Energiefluß und Produktion in Wald und See

1 Das Aquarium – Welt im kleinen und Lehrstück dazu

Neulich habe ich einen alten Schulfreund besucht. Aus meinem ewig zu Streichen aufgelegten Bankhintermann ist ein wohlbestallter Arzt geworden. Sein Haus ist riesig wie eine Burg – »standesgemäß« denkt man unwillkürlich, wenn man im 2. Gang die steile Anfahrt hinaufbrummt. Vielleicht aber doch eine Notwendigkeit, denn einen ganzen Flügel bewohnen allein seine Kinder, sechs an der Zahl. Da liegen die gar nicht so großen Zimmer nebeneinander wie die Bienenzellen in einer Wabe. Jedes Kind durfte sich sein Zimmer vollständig nach eigenem Geschmack einrichten, wird auch angehalten, sein Inventar selbst zu basteln und zu gestalten, darf einen bayerischen Saustall haben oder aufräumen, ganz wie es ihm drum ist – die Selbstverwaltung funktioniert reibungslos. Ein Punkt aber ist absolut obligatorisch, da kennt der Vater kein Pardon. Jedes Kind muß ein Aquarium haben, ein sehr großes noch dazu. Jedes Aquarium muß im biologischen Gleichgewicht sein und bleiben. Einige Kinder sind begeistert, andere weniger. Auch sie werden aber durch gezielte Fragen immer wieder zum Beobachten angehalten, und manchmal versteigert der Vater einen mitgebrachten Gelbrandkäfer oder ein Pärchen Teichmolche.
Ich halte das für ganz ausgezeichnet. Das Aquarium ist ein Stück Umwelt, ein abgeschlossenes Ökosystem im kleinen, wenn man so will. Nirgendwo kann man besser beobachten, vergleichen, Beziehungen zwischen Lebewesen studieren oder einfach stundenlang schauen. Nirgendwo wird einem aber auch so drastisch vorgeführt, wie empfindlich ein Ökosystem gegen Störungen ist. Wenn man einmal erlebt hat, wie ein Aquarium »kippt«, wie es sich innerhalb von 2 Tagen aus einem scheinbar tadellosen Zustand in eine faulige Brühe verwandelt, wenn man gemerkt hat, welche Mühe es kostet, so ein System neu

aufzubauen und wieder ins reine zu bringen, wird man mehr über Ökosystem und Umweltschutz gelernt haben als durch die Lektüre von zwanzig Zeitungsartikeln.

Man sagt gern, daß sich ein gut gehaltenes Aquarium im »biologischen Gleichgewicht« befindet. Was bedeutet das? Dieses Schlagwort läßt sich auf unterschiedliche Weise interpretieren. Am ehesten zu erreichen ist noch ein ausgeglichener Gashaushalt. Die Wasserpflanzen geben bei der Photosynthese Sauerstoff ab, den die Tiere zum Atmen benötigen. Dabei geben sie als Folge ihres Stoffwechsels Kohlendioxid ab, den die Pflanzen wiederum aufnehmen und mit Hilfe der Energie des Sonnenlichts zusammen mit Wasser zu Zuckersubstanzen verarbeiten. Dabei wird wieder Sauerstoff frei, den die Tiere veratmen, und so geht das immer weiter. Ein gut gehaltenes Aquarium kann diesen Zustand ohne weiteres erreichen. Man kann es dann für einige Zeit mit einer luftdicht schließenden Glasplatte abdecken, und kein Fisch stirbt, keine Wasserpflanze kümmert. Ein zweiter Punkt wäre der Stoffkreislauf. Abgestorbenes Tier- und Pflanzenmaterial zersetzt sich auf dem Boden und wird bis auf die Stufe anorganischer Salze umgewandelt, mineralisiert von Bodenbakterien. Diese Salze nehmen die Pflanzen wieder auf und bauen daraus eigene Körpersubstanz. Pflanzenfresser unter den Aquarientieren (beispielsweise Köcherfliegenlarven) weiden den Pflanzenbestand ab. Ihr Kot »düngt« den Boden, wird wieder mineralisiert und steht den Pflanzen zur Verfügung. Auf der anderen Seite können die Larven selbst von Fischen gefressen werden, deren Kot wiederum mineralisiert wird. Größere Leichen muß man in diesem kleinen Biotop freilich entfernen, sonst fault gleich alles. Ansonsten aber läßt sich auf einige Zeit zwar kaum ein exaktes Gleichgewicht, aber doch ein ganz gutes Eingespieltsein erreichen in diesem Kreislauf der Stoffe und Mineralsalze.

Was für das kleine Aquarium gilt, trifft auch für jedes große Ökosystem zu (für den See ebenso wie für den Wald). Beide Systeme haben wir ausführlich besprochen, und am Beispiel des Ober- und Unterwasserbereichs im Schilfwald eines Sees haben wir auch schon das »Beziehungsgefüge« der verschiedenen Bewohner analysiert und die Begriffe der Nahrungskette kennengelernt, die Wirkung ihrer Vermaschung besprochen und so weiter. Betrachten wir die beiden Systeme »Wald« und »See« nochmals kurz unter dem Gesichtspunkt der Nahrungsketten, des Energieflusses und der Produktivität.

2 Beute und Freßfeind

Fast schon sprichwörtlich ist die Querbeziehung zwischen Mäusen und Eulen. In einem guten Mäusejahr gibt es mehr Eulen, sagt der Bauer. Ich erinnere mich gut, in einem Jahr der frühen Sechziger im Erdinger Moos bei München eine Unzahl von Sumpfohreulen beobachtet zu haben. Zwei Dutzend mögen da herumgeflogen sein. Eine ornithologische Sensation – sonst findet man vielleicht alle Jubeljahre mal eine Sumpfohreule. Der Grund dafür: eine wahre Schwemme an Feldmäusen. Oder ein anderes Beispiel. Der Mikroalgenblüte in einem See folgt eine rasante Entwicklung algenfressender Wasserflöhe. Bezeichnen wir die Population der Feldmäuse oder Planktonalgen mit 1, die ihrer Freßfeinde, also der Eulen oder Wasserflöhe, mit 2, so ergibt sich das einfache Beziehungsschema I (Abb. 3, 1). Der Pfeil mit dem + und – Zeichen bedeutet folgendes. Die Energie fließt von der Beute 1 zum Freßfeind 2, eben weil Eulen die Feldmäuse fressen oder Wasserflöhe die Kleinalgen. Die Vorzeichen kann man so lösen, daß den Freßfeinden Energie zugeführt (+), der Population der Beutetiere oder -pflanzen jedoch entzogen wird (–). Man kann sie aber auch mehr abstrakt verstehen, insofern, als die Freßfeinde positiv beeinflußt werden, sie können wachsen, sich vermehren; die Beute negativ, die Bestandsdichte wird abnehmen. Wie laufen nun diese Querbeziehungen als Funktion der Zeit ab? Wenn viele Algen da sind, werden mit einiger Verzögerung die Wasserflöhe nachziehen. Diese seihen die Algen aus und fressen so viele, bis nur noch wenige im Wasser vorhanden sind. Dann rentiert sich die Seiherei nicht mehr; die Beinbewegung kostet mehr Energie, als sie einbringt, und die Wasserflöhe kümmern, und ihre Population geht zum Teil zugrunde. Aufgrund dessen können sich die Algen wieder erholen. Mit größerer Populationsdichte tun sich die

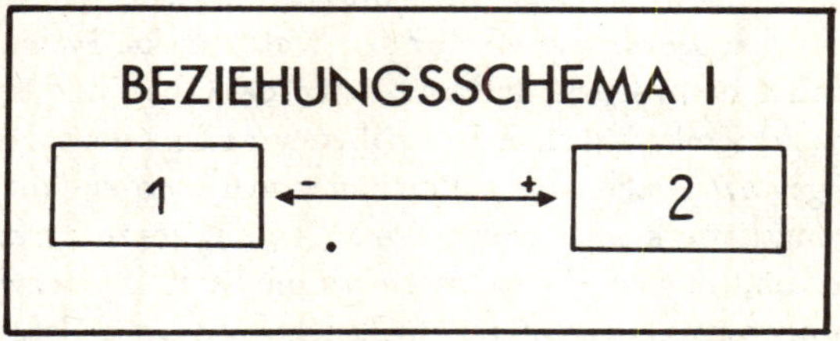

Abbildung 3.1

Wasserflöhe wieder leichter, ihre Population nimmt zu, und so schwankt das System 1 und das System 2 periodisch, und beide Schwankungen verlaufen in einer bestimmten Weise phasenverschoben. Nun ist das Beispiel mit den Wasserflöhen und den Planktonalgen insofern nicht sehr gut gewählt, als für den Algenbestand andere Dinge ebenso wichtig oder noch bedeutsamer sind als der Verlust durch die Mikrofiltrierer. Das Prinzip aber dürfte klar geworden sein: Durch gegenseitige Beeinflussung entsteht eine Bestandsschwankung bei beiden Populationen, die sich in einem bestimmten Rhythmus immer wiederholen mag, wenn sonst nichts passiert.

Aber so einfach und durchschaubar funktioniert kein Ökosystem auf dieser Welt; das kann man sich höchstens als Modellbetrachtung aufs Papier malen, findet es vielleicht auch in etwa angenähert bei einem System, das aus einer Räuber- und einer Beuteart besteht. Im allgemeinen aber ist die Sache viel komplexer und viel vermaschter. Auf der Suche nach besonders eingängigen Beispielen in der Literatur habe ich eine in ihrer Art besonders geglückte Zusammenstellung gefunden, kennzeichnenderweise nicht in einer Originalarbeit, sondern in einem »biologischen Arbeitsbuch«. Mit freundlicher Erlaubnis der Autoren darf ich unter Verwendung der Originalzeichnungen von Dylla und Krätzner die Überlegungen hier einmal nachvollziehen.

3 Ein Literaturbeispiel für vermaschte ökologische Beziehungen im Wald

Nehmen wir an, die Population 1 beinhaltet die Zitterpappeln eines Wäldchens auf einer Hügelkuppe, das einerseits an einen Bach, auf der anderen Seite an Felder grenzt. Vom Laub der Zitterpappeln ernähren sich Schmetterlingsraupen, beispielsweise die des Gabelschwanzes (Population 2). Wenn viele Raupen da sind, werden die Bäume kahl gefressen und leiden. Sind keine Blätter mehr da, müßten die überzähligen Raupen eingehen, und die Bäume könnten vielleicht im nächsten Frühjahr wieder ausschlagen. Aber so weit kommt es nicht, denn im Wäldchen wohnen ja auch Freßfeinde der Schmetterlingsraupen, beispielsweise Kohlmeisen (Population 3). Wenn Kohlmeisen Raupen fressen, beeinflussen sie nicht nur die Population der Schmetterlingsraupen negativ, sondern indirekt natürlich auch die Population der Zitterpappel positiv, weil ja deren Freßfeinde nun dezimiert werden. Sperber (Population 4) schlagen nun auch Kohlmeisen. Damit können sich die Raupen stärker vermehren und damit die Pappeln stärker schädigen. Sperber beeinflussen also die Population 2 (P_2) positiv und damit auf indirekte Weise natürlich auch P_1 negativ. Diese Zusammenhänge sind im Beziehungsschema II in etwa dargestellt (Abb. 3, 2). Aber auch dieses ist noch über die Maßen stark vereinfacht. Es gibt ja nicht nur Zitterpappeln im Wäldchen, sondern auch andere Baumarten, von denen einige den Gabelschwanzraupen zur Nahrung dienen, andere wieder nicht (Beziehungsschema III, Abb. 3, 3). So fressen die Gabelschwanzraupen an der Zitterpappel, aber auch an der Salweide und der Bruchweide. Wenn die Raupenpopulation auch an den Salweiden frißt, werden die Zitterpappeln entlastet. Da sie aber auch an den Zitterpappeln frißt, werden wieder die Salweiden entlastet. So haben wir infolge der Anwesenheit der Gabelschwanzraupen auch eine indirekte Abhängigkeit, eine Querbeziehung von Baum zu Baum. Nun fressen die Raupen Zitterpappelblätter besonders gern, auch Salweidenblätter, vertragen aber die Bruchweidenblätter nicht so gut. Raupen, die aus Eiern geschlüpft sind, welche auf der Bruchweide abgelegt worden sind, kümmern und kommen im allgemeinen nicht zur Verpuppung. Je mehr »Bruchweidenraupen« existieren, desto günstiger ist das für Salweide und Zitterpappel, wenn man davon ausgeht, daß die Gabelschwanzweibchen ihre Eier quantitativ auf diese drei Baumarten im Wäldchen verteilt haben.

Es gibt aber nicht nur mehrere Baumarten, die von einem Freßfeind mehr oder minder angeknabbert werden, sondern jede Baumart hat

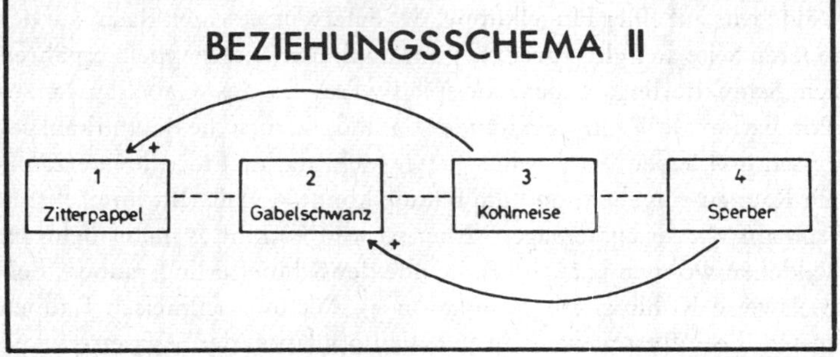

Abbildung 3.2

eine ganze Reihe von solchen Feinden und Parasiten zu ertragen. Wir betrachten zunächst nur einmal die Zitterpappel. Von ihren Blättern nähren sich neben den Gabelschwanzraupen auch noch die Larven von Miniermotten, Blattwespen, außerdem saugen Blattläuse den Zuckersaft, und Rostpilze zerstören das Gewebe. Das Laub des Faulbaums wiederum fressen Zitronenfalterraupen. Am Bach neben dem Waldrand leben Bernsteinschnecken. Weder Faulbaum und Zitronenfalter noch Bernsteinschnecken haben offensichtlich etwas mit den Zitterpappeln zu tun. Diese leiden in unserem Beispiel unter fünf »Mitessern«. Nun bekriegen sich allerdings diese Mitesser gegenseitig. Dies kann auf ganz indirekte Weise vor sich gehen. Wenn Gabelschwanzlarven die Pappeln kahl fressen, müssen auch alle anderen Bewohner zugrunde gehen, die Miniermotten und die Blattläuse beispielsweise, während die Schmetterlingsraupen selbst auf andere Bäume ausweichen kön-

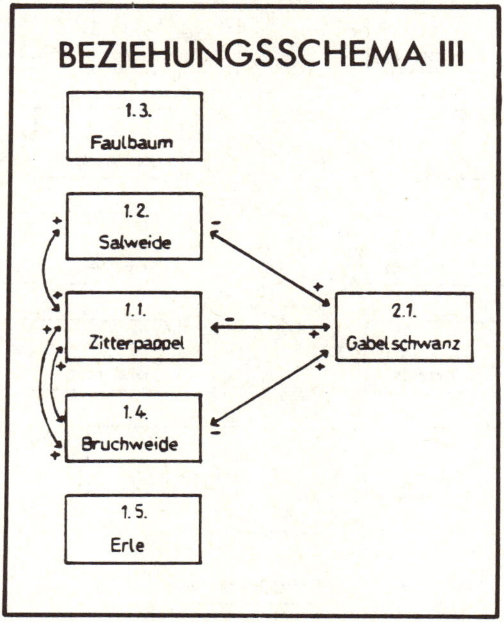

Abbildung 3.3

nen. Die Freßfeinde der Zitterpappel machen sich also Nahrungskonkurrenz. Sind die Pappelblätter zu stark verpilzt, haben die Raupen weniger zu fressen, und so hemmt der Pilz indirekt auch die Raupenpopulation. Eine Reihe weiterer Querverbindungen zeigt das Beziehungsschema IV (Abb. 3, 4).

Erweitern wir nun nach Maßgabe des Beziehungsschemas II den ganzen Komplex um die nächste Stufe III, und zwar zunächst um die Population der Kohlmeisen. Sofort wird das Ganze recht komplex.

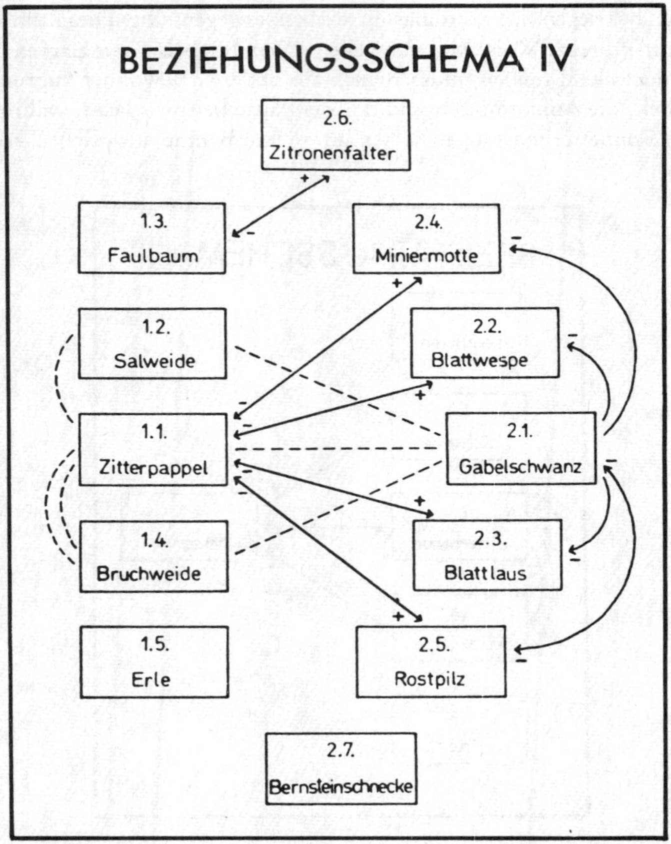

Abbildung 3.4

Kohlmeisen fressen Schmetterlingsraupen, entlasten damit sowohl die Zitterpappeln als auch die Blattwespenlarven, da die ja nun mehr Pflanzenmaterial zur Verfügung haben, weil dieses weniger von Gabelschwanzraupen gefressen wird. Auf der anderen Seite fressen die Kohlmeisen aber auch Blattwespenlarven, und so dezimieren sie deren Population direkt, sorgen aber auf indirekte Weise wieder für ihren Fortbestand. Wir sehen, daß die Kohlmeisen darüber hinaus beispielsweise nun auch eine Beziehung herstellen zwischen dem Faulbaum, der von Gabelschwanzraupen gemieden wird, und Salweide und Zitterpappel, die von den Gabelschwänzen befallen werden. Wenn es nämlich besonders viele Zitronenfalterraupen gibt, dann spezialisieren sich die Kohlmeisen auf diese und vernachlässigen die Gabelschwanzraupen. Diese können nun ihre Wirtspflanzen stärker

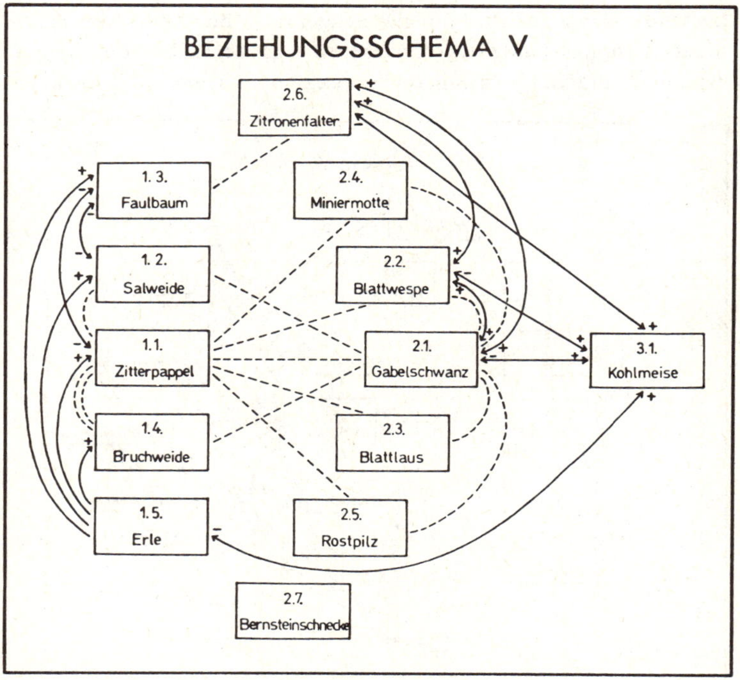

Abbildung 3.5

schädigen, als wenn die Zitronenfalterraupen nicht da wären. Da diese aber wieder von dem Blattwerk des Faulbaums abhängen und sich nicht stark entwickeln könnten, wenn es nicht genügend viele Faulbaumblätter gäbe, hängen nun Faulbaum und Zitterpappel tatsächlich zusammen, wenn auch auf dem weitläufigen Weg der Querverbindungen über Zitronenfalterraupen, Kohlmeisen und Gabelschwanzraupen. Statt dieses Bogens kann man also auch eine Beziehung zwischen Faulbaum und Zitterpappel direkt einzeichnen. Und so verkompliziert sich das Beziehungsschema V gegenüber dem Schema IV beträchtlich, allein dadurch, daß wir ein weiteres Glied eingeführt haben, nämlich sekundäre Konsumenten (Abb. 3, 5).
Im Schema II war nämlich die Zitterpappel der Produzent, die Gabelschwanzraupe der primäre Konsument (der sich von Pflanzen nährt) und die Kohlmeise ein sekundärer Konsument, der sich von pflanzenfressenden Tieren nährt. Nun gibt es aber nicht nur die Kohlmeise als sekundären Konsumenten, sondern eine ganze Reihe von Vögeln, dazu noch andere Organismen wie Insekten, Würmer, und sogar Vi-

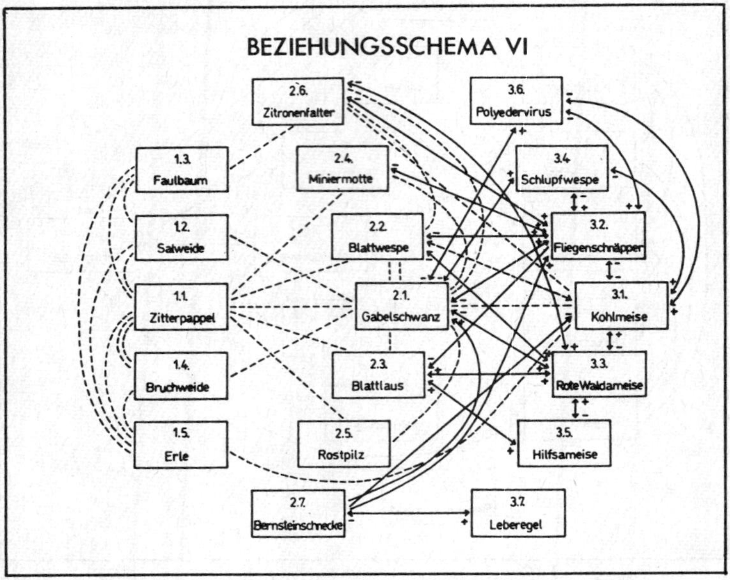

Abbildung 3.6

ren. Einige davon sind im Schema VI eingetragen, das nun schon recht unübersichtlich wird (Abb. 3, 6).

Fliegenschnäpper und Kohlmeise können gegenseitig in Konkurrenz treten, davon profitieren die einen oder anderen primären Konsumenten und beeinflussen nun in positiver oder negativer Weise die Produzenten. Fliegenschnäpper können Schlupfwespen fressen, die dann ihrerseits die Gabelschwanzlarven nicht mehr so stark befallen, so daß diese wiederum die Produzenten stärker in Mitleidenschaft ziehen. Virenkrankheiten können aber die Vögel befallen, so daß diese als Regulatoren wegfallen, wodurch wiederum die primären Konsumenten sich vermehren und so weiter und so fort. Die rote Waldameise vertilgt einerseits junge Schmetterlingsraupen, hält sich andererseits Blattläuse als »Haustiere« und schützt diese vor Feinden. Diese können dann in Raumkonkurrenz zu Raupen treten, und so werden die Schmetterlingsraupen auf mehrere Weisen beeinträchtigt. Auf der anderen Seite fressen Kleinvögel auch Ameisen und stören auf verschiedene Weise wieder das Wirkgefüge. Welche Querverbindungen zwischen dem hier als »Leberegel« bezeichneten Wurm Leucochloridium (Farbtafel 13 a, b), der Bernsteinschnecke und den Kleinvögeln bestehen, habe ich in einem der folgenden Kapitel näher erläutert.

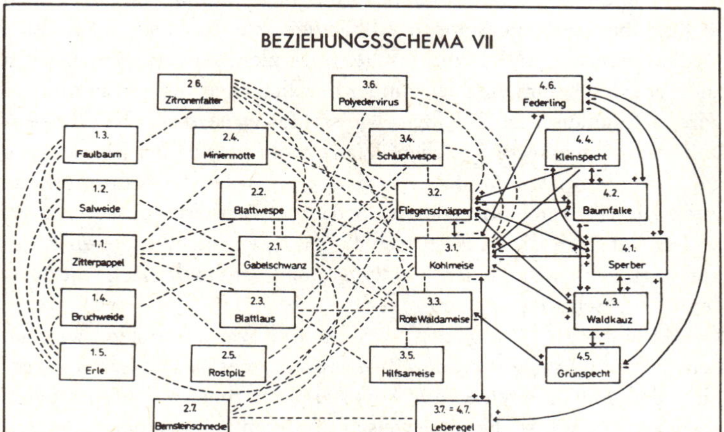

Abbildung 3.7

Um unser Schema abzurunden, fehlt nun die letzte Stufe, die der Konsumenten dritter Art, wenn man so will (Beziehungsschema VII, Abb. 3, 7).

Falken, Sperber und Käuze vergreifen sich an Meisen, manche Spechte fressen Ameisen. Federlinge schwächen Kleinvögel, die dann vielleicht eher die Beute eines Greifs werden, zumal, wenn sie zusätzlich mit anderen Parasiten – Würmern – infiziert sind. Beim Übergang auf den Jäger, der die Beute verzehrt, können infektiöse Würmer aber auch die Glieder der letzten Stufe so schwächen, daß sie keine Kleinvögel mehr schlagen können und eingehen. Auf vielfältige Weise ist also das Beziehungsschema vermascht, vielfach auch durch mehrere indirekte, sich gegenseitig wieder aufhebende Querbeziehungen. So wirkt sich die Tatsache, daß der Kleinspecht Bruthöhlen baut, negativ auf die Gabelschwanzpopulation (und damit auf die Zitterpappeln) aus, weil in diesen Bruthöhlen nämlich später Meisen nisten, die die Gabelschwänze dezimieren. Der Grünspecht wiederum frißt rote Waldameisen, die dann weniger junge Gabelschwanzlarven verzehren können. Wirkt der Kleinspecht also indirekt negativ auf die Population der Gabelschwänze, so ist das beim Grünspecht genau umgekehrt.

Man wird beginnen einzusehen, daß ein Verständnis aller Querbeziehungen und aller Einzelheiten kaum möglich ist, und wenn man noch so gut über die gegenseitigen Abhängigkeiten Bescheid weiß. Eine kleine Änderung in diesem Maschenwerk zieht Änderungen an allen anderen Maschen mehr oder minder deutlich nach sich. Insbesondere wird sich herausgeschält haben, wie sinnlos es ist, von »Nützlingen« und »Schädlingen« zu sprechen. Was bei oberflächlicher Betrachtung ein »Nützling« ist, kann sich, eine oder zwei Stufen der Nahrungskette weiter, letztlich überwiegend als »Schädling« erweisen und so weiter. So beginnt auch die Forstwirtschaft langsam in detaillierteren Kategorien zu denken und einen Waldbewohner nicht mehr nach »hie Nutzen«, »hie Schaden« zu beurteilen.

Die Abbildung 3, 8 zeigt den Versuch, Querverbindungen zwischen den größeren Kategorien der Biozönosen eines Walds aufzuzeigen, ohne daß dabei die feineren Verbindungen mitberücksichtigt werden konnten, wie wir sie beispielsweise in unseren aufeinander aufbauenden Beziehungsschemata I–VII kennengelernt haben.

b
d

8 Ein Insekt im Schilf

a Das sind die »Schilfzigarren«, verdickte Regionen an Schilfstengeln, wie sie im Text beschrieben sind.

b Der Länge nach aufgeschnitten zeigen diese Verdickungen Kammern mit Puppen oder verpuppungsreifen Larven der Schilfhalmfliege Lipara, die durch Wände aus Kot und zerbissenen Pflanzenteilchen voneinander getrennt sind.

c Die Großaufnahme zeigt zwei Larven und die Wandbildungen.

d Eine Larve hat sich verpuppt.

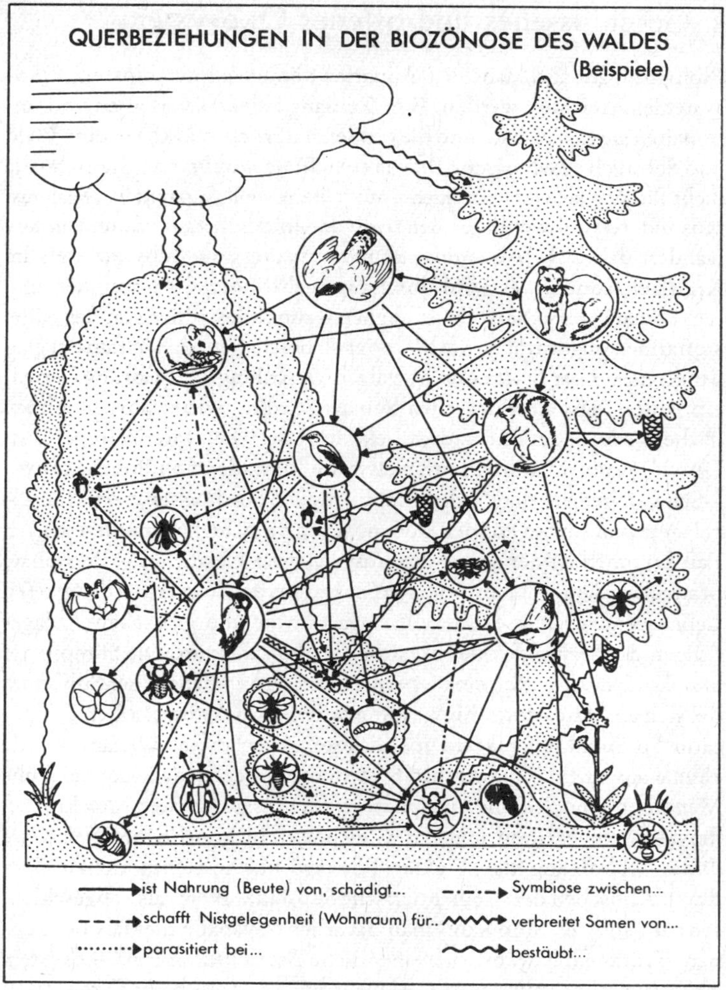

Abbildung 3.8

4 Geschlossenes und offenes Ökosystem

Biologisch gut ausbalancierte Aquarien können als geschlossene Ökosysteme bezeichnet werden. Eine Zeitlang jedenfalls erhalten und unterhalten sie sich selbst. Sind die großen natürlichen Ökosysteme Wald und See auch geschlossen? Im exakten Sinne wohl nicht. Sie stehen ja nicht für sich selbst, sozusagen unter einem weit gespannten Glashaus. Aus anderen Umweltbereichen fließt dauernd Substanz zu, und andere wandert dahin ab. Außerdem ist nicht die gesamte Substanz stets im Kreislauf, sondern es wird durchaus auch Material entnommen und nicht wieder rezykliert. So ist ein See – zumindest einer von der nährstoffarmen oligotrophen Sorte – zwar so beschaffen, daß in ihm ein großer Kreislauf der Stoffe durch vielfach verschlungene Nahrungsketten, ein Aufbau aus anorganischen Substanzen und wiederum ein Abbau in diese stattfindet. Trotzdem bekommt der See Material zugeführt. Durch Winddrift werden beispielsweise Myriaden von Pollenkörnern (»Schwefelregen« der Nadelholzpollen) auf der Wasseroberfläche abgelagert und sinken auf den Boden. Auch im natürlichen, ungestörten Fall kommen Mineralsalze aus ausgelaugten Gesteinen – Phosphate beispielsweise aus Apatit – in den See. Andererseits werden der großen Lebensgemeinschaft Stoffe entzogen, so die anorganischen Ablagerungen der Seekreide oder organischer Faulschlamm. Die Sümpfe der Steinkohlenzeit hatten eine Überproduktion an pflanzlicher Substanz, die sich absetzte, unter Einwirkung hohen Drucks und hoher Temperatur zu Steinkohlenlagern fossilisierte. Auch diese Substanz wurde einmal aus einem ökologischen System herausgezogen. Selbst der frühe Mensch, der noch keine Phosphate in die Flüsse und Seen schickte, hat drastisch eingegriffen und das Gleichgewicht gestört, beispielsweise durch Abholzung der Wälder Pflanzensubstanz entnommen oder durch Abfischen der Weiher tierische Substanz. Nein, als »abgeschlossen« im strikten Sinn kann man natürliche Systeme niemals bezeichnen. Trotzdem bewährt sich eine solche Betrachtung: Ein Ökosystem bleibt mehr oder minder im Gleichgewicht, wenn es nicht durch starke künstliche Zufuhr oder künstliche Entnahme von Substanzen beeinträchtigt wird. Gerade das Letztere ist aber der Sinn einer jeden Nutzung durch den Menschen. Ökosysteme »produzieren«, der Mensch nutzt sie. Nicht selten findet man heute noch die Ansicht, daß man das ungestraft tun könnte; die Natur – einige Zeit sich selbst überlassen –

würde sich schon von selbst wieder regenerieren. Das ging im kleinen Maßstab, bei den frühen Menschen beispielsweise, auch noch bei den Rodungen des Mittelalters. Es versagt aber bereits bei einseitigen Kulturen, seien es Fichten–Monokulturen in unseren Breiten, sei es der riesenhafte Maisanbau in den ehemaligen Grassteppen Amerikas. Die Ökosysteme wurden völlig zerstört; »Schädlinge«, die von einer Fülle anderer Mitglieder der Lebensgemeinschaften durch außerordentlich viele und vielseitige Querbeziehungen klein gehalten worden waren, konnten sich plötzlich ungehemmt vermehren und führten zum Zusammenbruch der Kultur. Die Bekämpfung dieser Schädlinge mit chemischen Stoffen wiederum zerstört den gesamten Rest der Biozönose oder doch große Teile davon. So wird der Teufel mit Beelzebub ausgetrieben.

Was eine solche Betrachtung, wie wir sie bisher betrieben haben, lehren kann, ist dies: Das Zusammenwirken der Faktoren in einem Ökosystem ist äußerst komplex, vielseitiger und komplizierter, als es sich die Schulweisheit noch vor zwei Jahrzehnten hat träumen lassen. Wenn man Einfluß nimmt, muß dies behutsam geschehen. Und dies wiederum setzte die Kenntnis der Zusammenhänge voraus. Das ist der Grund, weshalb die experimentelle Ökologie mit all ihren angewandten Aspekten, auch die Freilandbiologie, wieder so große Bedeutung gewonnen hat. Sie bringt Daten, klärt Zusammenhänge, die – richtig genutzt – zivilisationserhaltend und damit letztlich kulturerhaltend sein können. Ökologisch zu denken, ist deshalb nicht nur für den Spezialwissenschaftler wichtig. Der tut das sowieso. Ökologisch denken und fühlen – es reicht auch schon »erfühlen«, wenn dies auf etwas Grundwissen basiert – ist für jedermann wichtig geworden; deshalb versuche ich auch in den ersten Kapiteln dieses Buches gerade für diese Zusammenhänge den Blick zu schärfen. Sollte also jemand auf den Gedanken kommen, eine Silberpappelplantage anzulegen, um das Holz zu nutzen (es ist kein gutes Nutzholz, aber nehmen wir's als Beispiel), so wird der nach Durchdenken des Dylla-Krätznerschen Beispiels sicher nicht die Schadraupen mit chemischen Wirkstoffen vertilgen wollen, weil dann das gesamte Lebensgefüge der Querverbindungen kaputtgeht. Er wird sicher auch nicht nur sagen: »Wir brauchen einen biologischen Schädlingsvernichter, also diese oder jene Schlupfwespe in Massen«, weil er erahnen wird, daß dies wieder alle möglichen positiven und negativen Veränderungen an diesen oder jenen Knotenpunkten des Beziehungssystems mit sich bringt. Er wird auch nicht 100 Kunstnester für Kohlmeisen an die Pappeln hängen, in der Hoffnung, daß die Meisen nun alle Schmetterlingsraupen fressen und sonst nichts. Sollte überhaupt eine Einflußnahme nötig und möglich sein, so wird man das ganze Gefüge der Wirkbeziehungen durchdenken müssen und vielleicht durch kleine Unterstützungen hier, Hemmungen dort das Gefüge in Richtung auf ein bestimmtes Fließgleichgewicht hinbugsieren. Das ist freilich nicht so einfach, aber wohl die einzig mögliche Zukunftslösung. Nicht umsonst nimmt die Forstwirtschaft allmählich Abschied von den vereinfachten Prinzipmodellen von früher und beginnt, sich mit komplex vermaschten Vielparametersystemen auseinanderzusetzen. Ein Vorteil der explosionsartig aufblühenden Computertechnik liegt im übrigen darin, daß man sich vor der theoretischen Behandlung solcher Vielparametersysteme nicht mehr so furchtbar scheut wie früher.

5 Produzenten und Konsumenten

In jedem Ökosystem sind Pflanzen die Produzenten, Tiere die Konsumenten. Das ganze eingespielte Gleichgewicht, wie man es an einem gut eingerichteten Aquarium über längere Zeit so demonstrativ konstant halten kann, beruht letztlich darauf, daß die Pflanzen mehr produzieren, als sie selbst verbrauchen. Von diesem Mehr nähren sich letztlich die pflanzenfressenden Tiere, von diesen wieder Räuber erster oder zweiter Art; am Ende der Nahrungsketten steht heutzutage oft der Mensch. Bei jedem Übergang von einer Stufe zur anderen wird die verwertbare Energie kleiner. Es gibt gute und schlechte Nahrungsverwerter; wir haben ja am Beispiel der Lebensgemeinschaft »Schilf« gesehen, daß die Tellerschnecken nur 5 % der pflanzlichen Substanz in eigene umwandeln, die Spinnen dagegen bis zu 70 % der Beutetiersubstanz. Für Prinzipbetrachtung wird man keinen allzugroßen Fehler machen mit der Annahme, daß bei jeder Energietransformation etwa 10 % in körpereigene Substanz eines Konsumenten »gerettet« wird. Setzt man die in einer bestimmten Biomasse der Primärproduzenten gespeicherte Energie gleich 100 %, so retten die ersten Konsumenten (Pflanzenfresser) 10 % davon, die zweiten 1 %, die dritten 1 ‰, die vierten 1/10 ‰. Wenn man die Glieder der Nahrungsketten symbolhaft übereinander schreibt, kann man durch Umrahmung mit einer sogenannten Nahrungs- oder Energiepyramide auf besonders eingängige Weise diese stete Abnahme der konservierten Substanz oder Energie deutlich machen (Abb. 3, 9). Ein solches Schema gilt nun für ein jedes Ökosystem.

6 Produktivität

Aus einem Wald will man ja bei forstlicher Nutzung Holz entnehmen, aus einem See letztlich Fische. Man nutzt also die Produktion oder Produktivität eines Ökosystems. Allein das besagt ja schon, daß solche natürlichen Gebilde nicht im Sinne des Wortes »im Gleichgewicht« sind, da ja ihre gebildete Substanz zum Teil entnommen, nicht vollständig rezykliert wird. Wie sehen die Produktionsverhältnisse beispielsweise für einen Wald aus?
Die Bäume wachsen jedes Jahr ein Stück und bilden Früchte und Sa-

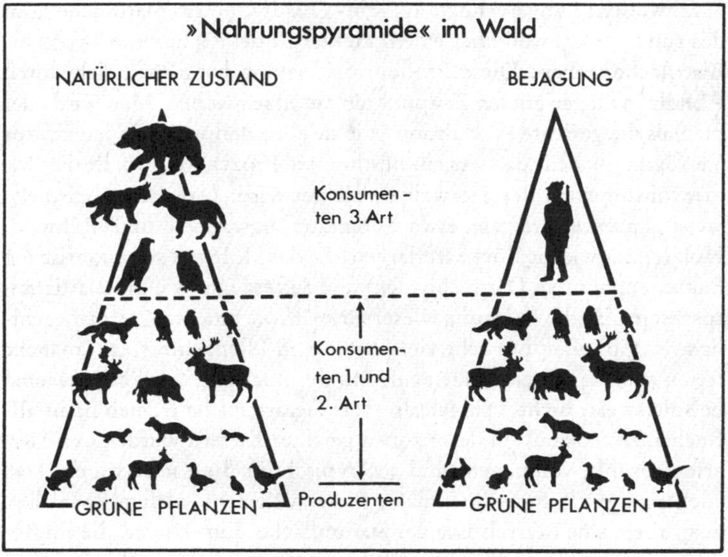

Abbildung 3.9

men. Man kann diesen jährlichen Zugewinn als Masse messen (Einheit: Kilogramm), oder man kann die in dieser Masse gespeicherte Energie ausrechnen (Einheit Joule oder Kilokalorien oder eine andere, früher übliche Energieeinheit wie etwa Meterkilopond). Wählen wir einmal die erstere Bezeichnungsweise. Dann wäre die jährliche Produktion gleich der Holz- und Samenmasse eines Waldes. Diese kann nicht größer sein als die gesamte Assimilationsmasse, die die Photosynthese zur Verfügung stellt; sie wird aber kleiner sein als diese, weil einige Verluste in Kauf zu nehmen sind. Diese Verluste setzen sich zusammen aus dem Energie- und damit Masseverbrauch der Pflanzen selbst (alle belebten Pflanzenteile »atmen«, bauen energiereiche Substanzen ab wie Tierkörper auch und können nur existieren, wenn sie nicht weniger aufbauen als sie abbauen müssen (lichtabhängiger »Kompensationspunkt«; Abb. 3, 10a), dem Masseverlust beim herbstlichen Laubfall und weiteren Verlusten (Abb. 3, 10b). Wenn zum Beispiel ein Ast abbricht und verrottet, muß die hierin gebundene und wieder freigesetzte Energie ebenfalls abgezogen werden. So hat beispielsweise ein fünfzigjähriger Buchenbestand pro Hektar eine Holzproduktion von rund 15 t aufzuweisen; umgerechnet auf ein Quadratmeter Blattfläche gibt das rund 0,3 kg, weil über einem Hektar Bodenfläche rund 55000 m^2 Blattfläche stehen. Diese Produktionsleistung kann man sich durch Abholzen zu geeigneten Zeitpunkten zunutze machen. Man wird aber niemals die gesamte Produktion, wie sie eben definiert worden ist, zur Verfügung haben, da stets ein bestimmter Prozentsatz durch die Primärkonsumenten der Tierwelt vernichtet wird. Das wären beispielsweise Laubfresser, wie etwa Schmetterlingsraupen und Rehwild; Holzfresser wie die Bockkäferlarven (die das Holz mit symbiontischen Bakterien in ihrem Darm abbauen) und Säftesauger wie die Blattläuse. Insgesamt ist die Wirkung dieser Primärkonsumenten recht beachtlich. Es gibt nicht nur sehr viele Arten von Pflanzenfressern; manche treten auch in Riesenmengen auf. Mit der Buche direkt gekoppelt sind beispielsweise nicht weniger als 1700 Tierarten (die freilich nicht alle Buchenfresser sind); in den Kronen gefällter Kiefern wurden 352 Tierarten gezählt, von denen rund 300 typisch für die Kiefer waren. Daß auch eine große Individuenmasse Platz auf einem solchen Baum hat, zeigt allein eine Betrachtung der Stammfläche. Eine Kiefer, die am Boden rund 60 cm Durchmesser aufweist und 30 m hoch ist, bietet insgesamt (zusammen mit den stärkeren Ästen) nicht weniger als 60 m^2 Be-

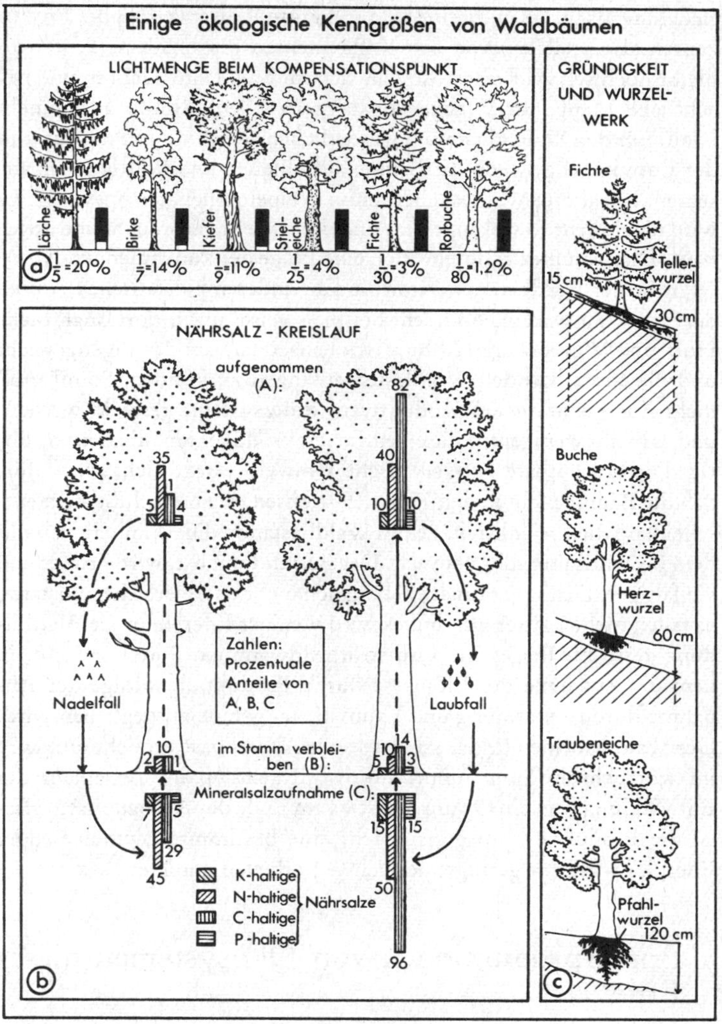

Abbildung 3.10

siedelungsfläche! Auf direkte und indirekte Weise werden die Produzenten also vielfältig von den Konsumenten geschmälert. Trotzdem bleibt noch sehr viel übrig, so daß sich im Laufe eines Jahres eine beachtliche Menge an Pflanzensubstanz in einem Biotop ansammeln kann. Für den Wald gilt das im wesentlichen allerdings nur im Zustand der Entwicklung, wenn die Bäume aufschießen und kräftig Holz ansetzen. Ein älterer Wald ist eher schon in einem Fließgleichgewicht. Es wird nicht mehr so viel angesetzt und dafür mehr verbraucht und abgebaut. Dies ist unter anderem auch eine Folge der zunehmenden Absolutgröße der Waldbäume. Damit sind sie anderen biostatischen Anforderungen ausgesetzt, müssen beispielsweise unproportional mehr Holz und Wurzelwerk (Abb. 3, 10c) ansetzen, um das Eigengewicht und die anwachsenden Windlasten abfangen zu können. Somit muß mehr Energie in die »unproduktiven« Stützsysteme gesteckt werden, und es bleibt weniger für die eigentlichen Produzenten, die Blätter, übrig. Die unsichtbare »physikalische Umwelt« sorgt nicht nur dafür, daß die Bäume nicht in den Himmel wachsen. Sie beeinflußt auch entscheidend die Produktivität eines Waldbestands. Diese ändert sich mit dem Bestandsalter sehr deutlich. Der Bestand wächst, wird größer und vielfältiger. Damit veratmet er aber auch mehr energiereiche Substanz, es fallen mehr Blätter ab, und es wird weniger Energie in die Blattbildung gesteckt. Insgesamt wird so irgendwann ein Punkt erreicht, in dem die Zunahme der Biomasse durch Produktion infolge der Abnahme durch Veratmung und Laubfall etc. gerade ausgeglichen wird. Der Wald hat einen Endabschnitt seiner Altersphase erreicht und wird im wörtlichsten Sinn »unproduktiv«. Irgendwo im Zeitablauf der Entwicklung liegt ein Optimum, etwa am Ende der Aufbauphase. Hier ist die Produktion am günstigsten; eine bestimmte Biomasse (oder Energie) wird mit geringstmöglichen Verlusten gebildet.

7 Primärproduktionen von Ökosystemen dieser Erde

Betrachtet man die Gesamtproduktion der Ökosysteme auf dieser Erde, so findet man sehr drastische Unterschiede. Die sogenannte »Bruttoprimärproduktion« kann man beispielsweise ausdrücken in Gramm pflanzlicher Trockensubstanz, die über einem Quadratmeter

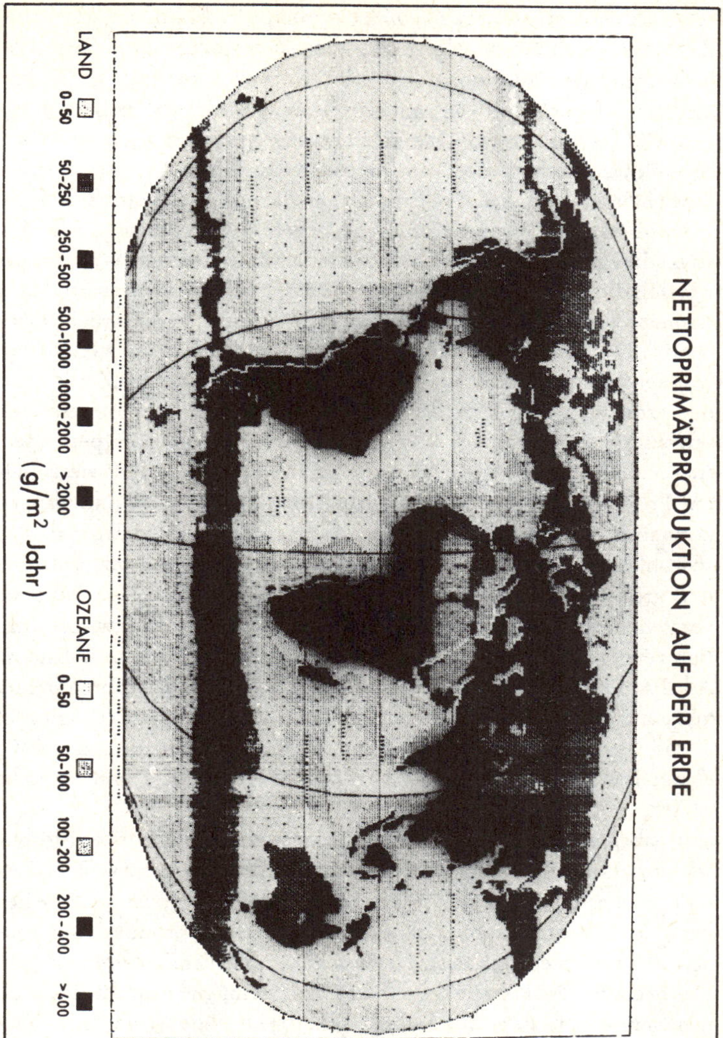

Abbildung 3.11

eines Ökosystems pro Tag gebildet werden. (In Abbildung 3, 11 sind die Werte nach Abzug des Energieselbstverbrauchs im Ökosystem [»Nettoprimärproduktion«] auf das Jahr umgerechnet.) Mit Werten kleiner als 0,5 g/m² · Tag sind beispielsweise Wüsten, aber auch die freien Wassermassen der Ozeane nicht sehr produktiv. Daß die letzteren, global gesehen, doch so imposante Mâssenanteile produzieren, liegt einfach daran, daß ihre Produktionsflächen so riesenhaft sind. Im Flachwasser, da, wo der Kontinentalschelf noch nicht abgefallen ist, steigt die Produktivität der Ozeane aber stark an, bis zum Wert 3. Dies ist auch die Rate, die beispielsweise Wälder und Grasfluren erreichen können; auch beim durchschnittlichen Ackerbau kommt nicht mehr heraus. Dreifach höhere Werte – bis 10 – können beispielsweise in eutrophen Flachseen oder auch in feuchten Wäldern der tropischen Zonen erreicht werden. Extensiver Ackerbau auf bestem Boden kann schließlich maximal zum Wert 25 führen, aber auch die periodisch trockenfallenden Wattflächen mancher Meere mit ihren oft riesenhaften Produktionen an tierischer Substanz (Sandwürmer) und Tangen können in diese Kategorie fallen. Interessanterweise findet man also sowohl beim Land wie beim Meer Regionen mit kleinster, mittlerer und größter Produktivität. Vielleicht sollte man an dieser Stelle die verwendeten Termini einmal genau definieren: Unter Primärproduktion versteht man die photosynthetisch gebildete organische Substanz. Als Produktivität bezeichnet man die Masse gebildeter organischer Substanz pro Flächeneinheit und Zeiteinheit; dafür ist auch der Begriff »Produktionsleistung« üblich. Biomasse schließlich nennt man die zu einem bestimmten Zeitpunkt vorhandene pflanzliche und tierische Masse.

Wir haben gesehen, daß die Primärproduktion verschiedener Biotope sehr unterschiedlich sein kann, zwischen Halbwüsten und freiem Wasser des Ozeans und extensivst genutzten Landflächen oder Wattarealen kann der Faktor 50 liegen. In bezug auf die Primärproduktivität können also verschiedene Ökosysteme sehr unterschiedlich effizient sein. Das bedeutet: Sie können die auf die Flächeneinheit einstrahlende Sonnenenergie mehr oder minder gut nutzen, je nachdem, welcher Pflanzenbestand sich entwickeln kann. In dieser Hinsicht ist der Stockwerkbau des Waldes besonders günstig. Die Lichtnutzung (in den Bruttoprodukten gespeicherte Energie, bezogen auf die zur Bildung dieser Produkte nötige, einstrahlende Lichtenergie) kann bei Wäldern

bis zu 2 % betragen, im Phytoplankton eines Sees aber nur etwa 0,1 %. Dafür veratmet das Plankton nur einen kleinen Teil der gebildeten Stoffe, nämlich etwa 10–20 %. Wälder dagegen veratmen bis 50 %, tropische Regenwälder sogar 80 %. Obwohl also bei Wäldern energiereiche Pflanzenstoffe mit besonders hohen Wirkungsgraden gebildet werden, braucht letztlich nicht sehr viel übrigzubleiben, weil ein großer Teil wieder veratmet wird. Das macht die Verhältnisse nicht so leicht durchschaubar (vgl. auch Abb. 3, 10a).
Je größer die Masse der Primärproduktion ist, desto umfangreicher kann auch der Anteil der Konsumenten an der gesamten Biomasse sein. Je rascher und vielfältiger in einem Ökosystem die von Primärkonsumenten verwertbaren pflanzlichen Biomassen neu gebildet werden, desto stärker ist dieses System auch von solchen Konsumenten belastbar, desto mehr gibt es denn auch. Demgemäß sind in Savannen und Steppen, die in kurzer Zeit gewaltige Blattmengen regenerieren können, die Massenanteile der Produzenten sehr viel größer als in Wäldern gemäßigter Breiten. In den Tropen werden die Reststoffe auch rascher zersetzt, und deshalb bleibt letztlich weniger übrig. So besteht in unseren Breiten mindestens 60 % der gesamten Biomasse eines Waldes aus Humus und Streu, in den tropischen Regenwäldern dagegen höchstens 20 %. Man sehe sich unter diesem Gesichtspunkt einmal die Abbildung 3, 12 genau an. In einem Hainbuchenmischwald, wie wir ihn aus unseren Breiten kennen, werden pro Hektar und Jahr 24 Tonnen pflanzlicher Trockensubstanz gebildet. Hierin sind rund 1 % der von der Sonne jährlich einstrahlenden Energie gebunden, ein relativ hoher Wert. Die Hälfte dieser energiereichen Substanz veratmen die Bäume selbst, bleiben 12 Tonnen pro Hektar und Jahr. Davon fällt rund ein Drittel auf das Blätterdach, die bevorzugte Nahrungsquelle für Pflanzenfresser. Von den vier Tonnen bauen diese aber nur rund 20 kg ab. Der Löwenanteil der Blätter stirbt im Herbst ab und fällt als Streu an, praktisch 4 Tonnen. Davon wird knapp ein Viertel von den Bodentieren abgebaut. Der überwiegende Rest wird entweder von Pilzen und Bakterien bis zu den anorganischen Salzen mineralisiert, oder er sammelt sich als Humus an, der noch sehr reich an organischen Nährstoffen ist. So weit zu den Wäldern. Lassen Sie uns nun einige Produktionsgesichtspunkte bei Seen besprechen.

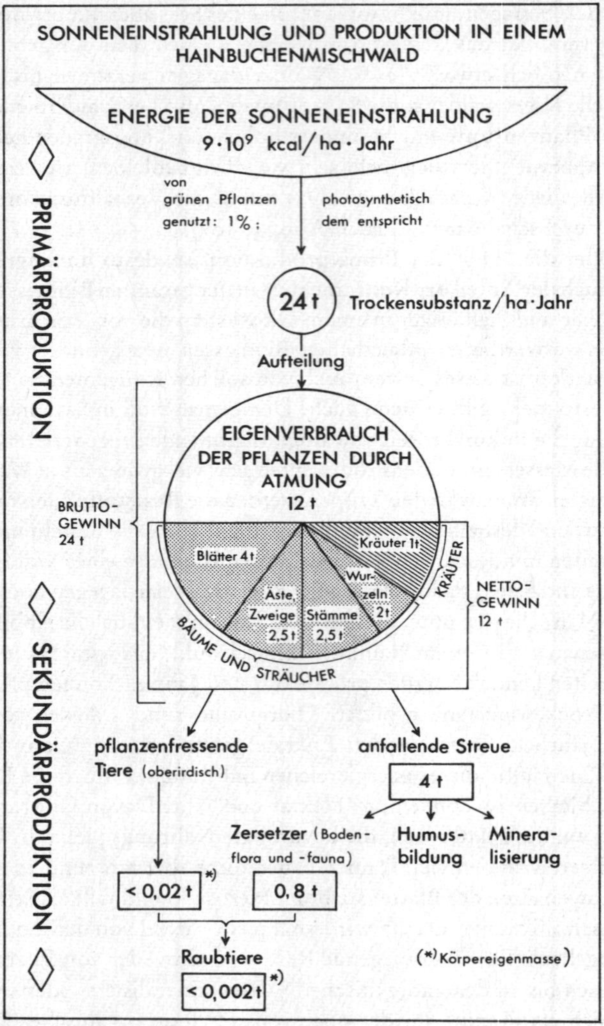

Abbildung 3.12

8 Aspekte der Produktionsbiologie eines Sees

Aus einem für die menschliche Ernährung genutzten See holt man im allgemeinen Fische, wünscht sich also eine möglichst hohe Produktivität in bezug auf die Endkonsumenten im ökologischen System. Die Produktion kann aber auch in ganz unerwünschte Richtung laufen, zur Massenvermehrung von Produzenten führen und Ausdruck einer gefährlichen Entwicklung sein, der Eutrophierung eines Sees. Am Beispiel der großen Alpenseen (Zürichsee, Bodensee) läßt sich das gut ablesen. Alle diese Seen sind ursprünglich oligotroph, wie man sagt, das heißt, sie enthalten eine nur mäßige Biomasse und produzieren auch nur relativ wenig. Dafür sind sie klar, sauerstoffreich, ausgewogen – bis kurz vor der Jahrhundertwende war das zumindest der Fall. Dann begannen die zivilisatorischen Einflüsse sich bemerkbar zu machen. Auf Grund der Buchführung der biologischen Stationen läßt sich das gut verfolgen. So waren im 70 Quadratkilometer großen Zürichsee, dessen Tiefe maximal 150 m beträgt, etwa bis 1890 nur wenige Kieselalgen im Plankton, und diese waren die typischen Formen mit Schwebebefähigung, wie beispielsweise die Gattungen Asterionella, Fragilaria, Cyclotella (Abb. 2, 13). In den Folgejahren nahm der Bestand zu, und 1896 war bereits das Abflußwasser durch die Kieselalge Tabellaria gelblich gefärbt. 1898 kam es zu blutroten Färbungen der Oberflächenschichten durch die gefürchtete Burgunderblutalge Oscillatoria rubescens, eine Blaualge. In den ersten Jahren unseres Jahrhunderts traten erstmals neue Arten von Kieselalgen, Jochalgen, Rädertieren usw. auf, die sich seitdem halten. 1960 kam es zu einer gelben Wasserblüte durch eine Geißelalge, Phacotus lenticularus. An dieser Veränderung des Planktons nach seiner Artenzusammensetzung und Masse erkennt der Forscher den Übergang des nährstoffarmen (oligotrophen) Sees zu einem nährstoffreichen (eutrophen) See. Diese Planktonmassierung infolge des zunehmenden Nährstoffgehalts durch Abwassereinleitung zog nun eine Reihe von Sekundärfolgen nach sich. Die Sichttiefe wurde geringer. 1897 konnte man im Januar maximal 17 m tief sehen, 1910 nur 7 m. Der Sauerstoffgehalt im Tiefenwasser nahm drastisch ab. Heute ist in größeren Tiefen praktisch kein Sauerstoff mehr vorhanden (Abb. 3, 13a), dafür wird Schwefelwasserstoff produziert. Die Tiefensedimente haben sich in ihrer Zusammensetzung dramatisch verändert. In dem Vierteljahrhundert zwischen 1895 und

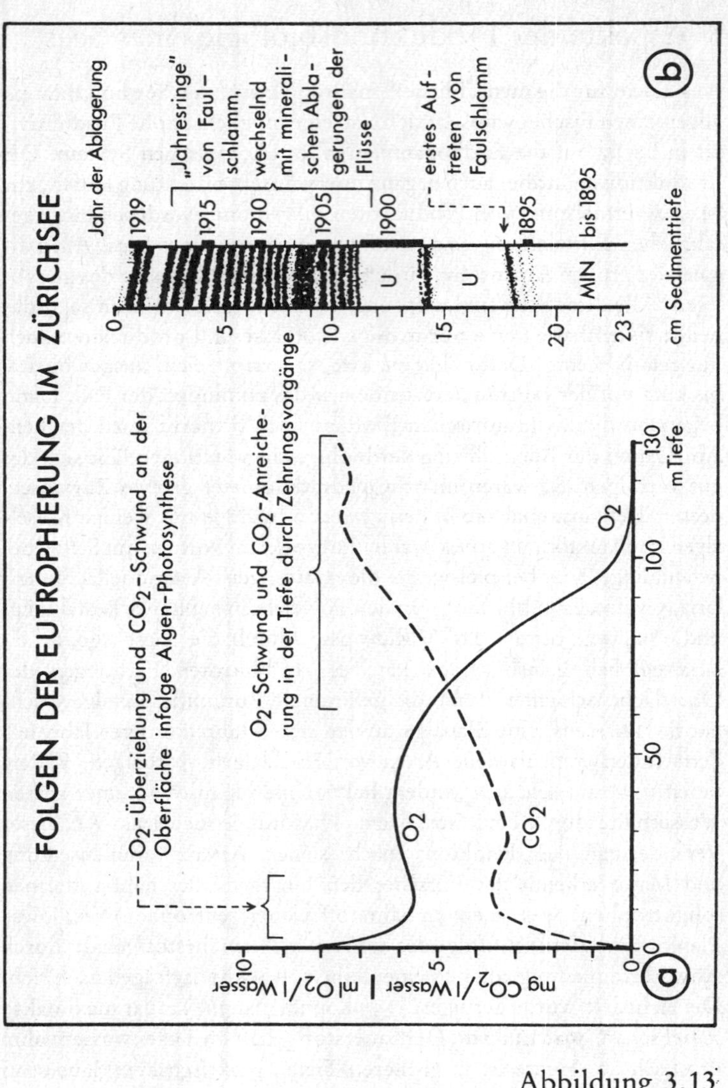

Abbildung 3.13

1920 wurden rund 18 cm Sedimente abgelagert, weniger als 1 cm pro Jahr. Ab 1895 finden sich vermehrt Kieselalgenpanzer; von diesem Jahr ab tritt auch erstmals Faulschlamm auf, der sich ab der Jahrhundertwende praktisch in dicken Jahresringen niedersetzt (Abb. 3, 13b). Dazwischen finden sich Kalkablagerungen, eine Folge der explosionsartigen Vermehrung der Produzenten in den obersten Wasserschichten. Wir haben über diese Frage der »biogenen Entkalkung« ja am Beispiel der Unterwasserblätter ausführlich gesprochen. Demgemäß wird praktisch das gesamte CO_2 in den obersten Wasserschichten aufgebraucht, während es sich in den untersten anreichert. Sauerstoffliebende Tiefenfische wie der Seesaibling sind noch vor dem Ersten Weltkrieg ausgestorben. Dagegen hat der Bestand an Uferalgen gewaltig zugenommen. Dichte Algenwatten können die obersten Wasserschichten ausfüllen; die Lager sollen 2 oder 3 m (!) dick werden können. Wenn sie vom Wind gegen das Schilf gedrückt werden, fehlt die Sauerstoffzufuhr; es setzen Verwesungsvorgänge ein, und die Stengel knicken an der Wasseroberfläche unter der Windbelastung ab; Röhrichtbestände gehen zurück. Damit gehen auch die Hechte zurück, weil die Laichplätze rar werden, und somit fehlen wieder die Freßfeinde für die Weißfische, die sich am Zürichsee explosionsartig vermehrt haben. Für die Ernährung des Menschen nützen diese Fische aber nichts.

Ähnlich deutlich war die Entwicklung am Bodensee, der mit 500 km^2 Fläche und rund 250 m größter Tiefe ein beachtliches Wasservolumen enthält (rund 50 km^3). Vor 1930 enthielt er nur ganz wenig Phosphate. War das Phosphat aufgebraucht, so konnte sich das sommerliche Phytoplankton auch nicht weiter entwickeln. In der Folge aber stieg der Phosphatgehalt dramatisch an und mit ihm auch der Gehalt an planktischen Algen. Auch die typische Verschiebung im Artenspektrum wurde festgestellt, die den Übergang zum eutrophen See kennzeichnet. Die Zusammenhänge zwischen dem Phosphatgehalt des Wassers und der Phytoplanktonvermehrung sind im übrigen nicht so einfach, daß man sagen könnte, mit größerem Phosphatgehalt gibt es gleichzeitig auch mehr pflanzliches Plankton. Grünalgen sind nämlich in der Lage, Phosphat in Riesenmengen zu speichern, bis zum Mehrhunderttausendfachen des momentanen Eigenbedarfs. So kann es auch dann noch plötzlich zu Massenvermehrungen kommen, wenn bereits Wochen vorher praktisch das gesamte Phosphat im freien Wasser aufgebraucht worden ist.

Was über die Sichttiefe, den Nährstoffgehalt, die Tiefenfische und die

Uferalgen des Zürichsees gesagt wurde, gilt in ähnlicher Weise auch für den Bodensee. Sehr interessant ist in diesem Zusammenhang die Veränderung im Bestand der berühmten Bodensee-Blaufelchen. Früher gab es nicht sehr viel davon; im Winter fanden sie wenig Nahrung, wie oben geschildert, und erreichten erst nach 3 bis 5 Jahren die typische Fanggröße. Im Zuge der deutlichen Eutrophierung in den fünfziger Jahren wuchsen sie schneller, da als Folge der größeren Phytoplanktonmasse auch mehr Zooplankton vorhanden war. Nun waren sie bereits nach 1 bis 2 Jahren fangreif. Da man nun aber mehr Jungfische fing, die vorher noch nicht zur Fortpflanzung gelangt waren, und da beispielsweise infolge einer größeren Verfettung durch den Nahrungsüberfluß die Sterblichkeitsrate stieg, ging der Bestand in den frühen sechziger Jahren wieder stark zurück. Man hat dann 1964 den Fang auf ein Jahr überhaupt verboten und anschließend die Maschenweite der Netze vergrößert, damit nicht zu viele jüngere Fische gefangen werden. Als Folge davon hat sich der Bestand leicht erholt, aber schon ist er wieder gefährdet. Wir haben gesehen, daß die Felcheneier im Winter mehrere Monate auf dem tiefen Boden liegen. Infolge der Sauerstoffzehrung sterben mit zunehmender Eutrophierung immer mehr dieser Eier ab, so daß die Jungfelchen mehr und mehr in Zuchtanstalten erbrütet werden müssen. Werden diese freigesetzt, so lauert ein neuer Feind. Es gibt heute sehr viel mehr Barsche (»Kretzer«) als früher. Früher hielten sie sich nur im Uferbereich auf. Heute gehen sie, wohl infolge des größeren Populationsdrucks, mehr und mehr ins freie Wasser und fressen Fischlarven. So ist der Felchenbestand wieder einmal gefährdet. Alles ging aus von einer Zunahme des Phytoplanktons durch vermehrte Einleitung von Abwässern. Aber man sieht, wie komplex die Verhältnisse sind. Sah es zuerst aus, als wäre dies günstig für die Felchen, so kehrte sich das Verhältnis bald ins Gegenteil um. In Abbildung 3, 14 sind nach einer Übersicht von Schmidt die vermaschten Phänomene, die alle eine Einwirkung auf die Felchenpopulation haben, zusammengezeichnet. Schmidt hat in seinem sehr inhaltsreichen kleinen Buch noch viele weitere Daten zur Eutrophierung von Seen zusammengestellt. Der interessierte Leser wird darauf verwiesen. Wir müssen an dieser Stelle die Besprechung der Zusammenhänge mit der Frage beenden, was man denn tun kann.

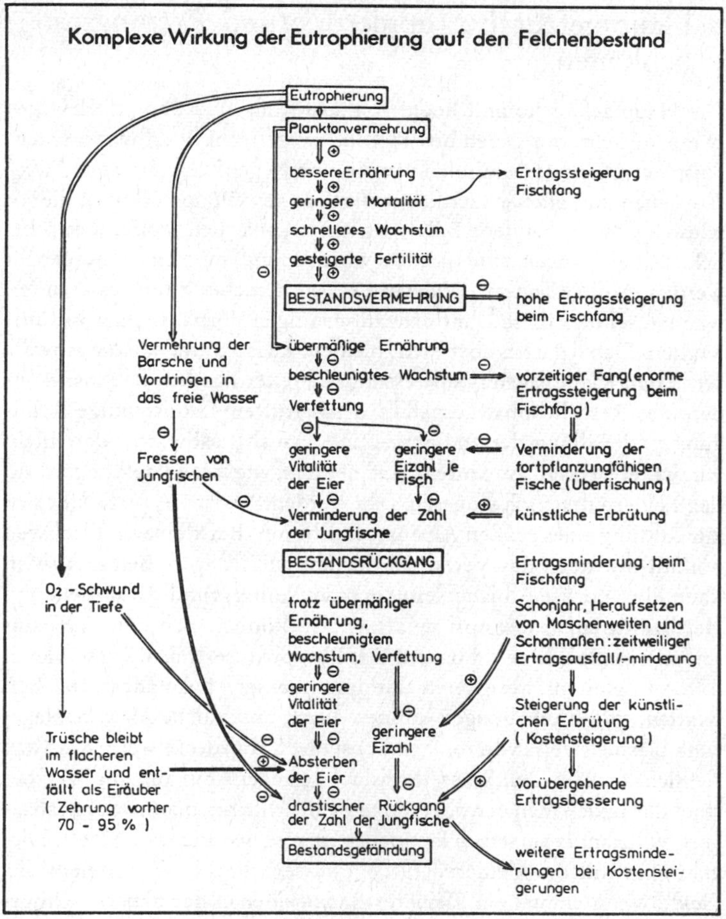

Abbildung 3.14

9 Hauptgefahr Eutrophierung und Rettungsmöglichkeiten

Die Hauptgefahr kommt heute von stickstoff- und phosphorhaltigen Düngemitteln, mit denen unsere Felder regelrecht überflutet werden. Ausgewaschene Mineralsalze werden von Regen, Grundwasser, Wiesenbächen und Flüssen letztlich in die Seen gespült und erhöhen die sowieso schon vorhandene Belastung mit organischen Stoffen beträchtlich. Ringleitungen sind gebaut worden und müssen weitergebaut werden. So hat sich am Bodensee schon manches zum Besseren gewendet, seitdem diese sehr finanzaufwendigen Vorhaben durchgeführt werden. Dabei darf es aber nicht bleiben. Es ist nötig, daß die Abwässer in den Kläranlagen noch besser aufbereitet werden, daß insbesondere das Restphosphat ausgefällt wird. Auf eine vollständige Reinigung und Fällung der Industrie- und Haushaltsabwässer darf nicht verzichtet werden. Außerdem muß der Umgang mit Kunstdüngern auf den Feldern drastisch eingeschränkt werden. Recht viel mehr läßt sich zur Rettung eines großen Alpensees nicht tun. Bei kleineren Flachseen kommt nur noch das Verfahren der Durchlüftung in Betracht. Man kann über poröse Schlauchleitungen den Untergrund aufwirbeln und gleichzeitig mit Sauerstoff versetzen. So können sich kleinere Faulschlammablagerungen abbauen. Das Phosphat des freien Wassers kann durch Impfen mit geeigneten aluminiumhaltigen Substanzen abgefällt werden, und die Fällungen können durch zusätzliche Massenablagerung beispielsweise von tonigen Substanzen abgedeckt werden, so daß sie nicht mehr in den Wasserkreislauf gelangen. Ein anderer Weg besteht darin, daß man den abgesetzten Faulschlamm quantitativ ausbaggert, vollständig zersetzen läßt und weit vom See wieder ablagert. Dies geht aber nur bei kleineren Flachgewässern und kostet immens viel Geld. Wenn einmal ein kleinerer Badeweiher in der näheren Umgebung einer Großstadt umgekippt ist und als stinkige faulige Brühe die Gegend verpestet, können solche rigorosen Sanierungen Erfolg haben. Bei großen Seen dagegen sind sie weder technisch durchführbar noch überhaupt bezahlbar. Was bisher geschehen ist, läßt sich kaum mehr reparieren. Man muß die immense Nährstoffzufuhr möglichst rasch und möglichst weitgehend abblocken, damit sich nicht eine »kritische Masse« an organischen Sedimenten ablagert, die eines Tages ein nicht mehr steuerbares Eigenleben entwickeln.

II Die Umwelt läßt Organismen miteinander in Wechselwirkung treten

4 Symbiosen: Lebewesen arbeiten zusammen

1 Paradebeispiel Flechte

Jedes Kind lernt heute im Biologieunterricht das Paradebeispiel der Symbiose kennen: die Flechte. Zu Flechten schließen sich Pilze und Algen zusammen – sie bilden eine Lebensgemeinschaft, eine Symbiose. Es ist gerade 100 Jahre her, daß dieser Begriff (von dem Botaniker de Barry) in die Wissenschaftssprache eingeführt worden ist. Seeanemonen und Anemonenfische, Einsiedlerkrebse und ihre Seerosen sind weitere bekannte Beispiele für Symbiosen. Es können sich aber nicht nur zwei ganz unterschiedliche Pflanzen zum gegenseitigen Nutzen zusammenschließen, wie bei den Flechten, oder zwei Tiere, wie bei den letztgenannten Beispielen. Auch Tiere und Pflanzen können sich verbinden, so daß ganz eigentümliche gegenseitige Abhängigkeiten entstehen. Meist sind die Pflanzen allerdings Mikroorganismen, also Bakterien, Pilze, kleine Algen. Bezieht man solche Querverbindungen mit ein, so bedeutet Symbiose weit mehr als ein gelegentliches Sichzusammenfinden zweier Partner zum Nutzen des einen und anderen oder den gelegentlichen Grenzfall, daß der eine den anderen richtiggehend »ausnutzt«. Symbiontische Vorgänge sind gerade in der Mikrowelt außerordentlich vielfältig und wichtig und bilden einen nicht zu unterschätzenden ökologischen Faktor. Weder Algen allein noch Pilze für sich könnten an der senkrechten Steilwand eines Berggipfels aus Urgestein leben, der im Sommer sonnendurchglüht, im Winter tief vereist ist. Die gemeinsame Lebensform jedoch, die Flechte (Farbtafel 11b), kann das. Sie kann nahezu vollständig austrocknen, ungünstige Zeiten überdauern. Sie kann zerbrechen und sich aus einzelnen Stückchen wieder regenerieren. Sie kann sich bisweilen sogar in selbstgeätzte Gänge ins Gestein zurückziehen und ist so weitgehend vor mechanischen Einflüssen geschützt. Sie vermag Säuren abzugeben, die die

Oberfläche der Gesteine anätzen, so daß sich feinste Splitterchen abheben. Bei der Verwitterung der Gebirgsmassive ist dieser Vorgang nicht unbedeutend beteiligt. Flechten gibt es in außerordentlicher Vielzahl und in bisweilen abenteuerlichen Gestalten (Abb. 4, 1). Sie bewohnen alle nur denkbare Biotope, als Erstbewohner der Felswände und Mauern (Farbtafel 11 a) ebenso wie als flächendeckende Bewuchsformen der nördlichen Tundren. Es gibt Flechten, die eine Zeitlang von Wasser überdeckt werden können, ohne daß sie absterben müssen; andere vertragen Erwärmungen bis über 70°C. Arktische Flechten photosynthetisieren noch bei -24°C und halten im Experiment eine Abkühlung bis -196°C aus. Taut man sie langsam auf, so leben sie ohne Veränderung weiter. Was ist es, das diese Lebensformen so erfolgreich gemacht hat und ihnen die Besiedelung extremer Biotope gestattet, die weder die Alge noch der Pilz jemals für sich allein hätten erobern können? Eng verknüpft mit dieser Frage ist eine zweite. Wie kam es überhaupt dazu, daß sich Algen und Pilze (man möchte fast sagen »freundschaftlich«) zur Flechte zusammentaten?

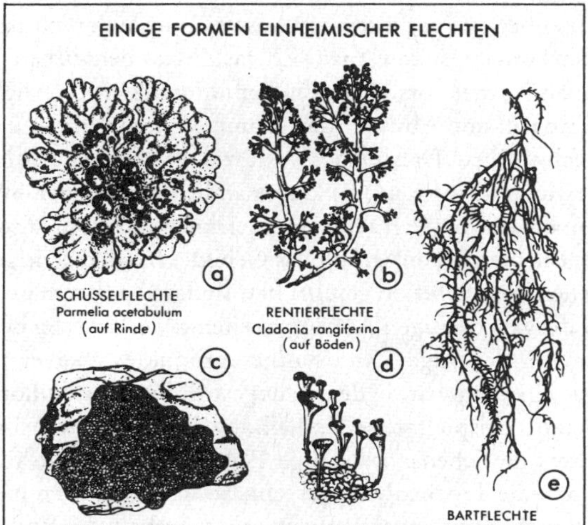

Abbildung 4.1

2 Wie kommt es zum symbiontischen Zusammenschluß?

Die meisten Spezialisten vertreten heute, gestützt auf verschiedene Übergangs- und Extremformen, die folgende Meinung, die sich ganz allgemein auf Symbiosephänomene erweitern läßt und die nicht nur für die flechtenbildenden Algen und Pilze gelten dürfte. Nicht der Wunsch zum gegenseitigen Nutzen ist es, der die Partner zusammentreibt – wie könnte sich der auch in einer von Mutation und Selektion, nicht von geistiger Überlegung bestimmten Welt der Organismen manifestieren. Wahrscheinlich hat sich Symbiose aus gegenseitigem Parasitismus entwickelt. In unserem Fall parasitieren Pilze die Algen und Algen die Pilze. Jeder versucht dem anderen Nahrungsstoffe zu entziehen. Und jeder sucht gleichzeitig zu verhindern, daß ihm selbst Substanzen entzogen werden. So dringen die Pilzschläuche mit einzelnen Fortsätzen in die Algenzellen ein und saugen Photosyntheseprodukte ab. Die Algenzellen aber können solche Eindringstellen abkapseln und damit wirkungslos machen. Wie zwei innig verklammerte Ringkämpfer bei aller gegenseitiger Anstrengung äußerlich ein Bild der Ruhe bieten können, so muß man sich das Zusammenwirken der flechtenbildenden Partner vorstellen. Ein feindifferenziertes Gleichgewicht zwischen Angriff und Abwehr, das – summa summarum – zu einer Art »Ruheclinch« führt. Daß dem so ist, zeigen sehr deutlich gewisse »Gleichgewichtsstörungen«. Es kann nämlich in manchen Symbiosen dazu kommen, daß ein Partner wieder stärker parasitisch wird und den anderen vernichtet. Dann zerfällt das Gebilde. Bei den heutigen Flechten, zu denen die Evolution geführt hat, ist das aber kaum der Fall. Zu groß sind die gegenseitigen Abhängigkeiten geworden. So bezieht der Pilz zwar von der Alge Photosyntheseprodukte, aber er bietet ihr gleichzeitig eine Umwelt, in der sie ungestört leben und photosynthetisieren kann, beispielsweise deshalb, weil sich in seinem Myzelgeflecht stets die lebensnotwendige Feuchtigkeit findet, auch wenn draußen extreme Trockenheit herrscht. So können Algen im Pilzverband sogar mehr Substanzen aufbauen als außerhalb des Verbandes, so daß es ihnen gar nichts ausmacht, wenn sie dem Pilz welche abgeben müssen. Ein Zusammenleben zum gegenseitigen Nutzen, zweifellos, aber sozusagen durch die Hintertür: Gegenseitiger Parasitismus hat zu einer Art Waffenstillstand geführt, unter dem nun beide Kontrahenten besser existieren können als vorher. Die Evolution hat solche lockeren Zufallsbekanntschaften zu Dauerbündnissen manifestiert. Das zeigt sich ganz deutlich, wenn man die Fortpflanzung von Flechten betrachtet.

3 Fortpflanzung und Sonderformen bei Flechten

Die Algen vermehren sich nur durch Teilung, die Pilze dagegen auch durch geschlechtliche Vorgänge, nach denen schließlich Sporen gebildet werden. Bei vielen Arten entsteht eine neue Flechte nur dann, wenn die auskeimende Pilzspore in ihrer Umgebung wieder die richtige Alge findet. Bei einigen Arten aber werden beim Ausschleudern der Pilzsporen stets auch einige Algenzellen mitgerissen, so daß beim Auskeimen die beiden Partner sofort wieder einander zur Verfügung haben. Bekannt für diesen Vorgang ist die Gattung Endocarpon, eine Erdflechte, und Staurothele, eine gesteinsbesiedelnde Flechte. Solche und andere hochorganisierten Flechten vermehren sich auch auf ungeschlechtliche Weise. Sie bilden kleine »Brutkörper«, in denen einige Algenzellen mit Pilzgeflecht umhüllt sind. Diese lösen sich oft von schüssel- oder tellerartigen Ausbildungen des Flechtenkörpers ab, werden von Wind oder Wasser verbreitet. Nach dem Auskeimen finden die Pilzfäden gleich die zugehörigen Algen vor.
Flechten sind einfach gebaut. Die höherentwickelten Formen bilden ein Lager, bestehend aus einem Geflecht von Pilzfäden, in dem die rundlichen Algenzellen eingesponnen sind. Es kann nach oben und nach unten in eine Art Rinde übergehen. Das ist ein verdicktes und vermaschtes Pilzgeflecht, das im Schnitt (Abb. 4, 2) oft wie eine zellige Schicht aussieht, aber keine ist. Man spricht deshalb auch von »Scheinzelligkeit«. Jedenfalls schützt die Rinde nach oben und unten gegen mechanische Beschädigungen und Austrocknung. Die Pilzfäden holen sich mit Saugschläuchen ihren Tribut von den Photosyntheseprodukten der Algen. Diese sogenannten Haustorien können mehr oder minder weit in die Algenzelle eindringen, aber die Alge kann sie im Herbst auch abblocken, indem sie einen Zellulosepfropf darum herumbaut. Nicht selten beherbergt eine Flechte auch noch eine zweite Alge, die dann meistens in kleinen köpfchenförmigen Gebilden des Lagers anzutreffen ist. Für den Pilz ist das sehr praktisch. Er erhält damit zwei

unterschiedliche Nahrungssubstanzen, von den Grünalgen des Lagers beispielsweise einen Zucker namens Ribit, von Blaualgen in den Lagerköpfchen einen anderen Zucker, Glukose. Manche Blaualgen, die als »Zweitalge« auf Flechten anzutreffen sind, können sogar den Stickstoff der Luft nutzen. Sie brauchen dazu ein bestimmtes Enzym, ein »Nitrogenase« und energieliefernde Substanzen. Aus dem Stickstoff der Atmosphäre bauen sie damit Ammoniumverbindungen auf und weiter stickstoffhaltige Aminosäuren oder Amine wie beispielsweise Glutamin. Von alldem kann der Pilz profitieren.

Während die Symbiose von Algen und Pilzen in der Flechte sehr bekannt ist, haben nur wenige einmal davon gehört, daß auch Tiere mit

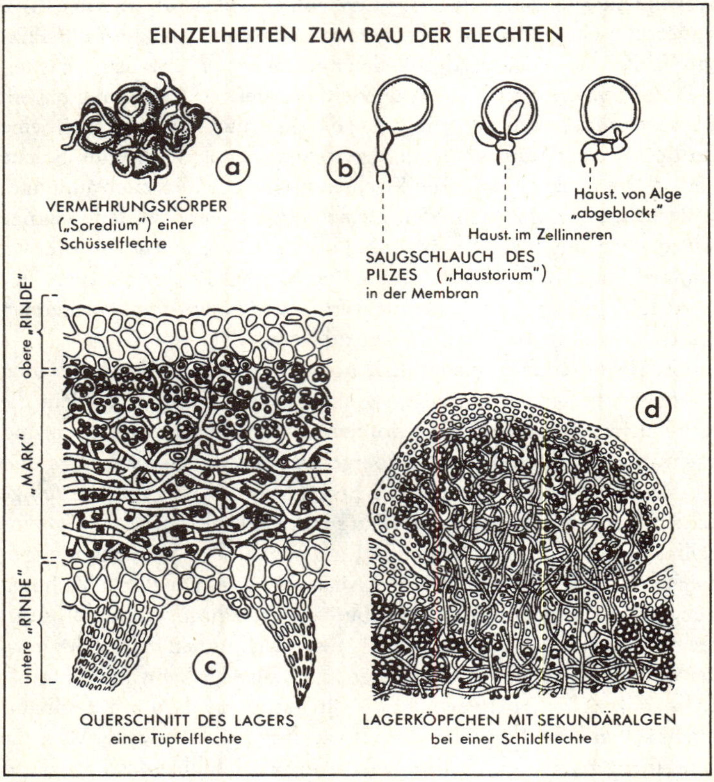

Abbildung 4.2

niederen Pflanzen zusammenleben können, sowohl mit Bakterien als auch mit Algen und Pilzen. Und doch gibt es gerade dafür eine unübersehbare Fülle von Ausbildungen.
Lassen Sie uns für diese drei Gruppen je ein Beispiel kennenlernen.

4 Lichterzeugung durch symbiontische Mikroorganismen

Es gibt bekanntlich eine ganze Reihe leuchtender Tiere, Glühwürmchen, Tiefseefische, Tintenfische, Salpen und andere. Die Lichterzeugung geschieht nach unterschiedlichen Verfahren. Das raffinierteste besteht darin, daß das Tier Leuchtbakterien kultiviert, und zwar in speziellen »Leuchtorganen«. Die symbiontischen Bakterien erzeugen das Licht und erhalten dafür Heimstatt und Nahrung. Da gibt es einen Tintenfisch namens Euprymna morsei. Er strahlt von zwei Stellen ein recht helles Licht aus, das er auch an- und abzuschalten vermag, so daß man wohl tatsächlich von einer Art »Morsen« sprechen kann. Die Leuchtdrüse zeigt unter dem Mikroskop ein Bild, wie es etwa in Figur 4, 3b dargestellt ist. Schwarz gezeichnet ist wieder der

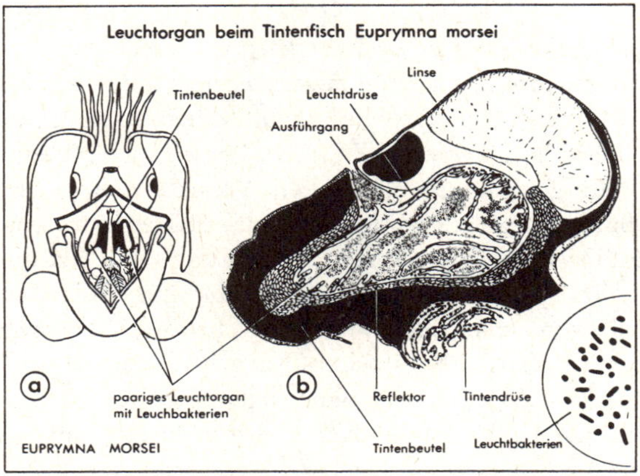

Abbildung 4.3

Tintenbeutel (rechts seine »Tintendrüse«). Er umschließt ein zentrales Gebilde, das Leuchtorgan. Hier werden in einem weitmaschigen Nährgewebe Leuchtbakterien kultiviert. Wie ein richtiger Scheinwerfer ist das Ganze aufgebaut; es besitzt eine Linse und einen Reflektor. Die glasige Linse ist aus einem durchscheinenden, strukturarmen Bindegewebe geformt, der Reflektor aus speziellen, schuppenförmigen Zellen, die das Licht zurückwerfen. So kann ein helles, gerichtetes Licht aus dem Leuchtorgan austreten. Daß es nur in eine bestimmte Vorzugsrichtung abgestrahlt wird, dafür sorgt der Tintenbeutel, der sich lichtabschirmend bis zur Linse herumzieht. Wahrscheinlich kann er im Leben willkürlich mehr oder minder um die Linse geschoben werden und wirkt wohl so als »Morseklappe«. Auch ein Ausführgang ist zu erkennen, über den das Leuchtorgan »gelenzt« werden kann: Gelegentlich wird fast der ganze Inhalt nach außen abgestoßen, und aus den verbleibenden Restbakterien wird dann eine neue Leuchtmasse gezüchtet: Lampenwechsel! Mit einiger Mühe lassen sich im Laboratorium die dem Leuchtorgan entnommenen Bakterien auf einer Nährlösung züchten. Leuchtbakterien von einer verwandten Tintenfischart zeigt das Einschaltbild von Abbildung 4, 3.

5 Algen in Körperzellen von Ur- und Hohltieren

Daß Tiere Algen im Körper beherbergen können, zeigt ein Blick durchs Mikroskop. In Zuchtaufgüssen, die man mit pflanzlichem Material aus Wiesengräben herstellen kann, findet sich häufig ein großes Pantoffeltierchen, Paramecium bursaria. Bei schwacher Vergrößerung sieht es grün gefärbt aus; die stärkere Vergrößerung zeigt, daß die Grünfärbung auf zahlreiche kleine einzellige Algen in seinem Inneren zurückzuführen ist. Diese Algen der Gattung Chlorella finden sich freilebend im Wasser oder an feuchten Baumstämmen die Menge. Eine ganze Reihe von Urtieren lebt nun mit solchen Algen in Symbiose, allerdings meist nicht »obligatorisch«. Das heißt, eine solche Tierart kann einmal mit Algen, einmal ohne Algen gefunden werden. Es gibt noch viele andere Wimpertierchen, die man (meist) mit symbiontischen Algen finden kann, beispielsweise das Trompetentierchen Stentor polymorphus (Abb. 4, 4a) und das eigenartige, Kugelgallerte bildende und gesellschaftlich lebende Wimpertierchen Ophrydium versatile, das ich bei der Besprechung des Schilfwalds schon erwähnt habe (Abb. 2, 5). Das klassische Beispiel für Algensymbiose ist aber unser grüner Süßwasserpolyp, Chlorohydra viridissima. In einem kleinen Aquarium mit etwas Wasserpest läßt sich der Polyp sehr gut halten. Mit einigen Daphnien gefüttert wird er gut gedeihen und sich durch Knospung vermehren. Seine Grünfärbung verdankt er unzähligen kleinen Chlorella-Algen, die alle in der inneren Zellschicht sitzen. Wenn sich die Hydra vermehrt, wird dafür gesorgt, daß das neue Tier bereits mit Chlorella-Algen infiziert ist. Bei der Knospung (Abb. 4, 4b) ist das problemlos; hier werden ja auch Teile der algenhaltigen inneren Zellschicht mitabgeschnürt. Es gibt aber auch geschlechtliche Vermehrung bei der Hydra. Interessanterweise werden nun die Eier bereits in einem frühen Stadium mit den kleinen Grünalgen richtiggehend infiziert. Die recht großen Eier werden in den äußeren Zellschichten des Polypen angelegt. Unter ihnen findet nun ein besonders starkes Wachstum der Grünalgen in den inneren Schichten statt.

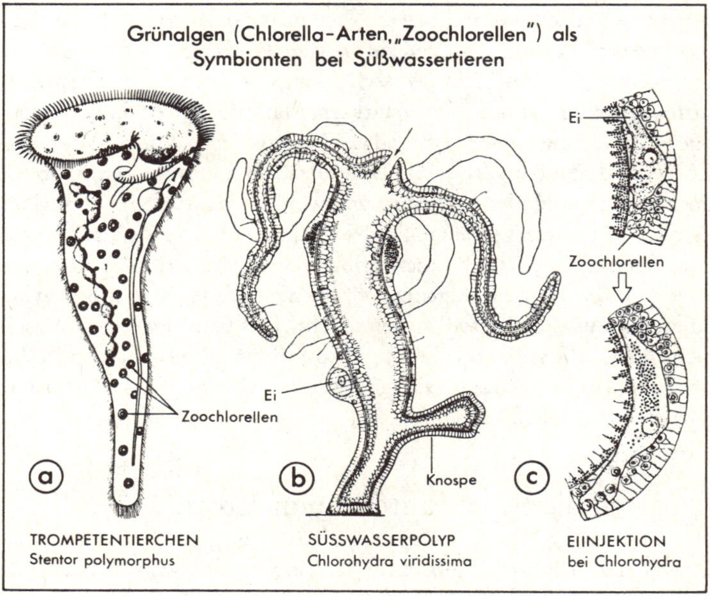

Abbildung 4.4

Schließlich durchbrechen sie die trennende Stützlamelle zwischen den beiden Schichten (dem Endoderm und Ektoderm der Biologen) und dringen in das Ei ein (Abb. 4, 4c). Wenn sich aus dem befruchteten Ei später ein junger Polyp entwickelt, hat er seine Algen gleich »an der Hand«.
Welche Bedeutung haben nun die Zoochlorellen – die symbiontischen kleinen Grünalgen – für den Süßwasserpolyp, wenn er sie schon so sorgsam mitverbreitet? Mit Sicherheit ist es so, daß Fette und Eiweißstoffe absterbender Algenzellen vom Polypen aufgenommen werden. Die Algenstärke allerdings kann er offensichtlich nicht verwerten und stößt sie aus. Zugrundegehende Symbionten liefern dem Wirt also Nahrung. Gesunde Algenzellen dagegen scheinen nicht angegriffen zu werden, auch wenn der Polyp lange Zeit nicht gefüttert worden ist. Die photosynthetisch aktiven Algen liefern natürlich Sauerstoff. Es ist anzunehmen, daß dieser vom Wirt ausgenutzt werden kann. Der grüne Süßwasserpolyp kommt jedenfalls auch in Gewässern vor, die beispielsweise der braunen Süßwasserhydra nicht zusagen, faulige, sauerstoffarme Wasseransammlungen. Aber auch den Algen nützt die Symbiose selbstredend. So können sie im Wirtskörper geschützt wachsen, profitieren von dessen Ausscheidungsprodukten des Eiweißstoffwechsels und finden in verstärktem Maße die zur Assimilation nötige Kohlensäure vor, die das Tier ja als Endprodukt des Kohlenhydratabbaus freisetzt. Daß tatsächlich ein Nutzen für beide Partner vorhanden ist, sieht man an zwei Beobachtungen. Zum einen kümmern algenfrei gemachte Hydren dahin und teilen sich nicht mehr oder doch nicht so stark, auch wenn sie mit Wasserflöhen über und über gefüttert werden. Algenzellen, die man mit feinsten Mikromanipulatoren aus den Tierzellen herausschneidet, sind im freien Wasser nicht mehr lebensfähig, ja auf noch so raffiniert konstruierten Nährböden kaum zu züchten. Die gegenseitige Abhängigkeit scheint hier sehr weit zu gehen.

6 Hefen als Symbionten beim Brotkäfer

Unerhört viele Beispiele gibt es für das Zusammenleben von Tieren mit Pilzen. Der Biologe Paul Buchner, der sich der »Endosymbiose der Tiere mit pflanzlichen Mikroorganismen« verschrieben hat, hat sich ein Leben lang mit der Erforschung dieser Vorgänge befaßt und Hunderte von Beispielen untersucht. Wählen wir aus dieser Vielzahl, pars pro toto, das Beispiel des Brotkäfers, Sitodrepa panicea. Als Schädling in den Lagerhäusern für Teig- und Backwaren, auch Reis und andere Substanzen ist er gefürchtet. Er gehört zur Familie der Bruch- oder Nagekäfer (Anobiidae). Diese Käfer sind als »Holzkäfer« bekannt und gefürchtet. Sie leben meist in hartem und trockenem Holz von Nadel- und Laubbäumen, teils auch in vermorschtem. In den Eichenbalken alter Häuser vollziehen sie ihr gefürchtetes Zerstörungswerk ebenso wie in wertvollen alten Möbeln. Es gibt aber auch Spezialisten in dieser Familie, die sich beispielsweise darauf eingestellt haben, in den Spindeln der Fichtenzapfen zu bohren; andere leben in Krautgewächsen, gestapelten Tabakballen und eben in Brot oder Reis, wie der spezialisierte Sitodrepa. Die holzbewohnenden Käferlarven und ihre vorratsschädigenden Verwandten haben nun ein gemeinsames Problem: Ihre Nahrung ist schwer verdaubar, besteht zum großen bis überwiegenden Teil aus einer Holzsubstanz, Zellulose. Diese kann im allgemeinen von Tieren nicht verdaut werden, weil ihnen zellulosespaltende Enzyme fehlen. Bakterien und Hefen besitzen andererseits die Fähigkeit, Zellulose zu vergären. Es wundert deshalb nicht, wenn man bei zelluloseverwertenden Tieren mehr oder minder ausgedehnte Züchtkammern für Bakterien, Hefen oder andere Mikroorganismen findet, die Zellulose aufzuspalten vermögen. Nach der Funktion dieser Räume kann man von »Gärkammern« sprechen. Daß der Pansen der Wiederkäuer und der nicht weniger als drei Dutzend Liter fassende Blinddarm des Pferdes solche Gärungskammern teils für Bakterien, teils für hochspezialisierte »Infusorien« darstellen, ist allgemein bekannt. Diesen Einrichtungen verdankt es eine Kuh oder ein Pferd ja, daß es von Heu leben kann, einem stark zellulosehaltigen Nahrungsmittel.

Der Brotkäfer (Abb. 4, 5a) nun züchtet in massigen Ausstülpungen seines Mitteldarms Zellulose spaltende Hefen. Besonders ausgebildet ist dieses Gekröse bei der Käferlarve, die sich ja ihr Leben lang durch das Schlaraffenland nagt (Abb. 4, 5b und c). In der Wand dieser Mitteldarmausstülpungen sind nun sogenannte Pilzzellen in großer Zahl eingelagert, die viel dicker sind als die stäbchenförmigen Darmzellen und über und über angefüllt mit Hefen (Abb. 4, 5d). Hier werden die Zellulosebestandteile aufgeschlossen und damit für die Larve verwertbar gemacht.

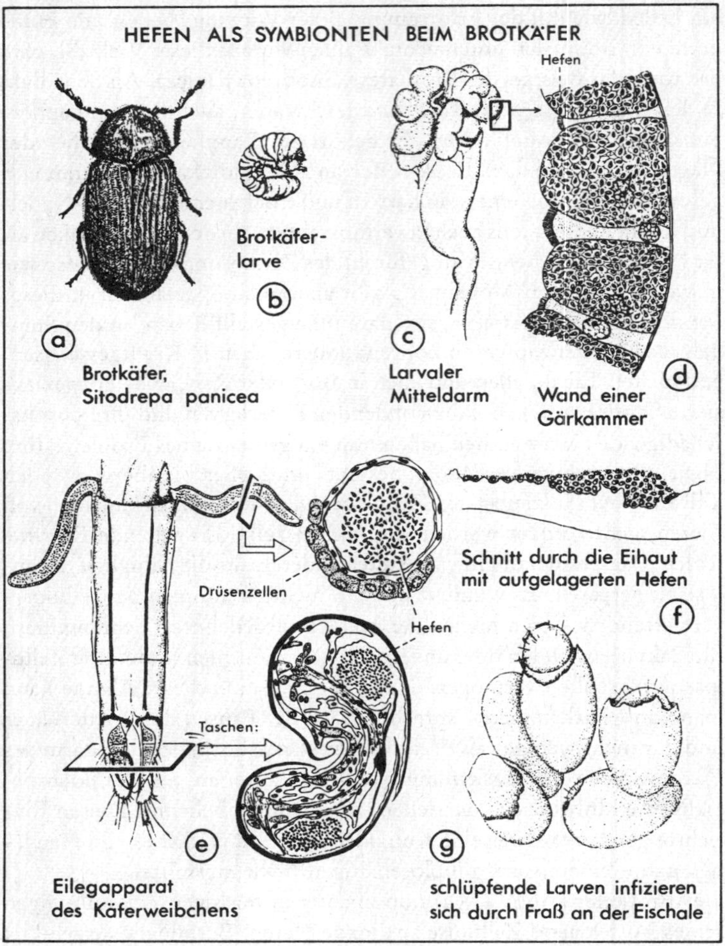

Abbildung 4.5

Wie sieht es nun aber beim Käfer aus, dem Fortpflanzungsstadium des Insekts? Während der Puppenruhe – die in Wirklichkeit ja gar kein Ruhestadium, sondern ein Abschnitt extremer Umbauvorgänge ist – werden die Larvendärme eingeschmolzen, und es entwickelt sich das Darmrohr des Käfers. Sobald sich dieses anlegt, wandern die frei gewordenen Hefezellen ein, und es bilden sich wieder Ausstülpungen, die nun allerdings viel kleiner und zierlicher sind als bei der Larve. Der Übergang der Symbionten von der Larve zur Imago ist also gesichert. Wie aber geschieht das Weitergeben der Hefezellen über die vom Weibchen abgelegten Eier auf die neu sich entwickelnden Junglarven?

Der Eilegeapparat des Weibchens (Abb. 4, 5e) besitzt zwei lange Schläuche, die mit Hefezellen dicht gefüllt sind. Am hinteren Ende bildet er zwei Taschen, in deren Hohlräumen wieder Hefezellen sitzen. Wenn nun ein Ei durch den Legeapparat durchgeschoben wird, quetscht es die Taschen ein wenig und beschmiert sich mit Hefezellen. Da die Eioberfläche mikroskopisch feine Vorsprünge und Spalten hat, fast wie eine Felslandschaft des Kleinsten, können sich die in einem zähen Sekret eingebetteten Hefezellen gut halten und verteilen (Abb. 4, 5f). Sie dringen aber nicht ins Innere des Eies ein, in dem sich nun die Junglarven entwickeln. Sobald sie schlüpfen, geschieht etwas Eigenartiges. Sie knabbern, kaum daß ihre Kopfregion frei geworden ist, an der Eischale herum und fressen sich so frei. Dabei nehmen sie notwendigerweise auch die außen ansitzenden Hefemassen auf. Diese werden nicht verdaut, sondern wandern in die Darmschleimhaut ein, vermehren sich stark; es bilden sich Blindsäcke, und der Ausgangszustand ist wieder erreicht. Nun kann die Larve wieder Holz fressen, und die Hefesymbionten spalten dessen Zellulose in verwertbare Bestandteile auf. Es nimmt nicht Wunder, daß die Natur so ausgeklügelte »Übertragungsmechanismen« entwickelt hat. Ohne ihre Hefesymbionten wäre die Käferlarve nicht existenzfähig.

7 Pilzzüchtende Insekten

Dies ist nur ein Beispiel von vielen. Manche Ameisen und Termiten züchten bekanntlich Pilzgärten in unterirdischen Höhlungen und nähren sich von den eiweißreichen Knöpfchen, die der Pilz abschnürt.

Andere Insekten saugen Wirbeltierblut oder fressen sogar Hornsubstanz. Wieder andere, die Blattläuse, saugen Siebröhrensaft aus Pflanzen. Man kann ganz allgemein sagen: Immer wenn spezielle Nahrung aufgenommen wird, deren Aufschluß im Tierkörper schwerfällt, ist die Chance besonders hoch, daß man symbiontische Mikroorganismen findet, die den Tieren bei der Nahrungsverdauung helfen. Die Tiere wiederum bieten diesen Organismen ideale Lebens- und Vermehrungsbedingungen und haben bisweilen abenteuerliche Mechanismen entwickelt, mit denen die Weitergabe der Mikroorganismen auf die nächste Tiergeneration gesichert ist. Manchmal findet man auch äußere Körperumgestaltungen, die man eigentlich nur so deuten kann, daß sie zur Pflege der Symbionten dienen. Eine Familie von Käfern (Platypodidae), die entfernte Ähnlichkeit in Körperbau und Lebensweise mit den Borkenkäfern haben, züchten in ihren Holzgängen Pilze, von deren knopfförmigen Abschnürungen (»Ambrosia«) sie sich nähren. Schaut man sich nun die Stirnregionen der Weibchen einiger tropischer Vertreter an, so findet man eigenartige Ausformungen: Tiefe Gruben auf der Stirn, bisweilen mit Borstenreihen besetzt, manchmal auch eine Stirngrube, die oben von vorkragenden Borsten, unten von einem schaufelförmigen Kieferfortsatz umstellt ist. Man kann diese Einrichtungen zwanglos als Pilz-Transport-Mechanismen deuten (Abb. 4, 6). Der strenge Nachweis steht allerdings noch aus.

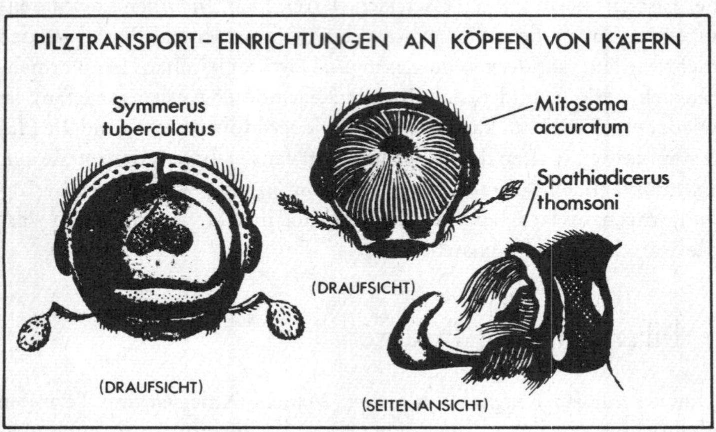

Abbildung 4.6

b
d

9 Leben in der Uferregion

a An einem teichartigen Stillwasser – einem Altrheinarm im Auwald bei Burckheim – fängt ein Biologiestudent Insekten. Auch das Keschern mit dem großen Netz will gelernt sein. Zum Kennenlernen und Bestimmen muß man Insekten auf jeden Fall in die Hand nehmen; aus Buchabbildungen lernt man nicht so gut. Außerdem fehlt der Weg des persönlichen Erlebens. Heutzutage fotografieren die Studenten sehr viel; gesammelt und genadelt werden die Insekten kaum mehr. Seltene Arten müssen sie sowieso wieder freilassen. – Die Wasserfläche ist überzogen mit einer lückenlosen Schicht von Wasserlinsen. Wasserfrösche schauen zwischendurch heraus, und bisweilen sieht man eine Ringelnatter durchschwimmen. Im Linsengewirr hinterläßt ihre Schwimmspur weit geschlungene Mäander.

b Wo Altwasserbestände durch Sandschichten gefiltert sind, erscheinen sie bisweilen kristallklar. Ein solcher Anblick verblüfft; man kennt das gar nicht mehr. Hier, im knapp metertiefen Wasser eines Altrheinarms, wächst der Tannenwedel, und Fische scheinen über die Unterwasserlandschaft zu fliegen.

c Ein Wasserfrosch, Rana esculenta, sonnt sich. Man nennt diesen grünlichen Gesellen mit der spitzen Schnauze, dessen Einordnung ins System neuerdings wieder etwas umstritten ist, besser »Teichfrosch«. Leicht unterscheidet er sich vom Grasfrosch mit seiner bräunlichen Körperfarbe und der stumpfen Schnauze.

d Ein angewittertes Gehäuse der großen Posthornschnecke, Planorbis corneus, im Uferschlick. Man findet diese Schnecke häufig auch in Mooren. Nach dem Tod des Tieres werden die Gehäuse bisweilen ganz weich, weil dort im Laufe der Zeit der Kalk herausgelöst wird. Fünfmarkstückgroß können diese flach gewundenen Schneckenhäuser mit den breiten Mündungen werden.

8 Übergänge beim Zusammenleben

Symbiose ist nur eine Form der Vergesellschaftung, und zwar eine solche, bei der beide Partner letztlich Vorteile haben. Eine Reihe von Beispielen hatten wir kennengelernt. Als eine Art Vorstufe kann man die sogenannte »Karpose« bezeichnen. Hierbei handelt es sich darum, daß Tiere in der Nähe von anderen leben, eine Art Nachbarschaftsverhältnis haben oder sich in deren Wohnungen (meist Wohnröhren) aufhalten, ohne den Bewohner zu schädigen. Manche lassen sich auch von anderen Tieren herumschleppen. Sie benutzen ihr Transportvehikel entweder nur gelegentlich oder siedeln sich auf einem solchen bewegten Untergrund für Dauer an. Einen Schritt weiter gehen solche Tiere, die sich in Körpernischen oder Körperhöhlen anderer Tiere ansiedeln, soweit diese Höhlen noch eine Verbindung zur Außenwelt haben. Zum dauernden Wohnen im Körper eines Wirtstieres selbst und damit zu bestimmten Formen der Symbiose ist es dann nur noch ein Schritt. Die Entwicklung kann aber noch weitergehen. Wenn der Einmieter in einem Tierstock – beispielsweise ein bestimmtes Insekt, das in einem Ameisen- oder Termitenbau haust – seine Wirtstiere schädigt, ohne daß er ihnen Nutzen bringt, spricht man von »Symphilie«. Es kann durchaus sein, daß aus einem symbiontischen Zusammenleben sich langsam eine Symphilie im Laufe der Evolution entwickelt, die dann zuungunsten eines Partners ausläuft. So fressen manche der genannten »Ameisengäste« die Brut ihrer Wirte auf und schädigen diese damit empfindlich. Die Ameisen dagegen fressen diese ungebetenen Gäste nicht auf, weil sich die Eindringlinge der »Trillersprache« der Ameisen bedienen und außerdem offensichtlich angenehm schmeckende Sekrete abgeben, die die Ameisen auflecken. Im Hinblick auf die verschiedenen Formen der Vergesellschaftung ist das Leben im Ameisenstaat überhaupt sehr interessant, und es rentiert sich wohl, hier einmal näher hinzuleuchten. Betrachten wir die Partnerverhältnisse in aufsteigender Richtung, also in der eben angeführten Reihenfolge Karpose→Symbiose→Symphilie.

9 Ameisengäste

Da gibt es in den Tropen die Wanderameisen. In großen Heerzügen wandern sie übers Land und fressen alles auf, was sie überwältigen können, vom kleinen Insekt bis zum Säuger. In den großen Heerzügen wandelt ein unscheinbar kleines und noch dazu blindes Insekt mit: ein Silberfischchen. Die kleinen Individuen lassen sich von den Ameisen Huckepack tragen, die großen laufen selbst und folgen den Duftspuren der Ameisen. Sie lecken von den Beutesäften, belecken aber auch die Ameisen (Abb. 4, 7a). Auch Milben lassen sich mitschleppen. Eine Form setzt sich genau da an, wo am ehesten Nahrungssäfte zu erwarten sind: An den Innenseiten der kräftigen Beiß- und Reißkiefer der Wanderameisen! Hier gibt es nicht nur Nahrung die Fülle; die Ameise kann die Milben auch gar nicht entfernen. Direkt in der Höhle des Löwen ist offensichtlich der beste Platz (Abb. 4, 7b). Andere Milben sind nicht nur blinde Passagiere, sondern tatsächlich Außenparasiten. Sie sitzen an den Fußgliedern der Wanderameisen, und zwar an der Spitze des äußersten Glieds. Dort bohren sie sich in die feinen Membranen ein und saugen Körperflüssigkeit. Dies schädigt die vergleichsweise riesengroße Ameisenarbeiterin wohl nicht merklich, aber die Tatsache, daß diese Milben an den äußersten Fußgliedern sitzen, hat Konsequenzen. Die Krallen können sich nicht mehr einhaken, die Ameise rutscht und kommt schlechter vorwärts. Man könnte sich durchaus vorstellen, daß eine solche massive Behinderung an mehreren Beinen zum Zurückbleiben und damit zum Tode des Wirtstiers führt. Das ist wiederum offensichtlich nicht im Sinne des Parasiten. Eine eigenartige Körperumgestaltung löst nun das Problem. Die Milben haben ihr hinterstes Beinpaar (das vierte) sehr stark entwickelt. Dies kann sich nun in der Umgebung einhaken und wirkt, wenn die Milbe fest am Ameisenbein verankert ist, wie eine Art Ersatzkralle! Daß es sich hier tatsächlich um die Umgestaltung zu einem »Ersatzwerkzeug« handelt, wird auch dadurch wahrscheinlich, daß bei anderen Milben nicht das vierte, sondern das zweite Beinpaar das kräftigste ist. Im vorliegenden Fall würde das aber nichts nützen, da immer die hinterste Körperstelle den Boden berührt (Abb. 4,7c).

In Ameisen- und Termitennestern hausen eine gar nicht so kleine Zahl von Insekten als »Gäste«. In einem solchen Bau läßt es sich ja auch gut leben. Er schützt gegen Angreifer, man findet dort Nahrung und lebt

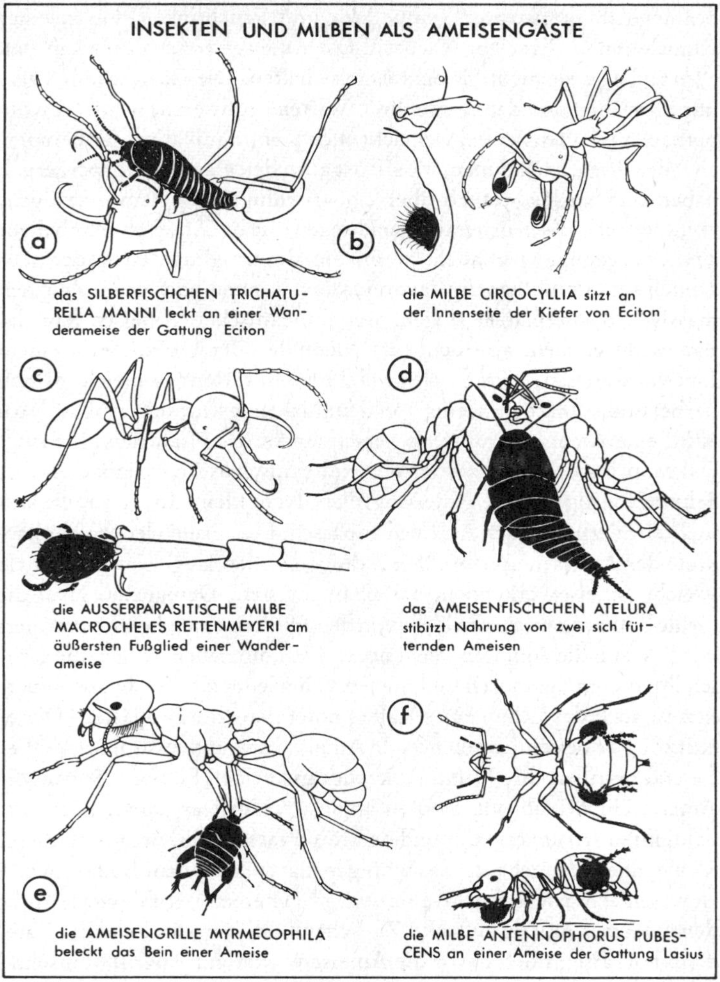

Abbildung 4.7

bei ungefähr konstanter Temperatur und Feuchtigkeit wie in einer Klimakammer. Einziger Nachteil: Die Ameisen fressen in ihrem Bau alles auf, was sie nicht für eine Ameise halten. Die Gäste können also nur überleben und damit von ihren Wirten profitieren, wenn sie Körperbau, Verhaltensweise, vielleicht auch Kommunikation (Trillersprache) der Wirte nachahmen, möglichst auch den gleichen Körpergeruch haben und vielleicht auch über ein »Beruhigungssystem« verfügen, zum Beispiel süße Körperausscheidungen, die bei Ameisen sehr beliebt sind. Es genügt aber auch, wenn die Eindringlinge entweder sehr schnell sind und blitzartig davonhuschen können oder wenn sie einen massiven Schutzpanzer tragen. Bei einheimischen Ameisen lebt das Ameisenfischchen, von dem oft Dutzende oder Hunderte in einem Bau vorkommen. Wenn sich zwei Ameisen füttern, schleicht es sich herbei und stibitzt ein wenig von dem Nahrungstropfen (Abb. 4, 7d). Wird eine Ameise unruhig, so verschwindet das Fischchen blitzartig. Selbst Springschwänze kommen in einheimischen Ameisenbauten vor. Sehr eigenartig sind die Ameisengrillen, recht kleine Insekten, die sich in ihrem Verhalten den Ameisen anpassen. Die Grillen lecken Hautsekrete der Ameisen ab. Ihre Wirte dulden sie, so lange sie sie nicht als »Nicht-Ameise« erkennen, das heißt ertasten. Demgemäß saust die Grille blitzartig weg, sobald sie von den Fühlern einer Ameise betrillert wird. Wenn die Ameisen in ein neues Nest umziehen, folgen die Grillen ihren Geruchsspuren und mieten sich wieder ein. Recht abenteuerlich ist auch das Leben eines Käfers unter den Ameisengästen. Dieser Kurzflügler bettelt heimkehrende Ameisen an, und zwar unterläuft er sie und betrillert ihre Mundwerkzeuge mit seinen Fühlern. Sobald die Ameise einen Nahrungstropfen abgibt, schlürft er daran. Wenn sie dann ihren Irrtum erkennt und den Käfer fassen will, preßt sich dieser kleine, aber breitgebaute und wohlgepanzerte Kerl dem Boden an und ist so schlecht angreifbar. Außerdem gibt er einen Beruhigungssaft ab, den die Ameise gierig aufleckt. Zwischendurch verschwindet der Käfer dann blitzartig, noch bevor die Ameise wieder auf Angriff »umschalten« kann.

Hochspezialisiert sind auch die Milben der Gattung Antennophorus, die Antennenträger. Sie heißen wohl so, weil sie ihr vorderstes Beinpaar, das viel länger ist als die drei übrigen Beinpaare, antennenartig wegstrecken. So sitzen sie auf Ameisen und warten, bis diese sich füttern. Dann saugen sie an den Futtertropfen mit. Ähnlich wie die

Kurzflügler können sie aber auch die Ameisen mit ihren Vorderbeinen betrillern. Offensichtlich verwechselt das Wirtstier dies mit dem Trillerreiz einer hungrigen Ameise und würgt etwas Futterflüssigkeit heraus, die die Milbe dann aufsaugt. Recht interessant ist, daß die Antennophorus-Milben fast stets symmetrisch auf dem Ameisenkörper verteilt sind. Es sitzen entweder zwei auf der Unterseite des Kopfes oder zwei an den Seiten des Hinterleibs; wenn drei Milben auf einer Ameise leben, dann sitzt eine in der Mitte der Kopfunterseite, und zwei sitzen am Hinterleib. Leben vier Milben auf einem Wirtstier, so sitzen zwei an den Seiten des Kopfes, zwei an den Seiten des Hinterleibs. Der Grund für diese eigenartige Verteilungssymmetrie scheint darin zu liegen, daß die Ameise bei einseitiger Belastung eher auf die Milben aufmerksam wird (weil sie durch die exzentrische Last seitlich kippt) und diese dann loszuwerden sucht. Woher wissen die Milben, wo sie sich am besten festzusetzen haben? Niemand kann diese Frage beantworten. Die Abbildung 4, 7f zeigt die Wegelagerer in Aktion.

Daß sich Ameisen an den süßen Abscheidungsprodukten von Blattläusen ergötzen, ist allgemein bekannt. Man braucht nur einmal im Sommer krautige Blattlauspflanzen zu beobachten. Oft ziehen sich ganze Ameisenstraßen hinauf; die Ameisen betrillern die Blattläuse mit ihren Fühlern und saugen das Zuckertröpfchen auf, das daraufhin abgegeben wird. Gegen Feinde werden die Blattläuse verteidigt, wie man jederzeit merken kann, wenn man mit dem Finger ein wenig hinstupst. Zu einer echten Symbiose kann sich diese Kontaktnahme auch entwickeln. Es gibt nämlich auch Wurzelblattläuse und Schildläuse, die an den Wurzeln von Sträuchern und krautigen Pflanzen saugen. Es kommt vor, daß Ameisen aus nahe gelegenen Nestern eine Art Schutzhülle herumbauen und dann die Melkkühe sozusagen im heimischen Stall haben.

Zur Symphilie übergegangen ist beispielsweise der Kurzflügler Atemeles pubicollis. Er wird von seinen Wirtsameisen richtiggehend adoptiert. Zuerst betrillert er sie mit den Fühlern, um sie zu beschwichtigen, dann schneidet er ein Beruhigungssekret ab, das die Ameise aufleckt. Dabei kommt sie auch an sogenannte »Adoptionsdrüsen«, die der Käfer zusammen mit gelben Haarbüscheln am Hinterleib trägt. Sobald eine Ameise mit dem Sekret dieser Drüsen in Berührung kommt, wird sie dazu veranlaßt, den Käfer bei einem Haarbüschel zu packen und in den Bau hineinzutragen. Solchermaßen eingeschleppt verhalten sich die Käfer nun aber durchaus ungastlich. Sie fressen zunächst einmal die

Ameisenlarven auf, soweit sie können. Die restlichen schädigen sie dadurch, daß sie von den Wirtsameisen laufend Futter erbetteln, das der eigenen Brut dann abgeht.

Larven von Atemeles, die aus den abgelegten Eiern geschlüpft sind, werden von den Ameisen bevorzugt behandelt. Tritt eine Störung ein, so packen sie diese Larven und schleppen sie in Sicherheit, noch bevor sie sich um die eigene Brut kümmern. Auch die Larven erbetteln Futtersaft, der der Ameisenbrut dann abgeht. So wird der Ameisenstaat durch die Gastinsekten geschädigt, die sich so gar nicht wie Gäste verhalten. Die Schädigung geht aber nicht so weit, daß der Staat zugrunde ginge – damit stürben ja auch die Gäste, zumindest die Larven. Es existieren noch eine Reihe von Regelmechanismen, die dafür sorgen, daß die Ameisen doch nicht zu sehr abnehmen und die Mitbewohner ihrer Bauten sich nicht zu stark vermehren.

Unerhört vielfältig und fein sind also die Abstimmungen zwischen Gästen und Wirten, die wir allein am Beispiel des Ameisenbaus diskutiert haben. Besonders bedeutsam dabei sind chemische Signalübermittlungen, meist vom Eindringling in Richtung zum Wirt. Beruhigungsstoffe und »Adoptionsstoffe« spielen eine große Rolle. Was sich da im Dunkeln der Ameisenbauten an chemischem Signalisieren abspielt, beginnen wir eben erst zu verstehen.

5 Aufs Feinste eingespielt – Parasiten und ihre Wirte

Meine erste Begegnung mit dem Parasitismus hatte ich mit 4 oder 5 Jahren in einem Saazer Hopfengarten. Zur Zeit des Hopfenpflückens war die halbe Stadt auf den Beinen, von der alten Oma bis zum kleinen Kind. Während die Erwachsenen ihre Bütten vollfüllten, gab es für die Kinder sogenannte »Bleschen«, kleine Aluminiumgefäße, die sie vollpflücken mußten, oder besser gesagt, sollten – große Begeisterung war für diese Beschäftigung nicht vorhanden. Viel lieber streiften wir herum und suchten »Hoppenhörnln«, die hellen oder geheimnisvoll golden glänzenden Sturzpuppen der Schmetterlinge im Gewirr der herabgerissenen Hopfenranken. Zu Hause tat man sie in ein Einmachglas und guckte dann jeden Tag nach, bis auf einmal das große Wunder geschehen war: Die Puppenhaut war geplatzt, und ein Schmetterling saß daneben, viel größer und prächtiger als das Hörnchen. Aber manchmal wollten die Schmetterlinge nicht schlüpfen. Ich wollte die Hörnchen aufpulen, um zu sehen, ob sie darin waren, aber die Eltern hatten etwas dagegen: »Dann muß der Schmetterling sterben, und das willst du doch nicht?« Nein, das wollte ich nicht, aber andererseits ..., kurz, irgendwann siegte die kindliche Neugierde, und ich schnitt die Puppe der Länge nach auf, mit Mutters Nagelschere in den ungeschickten Fingern. Sieh an, da war gar kein Schmetterling darin, dafür aber purzelten winzig kleine Gebilde heraus, wie Miniaturmumien sahen sie aus. Die Erklärung der Erwachsenen für dieses Phänomen war nicht sehr tiefschürfend: »Der Schmetterling ist kaputt.« Als ich mir ein Jahrzehnt später meine erste Kamera verdient hatte, eine uralte Voigtländer Avus mit doppeltem Bodenauszug, begann ich so langsam, Insekten zu fotografieren. Alle Unzulänglichkeiten der Ausrüstung wurden kompensiert durch eine nie erlahmende Begeisterung.

Eines der ersten Bilder, ich erinnere mich gut, war eine geöffnete Schmetterlingspuppe mit den herauspurzelnden, verpuppungsreifen Larven einer Schlupfwespe. Ich habe sogar noch die technischen Daten aus meiner ersten Versuchskladde parat: doppelter Bodenauszug, Blende 45, 10 Sekunden Belichtungszeit im Sonnenlicht. Damals hatte man noch Zeit.

1 Was ist ein Parasit?

Als Parasit wird ein Lebewesen bezeichnet, das an oder in einem anderen Organismus lebt und ihn dabei schädigt. So sind viele Schlupfwespen Parasiten von Schmetterlingsraupen. Mit ihren feinen Legebohrern schieben sie ihnen ein Ei unter die Haut, oder auch mehrere. Die ausschlüpfenden Larven nähren sich vom Gewebe des Wirts, bis sie selbst verpuppungsreif sind, dann bohren sie sich häufig ein Loch nach außen und verpuppen sich entweder in einem Gespinst an der Körperwand oder lassen sich zu Boden fallen und verpuppen sich dort. Gleich taucht ein Problem auf. Wenn die parasitische Larve den Wirt von innen her auffrißt, bevor sie selbst ihre Entwicklung abgeschlossen hat, so stirbt nicht nur der Wirt, sondern auch der Parasit, weil er seine Entwicklung nicht zu Ende führen kann. Das ist sicherlich nicht gerade im Sinne der Arterhaltung, vom Standpunkt des Parasiten aus gesehen. So nimmt es nicht Wunder, daß sich da ein gewisses Zeremoniell herausgebildet hat. Zuerst frißt die parasitische Larve weniger wichtiges Gewebe, beispielsweise Reservedepots im Fettkörper. Damit schädigt sie den Wirt zwar; er wächst nicht so stark, kann aber weiterleben. Erst gegen Ende seiner Entwicklung nährt sich der Untermieter vom Gewebe der Muskulatur, des Darmsystems und so weiter, und wenn der Wirt stirbt, ist der Parasit verpuppungsreif. Problematisch wird es nur, wenn zu viele Parasiten in einem Wirtstier sind. Dann fressen sie entweder den Wirt zu früh auf, so daß sie alle sterben müssen, oder sie machen sich gegenseitig Nahrungskonkurrenz, und die stärkeren oder älteren fressen die übrigen auf, bis nur noch ein oder zwei Parasiten übrigbleiben. Auch das ist natürlich nicht günstig für eine parasitische Art. So kommt es, daß die Schlupfwespenweibchen in eine Schmetterlingsraupe häufig nur ein Ei ablegen, in besonders große Raupen höchstens einige wenige. Und wenn der gleiche Wirt von weiteren legereifen Schlupfwespenweibchen beflogen wird? Die laufen auf der Oberfläche der Raupe herum und betrillern diese ausgiebig mit den Fühlern, machen auch versuchsweise Stechansätze. Es scheint aber so zu sein, daß sie Eier nicht ablegen, wenn die Raupe vorher schon beschickt worden ist. Woran sie es merken, daß das Wirtshaus schon besetzt ist, darüber herrscht noch keine Klarheit.

So scheint alles bestens geregelt zu sein, auf Kosten des Wirts. Er bezahlt mit seinem Leben dafür, daß sich der Parasit ungestört entwikkeln kann. Wenn genügend viele parasitische Schlupfwespenweibchen vorhanden sind, kann die Population von Schadschmetterlingen auf diese Weise ganz klein gehalten werden. Das ist das Prinzip der biologischen Schädlingsbekämpfung, die sich gegenüber der chemischen mehr und mehr durchsetzt. Aus guten Gründen übrigens; mit einer chemischen Bekämpfungsmethode werden fast stets neben den Schädlingen auch ungezählte andere Insekten vernichtet. Die biologische Methode setzt dagegen ganz gezielt auf gewisse Arten an. Oft ist es so, daß eine bestimmte Schlupfwespenart nur eine bestimmte Schmetterlingsart parasitiert oder doch einige wenige, nahe verwandte Arten. Und nicht nur Schlupfwespen besorgen den – vom Standpunkt des Menschen aus gesehen – so nützlichen Polizeidienst. Da gibt es Schwebfliegen, die aussehen wie kleine Hummeln, die Wollschweber. Jedermann hat sie schon einmal beobachtet, wenn sie im Frühjahr an Wegrainen umherhuschen, wie kleine Hubschrauber in der Luft stehenbleiben, sich an Ort und Stelle drehen und dann wieder weiterflitzen. Sie suchen nach den Einflugöffnungen der unterirdischen Bauten erdbewohnender Solitärbienen. Dafür fliegen sie versuchsweise alle möglichen kleinen dunklen Flecken auf sandigem Grund an. Haben sie eine solche Röhre gefunden, dann bombardieren sie sie richtiggehend mit ihren Eiern. Mit leichter Hinterleibskrümmung werfen sie im Flug ihre kleinen Bomben gezielt in die Röhren. Die auskriechenden Larven arbeiten sich nach unten und nähren sich von den eingetragenen Vorräten, die an sich für die Bienenbrut bestimmt sind. Erscheint dieses Verhalten schon reichlich seltsam, so nimmt um so mehr wunder, daß die Wollschweber der Gattung Bombylius (Farbtafel 12c) ihre Eier sogar noch tarnen. Bevor sie abgeworfen werden, passieren sie eine Sandtasche am Hinterleib, in der sie mit feinstem Sand allseitig eingepudert werden. So fallen sie nicht auf. Vielleicht nützt dieser Puder auch etwas gegen Austrocknung. Gelegentlich muß Bombylius Sand nachtanken.

Er drückt dafür seine Hinterleibsspitze in feinsandigen Boden und rührt darin herum. Ob man seine Larven als Parasiten bezeichnen kann, ist Definitionssache, denn wenn sie dem eigentlichen rechtmäßigen Besitzer die Nahrung wegfressen, schädigen sie ihn ja nur indirekt. Bei Nahrungsmangel können sie aber auch die Bienenmaden selbst anfressen, und dann wären sie echte Parasiten.

2 Parasiten und Überparasiten

Ein naher Verwandter des Wollschwebers Bombylius ist die Hottentottenfliege, die zur gleichen Familie gehört. Ihre Larven sind nun echte Parasiten bei der Kieferneule oder der Saateule, zwei »Schadinsekten«. Ein Wirt (die Kieferneule) – ein Parasit (die Hottentottenfliege) – so einfach ist das aber nicht. Die Kieferneule wird auch noch von anderen Insekten parasitiert, beispielsweise von einer Raupenfliege, der sogenannten Eulentachine. Gleich stellt sich wieder das Problem: Wenn jetzt Larven der Hottentottenfliege und der Eulentachine in einer Kieferneulenraupe herumminieren, machen sie sich wieder gegenseitig Konkurrenz. Wenn die Nahrung knapp wird, wird eine versuchen, die andere aufzufressen. Dabei wird diejenige im Vorteil sein, die sich schneller entwickelt hat, so daß sie kräftiger geworden ist, oder die von vornherein kräftigere Mundwerkzeuge aufweist. Vielleicht ist es dieser Konkurrenzdruck verschiedener Parasiten im gleichen Wirt, der die parasitische Entwicklung manchmal zu schnell ablaufen läßt. Innerhalb weniger Tage können manche Schlupfwespen alle Stadien durchlaufen, vom Ei bis zur verpuppungsreifen Larve.
Und nun kommt noch ein dritter Gesichtspunkt dazu. Die Larve der Eulentachine lebt in ihrem Wirt auch nicht sicher wie in Abrahams Schoß. Es gibt einen kleinen Trauerschweber, wieder eine Wollschweberart, die ihrerseits bei der Eulentachine parasitiert, welche nun wieder in der Kieferneulenraupe lebt: Ein Parasit im Parasit im Wirt sozusagen. Diesen eigenartigen Fall nennt man Hyperparasitismus oder Überparasitismus (Abb. 5, 1). Vom Menschen aus gesehen ist der erste Parasit ein Nutzinsekt, weil er die Kieferneulenraupen tötet. Der zweite Parasit im ersten ist dagegen ein Schadinsekt, weil er denjenigen Parasiten tötet, der die Kieferneulenraupen töten könnte. Eine biologische Schädlingsbekämpfung müßte in diesem Falle also versuchen, die

entsprechenden Raupenfliegen zu züchten, die parasitischen Trauerschweber dagegen klein zu halten. Schon kompliziert sich die Sache. Aber damit noch nicht zu Ende: Außer diesem genannten Überparasitismus erster Art gibt es noch einen zweiter Art. Da lebt ein Parasit im Parasiten im Parasiten im Wirt! In der Larve des Schwammspinners – eines Schmetterlings – lebt die Larve des Raupentöters, einer Brackwespe. Diese kann aber wiederum parasitiert sein von einer Erzwespe. Und nicht genug: Dieser Parasit im Parasiten kann wiederum die Larve einer anderen, kleineren Erzwespe in sich tragen (Pleurotropis). Wie wirkt sich nun Pleurotropis für den Wirt aus, den Schwammspinner? Sie tötet die erstgenannte Erzwespenlarve (Dibrachis). Damit kann diese den Raupentöter (Apantheles) nicht mehr umbringen, so daß dieser letztlich seinen Wirt auffressen kann. Ein solcher Überparasitismus zweiter Art ist also nicht günstig für den Wirt. Vorausgesetzt ist natürlich die genannte zeitliche Reihenfolge, die aber nicht selbstverständlich ist. Der Überparasitismus erster Art oder primäre Hyperparasitismus erscheint dagegen günstig für den Wirt: Wenn die Trauerschweberlarve die Raupenfliegenlarve auffrißt, kann diese dem Wirt – der Kieferneulenraupe – nicht mehr schaden. (Freilich wird es für die Taube letztlich gleichgültig sein, ob sie von einer Raupenfliegen- oder Trauerschweberlarve von innen her aufgefressen wird.) So verkompliziert sich das Bild, und man gewinnt langsam eine Vorstellung von dem versteckten Lebenskampf, der innerhalb eines solchen Wirts ablaufen kann. Für die Parasiten ist der Wirt die eigentliche Umwelt, alles das, was sich in der Raupenhaut einer Schmetterlingslarve befindet. Etwas anderes existiert gar nicht. Das ist das Universum. Und hier können sich nun parasitische Larven der gleichen Art Konkurrenz machen und sich gegenseitig auffressen, bis nur eine übrigbleibt, oder auch Parasiten verschiedener Arten. Das letztere wird die Regel sein, denn es gibt Wirte, die von einer ganzen Reihe kleiner Raupenfliegen, Schlupfwespen, Erzwespen, Brackwespen und noch anderen parasitischen Kleininsekten angefallen werden. So kann es sein, daß sich vielleicht ein halbes Dutzend Arten nebeneinander her entwickeln. Davon werden einige wieder parasitiert sein, von wieder anderen Kleininsekten mit einem Ei belegt, das sich als Larve im Parasiten entwickelt. Und in manchen Fällen wird selbst dieser sekundäre Parasit wieder den Keim des Todes in sich tragen, weil er seinerseits parasitiert wird. Manche Autoren vertreten sogar die Meinung, daß dieses Stufenspiel noch um eine

Leitersprosse weitergeht. Und nun kommt es sehr darauf an, welches Gleichgewicht sich einstellt: wie kräftig der Wirt ist, wieviele Parasiten von wievielen Arten er enthält, wieviele davon ihrerseits parasitiert sind oder sogar sekundäre Mitbewohner tragen. Es ist wichtig, wie alt jede Larve ist, welches Nahrungsangebot sie momentan vorfindet, wie kräftig ihre Mundwerkzeuge sind und so weiter und so fort. Ein Schachspiel mit statistischen Randbedingungen in einer solchen Wirtsraupe – wer bleibt letztlich übrig? Im allgemeinen ist der Raupe der Tod gewiß, wie immer das Kräfteverhältnis in ihrem Inneren ausgeht. Es könnten aber auch Situationen eintreten, wo sich das

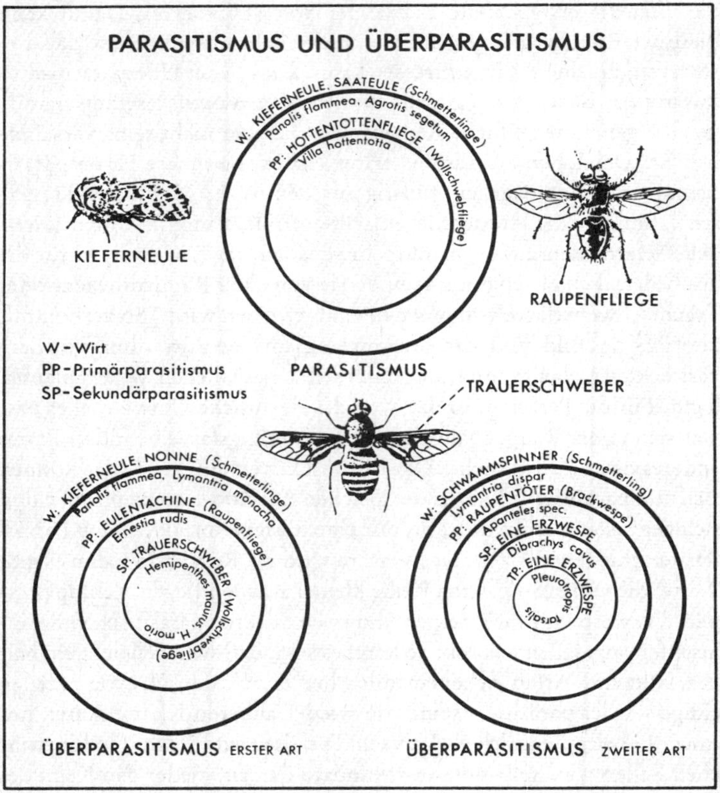

Abbildung 5.1

Heer der Belagerer gegenseitig umbringt, gerade bei mehrfachem Überparasitismus. Dann kann sich die Raupe vielleicht noch verpuppen, möglicherweise vielleicht noch als Insekt schlüpfen. Diesen Gesichtspunkt wollte ich einmal klarstellen, wenn wir hier von unbekannter Umwelt reden. Für jedes Lebewesen hat die Umwelt einen anderen Charakter. Für uns ist es das, was sich von Horizont zu Horizont erstreckt. Für eine Wasserbiene ist es das, was sich zwischen der Wasseroberfläche, den Rändern und dem Boden eines Torfstichs bewegt. Für die Raupenfliegenlarve ist es all das, was sich innerhalb der Haut ihrer Wirtslarve befindet und so weiter und so fort.
Im allgemeinen sind die Bewohner sehr gut auf ihre Umwelt abgestimmt. Der Leberegel in den Gallengängen oder der Bandwurm im Blinddarm besitzt an Sinnesorganen, Festhalteeinrichtungen, Mechanismen zur Nahrungsaufnahme und zur Fortpflanzung genau das, was in dieser Umwelt sinnvoll ist, womit er existieren und überleben kann, nicht mehr und nicht weniger. Von Parasiten könnte man im übrigen etwas lernen: Kein Parasit zerstört seine Umwelt, von der er lebt. Täte er das, stürbe er selbst. Eines sollte der nachdenklich betrachtende Mensch allerdings nicht übernehmen: die »Nach-mir-die-Sintflut-Ideologie« vieler Parasiten. Sie bewahren sich die schützende Umwelt, solange sie sie brauchen, aber auch nur so lange. Ihre Nachkommen werden neue »Umwelten« vorfinden. Das gilt bei uns natürlich nicht. Wir müssen kulturerhaltend über die Generationen hinwegplanen.

3 Fliegen, die nicht wie Fliegen aussehen

Womöglich noch fesselnder als der erste Punkt zum Themenkreis Parasitismus, den ich hier als »Parasitenkampf im Raupenhemd« geschildert habe, ist ein weiteres Phänomen: die oft bis ins Extrem gehende Gestaltanpassung des Parasiten an seine Lebensweise und die häufig damit gekoppelte morphologische Reduktion, das heißt die Rückbildung nicht unbedingt nötiger Körpermerkmale. So kommt es, daß man einem Parasiten gar nicht mehr ohne weiteres ansieht, zu welcher Tiergruppe er gehört, weil er vielleicht nur noch ein Sack ohne Beine und Sinnesorgane ist, dafür mit gewaltig ausgebildeten Geschlechtsdrüsen, der irgendwo im Inneren eines Wirtstiers hängt. Der Sack kann womöglich ein Krebstier sein, ein naher Verwandter des allbekannten

Hüpferlings, vielleicht eine Fliege, vielleicht ein Wurm – wie kommt man seiner Verwandtschaft auf die Spur? Da gibt es nur eine Möglichkeit. Man muß seinen Entwicklungskreislauf verfolgen. Irgendwann werden Vermehrungsstadien auftreten, die die richtige Verwandtschaft verraten. Aber das ist gar nicht so einfach zu untersuchen. Der Parasit bleibt ja nicht zeitlebens in seinem Wirtstier. Die Eier gelangen ins Freie, dann wird es häufig frei bewegliche Vermehrungsformen geben, die von einem Tier aufgenommen werden, dort zu einem bestimmten Stadium heranwachsen, das Tier wieder verlassen, von einem anderen Tier aufgenommen werden, und so kann sich eine ganze Entwicklungslinie durch mehrere Wirte ziehen; »Wirtswechsel« nennt das der Biologe. In jedem Wirt kann sich eine andere Generation des Parasiten ausbilden, die mit der vorhergehenden und der folgenden vielleicht gar keine morphologische Ähnlichkeit hat: »Generationswech-

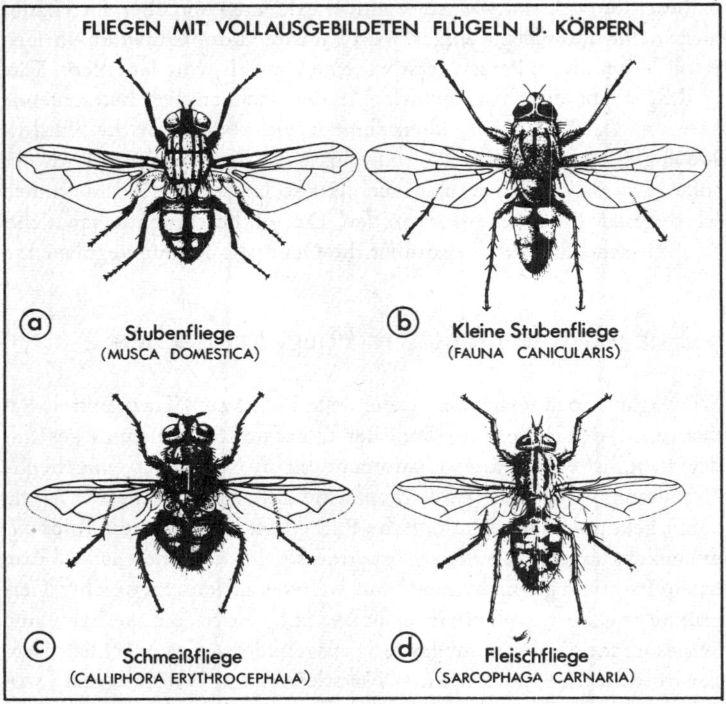

Abbildung 5.2

sel«. Wirtswechsel und Generationswechsel sind meist gekoppelt. Das macht die Sache kompliziert, aber auch interessant. Aber betrachten wir vielleicht erst einmal den eingangs erwähnten Gesichtspunkt. Parasiten zeichnen sich häufig durch extreme Körperumgestaltung und Reduktion aus.

Nehmen Sie eine »einfache« Stubenfliege (Musca, Abb. 5, 2a), die ja jeder kennt. Kopf, Brust und Hinterleib sind leicht zu unterscheiden, die sechs Beine, die beiden Flügel an der Mittelbrust und die zarten Schwingkölbchen an der Hinterbrust, die umgewandelten Hinterflügel. Die großen Komplexaugen, der Tupfrüssel zur Nahrungsaufnahme, die zarten Fühler, die ausfahrbare Legeröhre des Weibchens – all das kennt man als typisch für eine Fliege. Sie saust in der Luft herum und hat eben die Form und die Verhaltensweise, an der

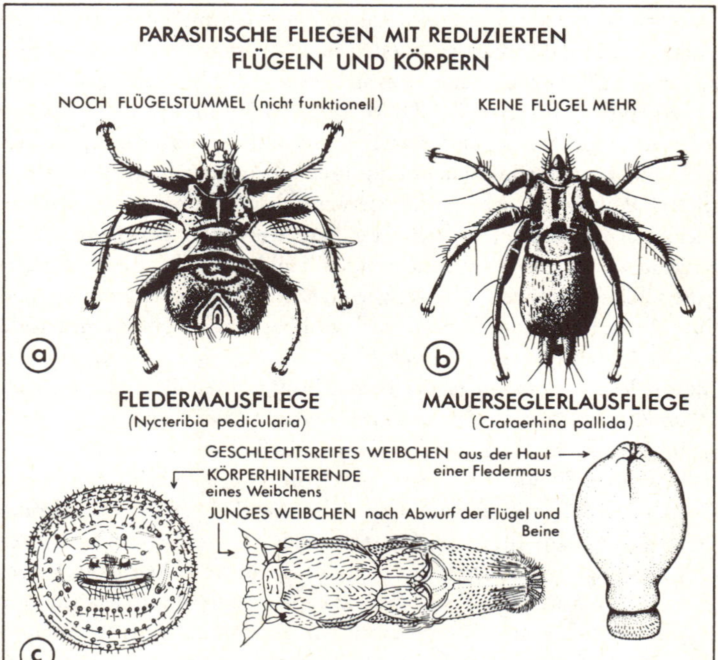

Abbildung 5.3

man eine Fliege ohne weiteres erkennt, die Stubenfliege in der Küche, den Wadenstecher (Stomoxyx) im Stall, die kleine Stubenfliege (Fannia [Abb. 5, 2b]), die um die Lampen des Treppenhauses herumkreist, die Schmeißfliege (Calliphora [Abb. 5, 2c]) und ihre Verwandten, die zu Dutzenden von den Exkrementen auf Waldwegen davonstieben, wenn man vorbeigeht, die großen Fleischfliegen (Sarcophaga, Abb. 5, 2d) mit ihrem damastgewürfelten blauschwarzen Hinterleib und so weiter (Farbtafel 12a). Aber sehen Sie sich die Abbildung 5, 3a an. Auch das ist eine Fliege, doch sieht sie eher aus wie eine Laus. Sie ist ganz flachgedrückt; Flügel sieht man gar nicht mehr. Die Beine sind kräftig und bestachelt, aber ebenfalls relativ flach. Von den Fußgliedern ist das erste sehr lang. Die Fußhaken sind außerordentlich massiv. In der Gegend des Hinterleibs finden sich lange Kämme von parallelen, kräftigen Borsten. Einen Kopf sieht man auf den ersten Blick gar nicht; er ist stark reduziert. Wo könnte eine solche Fliege leben? Wo nützen ihr die Flügel nichts, dafür kräftige Borsten ringsherum und massive Greifhaken an den Füßen? Wo kann sie es sich leisten, den Kopf mit den Augen zu reduzieren, wo aber sind die Reusenapparate aus kräftigen, kammförmigen Haaren besonders nützlich? Sie muß irgendwo leben, wo sie nicht mehr zu fliegen braucht und ihre Nahrung auch nicht mehr optisch und aktiv aufsuchen muß; sie wird also wohl bei einem anderen Tier parasitieren. Im Körperinneren kann das nach ihrer Gestalt kaum sein, da wären glatte, raupenförmige Gebilde, die sich durch die Organe schlängeln können, besser geeignet. Mit ihren Haarkämmen und ihren kräftigen Klauen kann sie sich wohl besonders gut im Haarwald auf der Außenseite eines Wirts festhalten. Auch Flöhe, die im gleichen Biotop leben, besitzen ja die kammförmigen Gebilde, die man als »Ctenidien« kennt. Auch sie sind abgeflacht, wenn auch seitlich zusammengedrückt, und nicht zwischen Rücken- und Bauchseite zusammengepreßt wie die hier besprochene Fliege. Nach der äußeren Gestalt werden solche Tiere also wahrscheinlich im Haarkleid oder Pelz eines Säugetieres leben. So ist es auch. Es sind Fledermausfliegen (Nycteribiiden), die ausschließlich im Fellkleid der Fledermäuse leben. Für diese Umwelt sind sie ideal angepaßt. Mit ihren Klauen und Haftkämmen können sie sich verankern. Sie lassen sich nicht abschütteln. Mit ihrer flachen Körpergestalt passen sie unter das zarte Fell; Flügel brauchen sie nicht, große Augen auch nicht, dafür aber einen Saugrüssel, mit dem sie Blut saugen können. Da sie so gar nicht wie

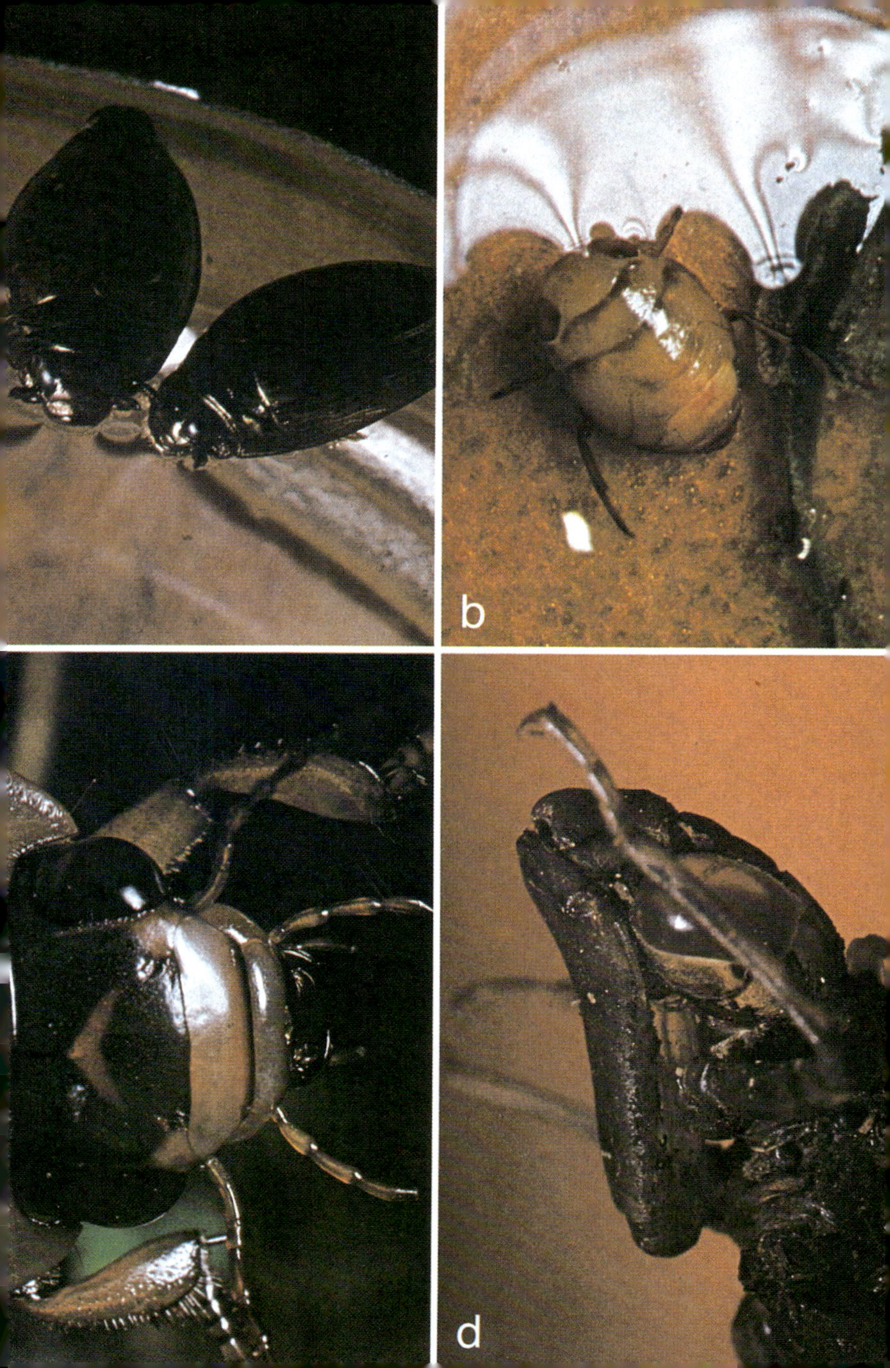
b
d

10 Wasserinsekten

a Zwei Exemplare des einheimischen Taumelkäfers, Gyrinus natator, auf der Wasseroberfläche in einer kleinen Experimentierschale. Man erkennt die Körperform, die Überwasseraugen und die kleinen Ferntastantennen.

b Jeder kennt die große Wasserbiene Notonecta, den Rückenschwimmer. Es gibt einen kleinen Verwandten, die nur 2–3 mm große Miniaturform des Zwergrückenschwimmers Plea atomaria. Hier eine ältere Larve in einer dünnen Wasserschicht. Diese kleinen Insekten, kaum so groß wie der Glaskopf einer Stecknadel, halten sich gern auf der Unterseite von Seerosenblättern auf.

c Mächtig sind die Mundwerkzeuge eines Gelbrandkäfermännchens, Dytiscus marginalis. Wenn man ihn fängt, gibt der 3 1/2 cm lange Käfer ein übelriechendes, öliges Sekret ab. Der Kopf paßt nahtlos in den Rumpf, der strömungsgünstig ausgeformt ist. Die Vorderbeine dienen zum Festhalten auf dem glatten Rückenschild der Weibchen während der Kopula und zum Beutefang. Wohl vor allem zum ersteren Zweck sind sie an den Fußgliedern mit mächtigen Saugnäpfen ausgerüstet.

d An Schilfhalmen, knapp über der Wasseroberfläche, findet man oft die verlassenen Hüllen der Larven großer Libellen. Man sollte sie mit nach Hause nehmen; nachdem die Libelle geschlüpft ist, nützen sie zu nichts mehr. Mit einer starken Lupe kann man wahre Entdeckungsreisen an einem solchen urtümlichen Geschöpf machen. Die äußere Körperhülle ist vollständig unversehrt. Die chitinöse Hornhaut der Augen ist durchscheinend und spiegelt, mit dem Mikroskop betrachtet, die Facettierung des zusammengesetzten Auges wider. Hier in der Seitansicht sieht man gut die Fangmaske, die auf der Körperunterseite gegen das Kinn gelegt ist. Sie ist zweiteilig; sichtbar ist nur der vordere Teil. Beim Beutefang kann sie weit ausgeschnappt werden, etwa so weit wie die Abbildung hoch ist.

echte Fliegen aussehen, sondern auf den ersten Blick eher wie Läuse oder Milben oder Spinnen, hat man sie wohl auch »Spinnenfliegen« genannt oder auch »Lausfliegen«. Mit Läusen und Spinnen haben sie allerdings verwandtschaftlich nichts zu tun, diese Fledermaus-Außenparasiten. Wenn sich die Fledermaus putzt, kann sie den Parasiten nicht loswerden, weil er sich mit seinen Kämmen und Haken nur um so fester im Haarkleid verkeilt. Sie kann ihn auch kaum zerreißen, da seine Haut lederartig zäh ist; auch für uns ist es kaum möglich, eine Fledermausfliege zwischen zwei Fingern zu zerdrücken. Außerdem kann sie sich ganz flach machen und unter dem Haarwald direkt an die Haut anschmiegen. Da macht sogar der Kopf mit. Putzigerweise sitzt dieser ganz vorn als kleines, hochkant gestelltes Gebilde. In der Ruhe oder bei Gefahr kann er aber auf die Rückenoberseite gekippt werden. Dort ist eine Art Rinne ausgebildet, in die er genau hineinpaßt. Solcherart ist er wohlverstaut und kann von den kratzenden Krallen einer Fledermaus kaum abgerissen werden. Anpassungen über Anpassungen!

Auch die Fortpflanzung ist spezialisiert. Die Weibchen legen keine Eier ab, sondern verpuppungsreife Larven, die sich in ihren Geschlechtsgängen entwickelt haben. Der ganze, gefährliche Zyklus vom Ei über die verschiedenen Larvenstadien bis zur Puppe ist also hier in die Mutter, den Parasiten selbst, verlegt worden! Die Larven werden auch nicht auf dem Wirtstier selbst abgesetzt; sonst würden sie vielleicht dort bleiben und es durch übermäßigen Befall zugrunde richten. Sie werden vielmehr in die Höhlen oder Nistkästen abgegeben. Wenn aus der Puppe die fertige Fliege kriecht, wird sie sich einen neuen Wirt suchen. So kann in Bälde die gesamte Population an Fledermäusen befallen werden. Ähnlich sieht es ja auch mit den Vogelfliegen aus, die jedermann finden kann, der einen Nistkasten aufmacht oder ein eben verlassenes Schwalbennest untersucht. Sie gehören zur Familie der Hippoboscidae (Lausfliegen). Sie alle leben außen auf Säugetieren und Vögeln, saugen Blut und bringen verpuppungsreife Larven zur Welt. Bei dieser Gruppe der Lausfliegen kann man schön die fortschreitende Spezialisierung im Körperbau, verbunden mit der Reduktion von Organen, verfolgen. Die Pferdelausfliege beispielsweise sieht noch am ehesten aus wie eine »typische Fliege«. Zur Ablage fliegt sie aktiv ihre Opfer an, meist Pferde, aber auch Rinder und Hunde. Sie ist zwar etwas abgeplattet und gedrückt in der Körperform und besitzt ähnlich den Fledermausfliegen eine zähe Außenhaut, trägt auch viele Borsten und kräftige Krallen, ist aber sonst noch ganz »konventionell« gebaut. Stärker umgestaltet erscheinen schon die Hirschlausfliegen. Mit noch wohlausgebildeten Flügeln fliegen sie ihr Opfer an, dann aber werfen sie die Flügel ab (Farbtafel 12b). Ihr Hinterleib wird größer und flacher. Noch typischer »parasitenhaft« sehen die Mauerseglerlausfliegen aus (Abb. 5, 3b), stark abgeflacht, kräftig beborstet und mit massiven Greifhaken versehen, dabei von lederartig-zäher Außenhaut. Die Flügel sind bis auf kurze Lappen reduziert. Damit können diese Lausfliegen zwar noch kleine Hopser machen, aber nicht mehr fliegen. Sie bewegen sich dann auch zu Fuß von Wirt zu Wirt, im Nest von einem Jungen zum andern oder auf einen Greifvogel, wenn dieser einen Mauersegler oder eine Schwalbe geschlagen hat. Die extreme Umgestaltung findet man bei den Schaflausfliegen, deren ganzer Lebenszyklus sich auf dem Schaf abspielt. Sie besitzen gar keine Flügel mehr. Je weniger stark sich ein solcher Außenparasit also von seinem Wirt entfernt, desto höher ist er spezialisiert, desto stärker auch in seiner Außengestalt der Lebensweise angepaßt und desto drastischer werden nicht benötigte Organe, wie die Flügel, reduziert.

Das Nonplusultra findet sich allerdings bei einer anderen Familie der Lausfliegen, die – wie die erstgenannte – ebenfalls nur auf Fledermäusen vorkommt. Das sind die ebenfalls als Fledermausfliegen bezeichneten Strebliden. Bei uns gibt es diese Tiere nicht; sie kommen vor allem in den Tropen vor. Auch bei ihnen sind die großen Komplexaugen stark zurückgebildet oder fehlen ganz. Zumindest eine Gattung ist, vom reinen Außenparasiten ausgehend, noch einen Schritt weitergegangen. Die Ascodipteron-Arten der Tropen besitzen zunächst wohlausgebildete Flügel. Sobald sie eine Fledermaus als Wirt gefunden haben, werden die Flügel und außerdem noch die Beine (!) abgeworfen (Abb. 5, 2c, Mitte). Der so drastisch reduzierte Parasit sägt sich nun ein Loch in die Fledermaushaut und schlieft ins Gewebe ein. Dort reduziert er sich noch mehr zu einem unscheinbaren Sack, dem man seine Fliegenherkunft gar nicht mehr ansieht. Er lebt ja nun im Schlaraffenland und braucht weder Fortbewegungs- noch Sinnesorgane. Luft allerdings braucht er zur Atmung. Mit dem Hinterleibsende (Abb. 5, 3c, links) bleibt er deshalb nahe dem Bohrloch. Auf diesem Weg werden auch die verpuppungsreifen Larven abgegeben. Eine stärkere Reduktion und Spezialisation als die Umwandlung eines geflügelten, Beine

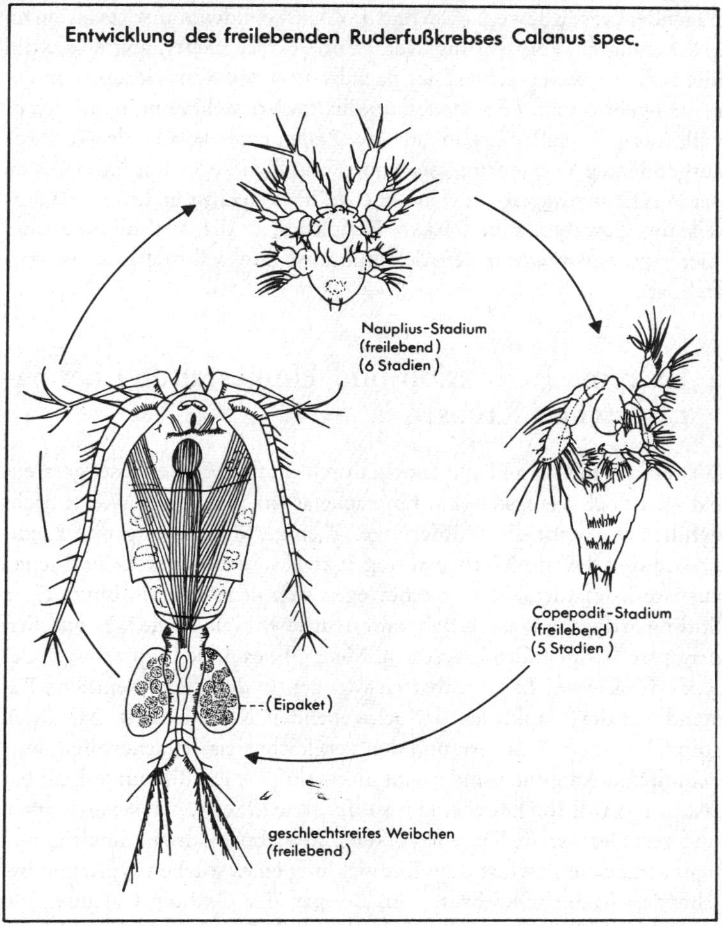

Abbildung 5.4

tragenden, rasch beweglichen und wohlausgebildeten Insekts zu einem unscheinbaren Vermehrungssack (Abb. 5, 3c, rechts) sollte es wohl nicht geben? Weit gefehlt. Die Spezialisation und Reduzierung von Parasiten geht bis zum Äußersten überhaupt Vorstellbaren, nämlich zur vollständigen Auflösung in einzelne Zellen eines vorher als »Spritze« ausgebildeten Vermehrungsstadiums. Durch diese Spritze injiziert sich der Parasit sozusagen selbst in seinen Wirt, aufgelöst in die Urbestandteile des Gewebes! Eine stärkere Reduktion als die Rückbildung eines Tieres zu einem amorphen Zellhaufen ist nun wahrhaftig nicht vorstellbar.

4 Extreme Reduktion und Umgestaltung bei parasitischen Krebsen

Wer einmal mit dem Planktonnetz durch ein flaches Gewässer gestreift hat oder doch wenigstens ein Einmachglas am Saum eines Wiesenbachs gefüllt hat, kennt die Hüpferlinge. Wenige Millimeter große Kleinkrebse sind das; die Weibchen tragen zwei seitliche Eisäcke und sehen aus wie Miniaturraketen. Sie bewegen sich unablässig in blitzartigen Sprüngen durchs Wasser, daher ihr deutscher Name. Die Wissenschaft nennt sie »Copepoden«. Auch im Meer gibt es diese Hüpferlinge oder Ruderfußkrebse. In riesenhaften Mengen bilden sie wesentliche Bestandteile des Planktons, der schwebenden Kleintierwelt. Mit ihren spindelförmigen Körpern und den vergleichsweise riesengroßen, ausgebreiteten Antennen sind sie im mikroskopischen Bild unverkennbar (Abb. 2, 13c). Ihr Lebensraum ist der freie Ozean, den sie als Larven und geschlechtsreife Tiere bevölkern. Zeitlebens schwimmen sie, niemals setzen sie sich fest. Die Entwicklung eines solchen typischen frei lebenden Ruderfußkrebses, zum Beispiel der Gattung Calanus sieht nach Abbildung 5, 4 folgendermaßen aus: Aus den Eiern schlüpfen kleine, frei schwimmende Larven, die sich fünf- bis sechsmal häuten. Mit drei lang bewimperten Beinen huschen sie blitzartig durchs Wasser. Man nennt dies die Nauplius-Stadien. Bei der nächsten Häutung bilden sich bei unserem Krebstier nun weiter hinten Beinpaare aus, die die Fortbewegung übernehmen, während die vorderen nun in den Dienst der Nahrungsaufnahme gestellt werden. Man spricht von sogenannten Copepodit-Stadien, fünf an der Zahl, jeweils durch Häutun-

gen getrennt. Die letzte Häutung des Copepoditen führt zum geschlechtsreifen Tier, das nun die typische Gestalt des Ruderfußkrebses aufweist. Die begatteten Weibchen tragen ihre Eier in zwei großen Paketen in der Schwanzregion mit sich herum. Aus jedem Ei entwickelt sich wieder eine Nauplius-Larve, und der Kreislauf schließt sich so.
Nun gibt es alle möglichen Stadien des Parasitismus bei diesen Ruderfußkrebsen. Die Art Caligus rapax (Abb. 5, 5) zeichnet sich dadurch aus, daß zumindest einige Larvenstadien parasitisch leben. Der Nauplius ist noch frei schwimmend. Der Copepodit dagegen heftet sich mit einem Stirnfaden an einer Fischschuppe fest und saugt nun Blut aus der Haut des Wirtstiers. Beim Übergang zur geschlechtsreifen Form löst er sich vom Wirt; allerdings bleiben die geschlechtsreifen Weibchen im-

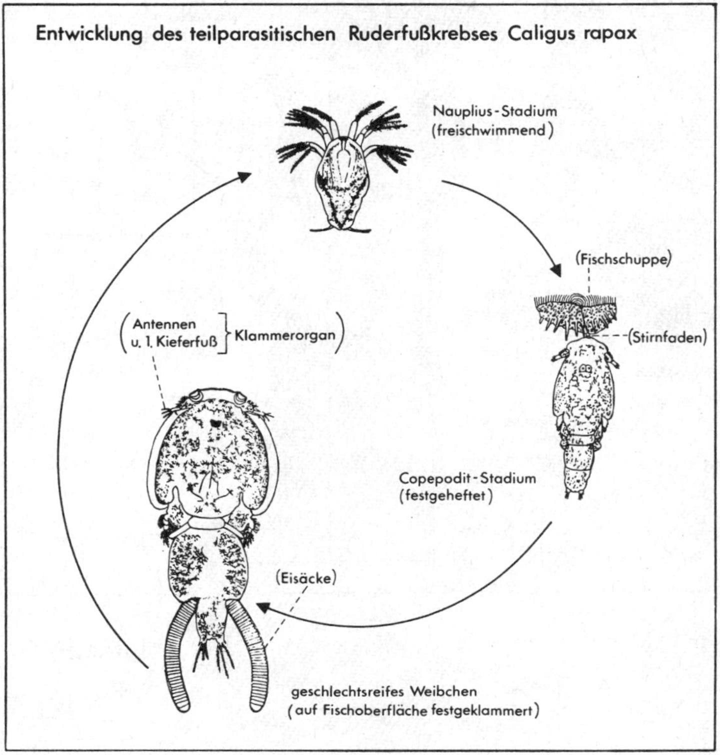

Abbildung 5.5

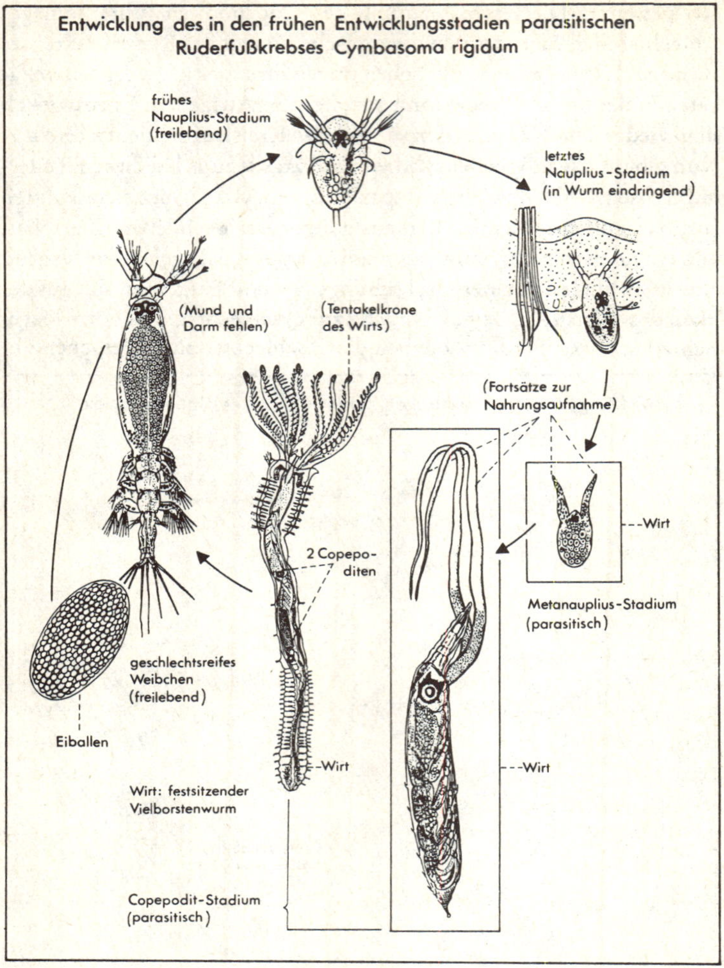

Abbildung 5.6

mer in der Nähe der Fischoberfläche, wo sie sich mit umgewandelten Antennen und den ersten Kiefernfüßen auch festklammern können. Sie saugen dann freilich kein Blut mehr. Die Eier sind in Form zweier langer, sackartiger Schläuche am Hinterleib verankert. Beim Vergleich eines Calanus-Weibchens mit einem Caligus-Weibchen fällt die Spezialisation und Reduzierung des letzteren schon deutlich auf. Noch viel weiter geht diese bei der Art Cymbasoma rigidum (Abb. 5, 6).
Auch hier sind wieder die frühen Nauplien-Stadien freilebend. Das nimmt nicht wunder, denn irgendeine Form muß ja für die Verbreitung sorgen und sich demnach frei im Wasser bewegen können. Das letzte Nauplius-Stadium setzt sich aber fest und dringt durch die Körperwand in einen Ringelwurm ein. Dort wird es nun umgebildet und häutet sich mehrmals über sogenannte Metanauplius-Stadien zum uns schon bekannten Copepoditen. Der lebt nun parasitisch in seinem Wirt als langgestreckte, deutlich reduzierte Krebsgestalt. Auf der einen Seite reduziert, bildet er aber auf der anderen spezielle Larvenorgane aus, lange Fortsätze, die der Nahrungsaufnahme dienen. Nach der Häutung zum geschlechtsreifen Tier wird Cymbasoma wieder freilebend. Die Weibchen tragen, ähnlich Cyclops, die Eier wieder in ganzen Ballons mit sich herum. Sie besitzen allerdings weder Mund noch Darm, sondern nähren sich von dem Substanzvorrat, den sich der Copepodit angefressen hat. Demgemäß leben sie auch nicht lange; kaum daß sie begattet worden sind und ihre Eier abgelegt haben, sterben sie. Aus den Eiern entwickelt sich wieder der frei schwimmende Nauplius.
Zum Extrem getrieben hat die Umgestaltung der Ruderfußkrebs Lernaea branchialis (Abb. 5, 7). Wir erwarten schon, daß auch hier die ersten Nauplius-Stadien freilebend sind. Die Copepoditen hängen sich an der Außenseite von Fischen fest, auch noch die jungen Weibchen. Bei den älteren beginnt die Hinterregion schnürsenkelartig auszuwachsen. Sie verlassen nun ihren ersten Wirt, wobei sie begattet werden, und suchen sich einen neuen, zweiten Wirtsfisch, meistens eine andere Art. Während das Hinterende weiter und weiter auswächst, findet eine tiefgreifende Umgestaltung des ganzen Körpers statt. In der Kopfregion bilden sich lange, verästelte Wurzelfortsätze aus, mit denen sich das Tier im Kiemengewebe seines Wirtsfischs verankert (darunter sieht man bei genauer Betrachtung die Reste der Beine der einst frei beweglichen Form). Der ganze übrige Körper wird zu einem dik-

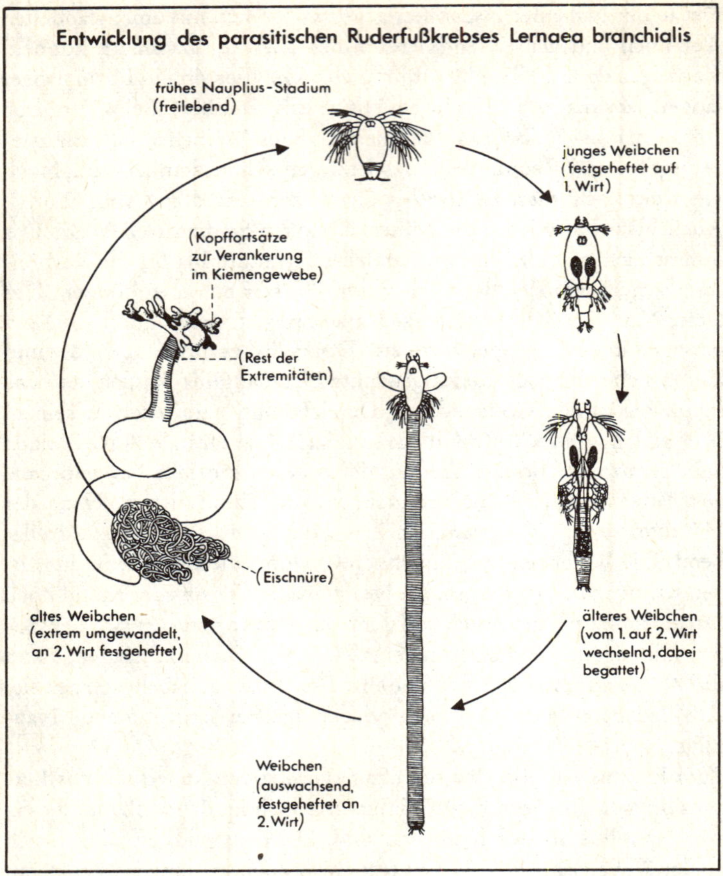

Abbildung 5.7

ken, verwundenen Sack, von dem ein großer Teil als Ovar fungiert, zur Aufbereitung der Eier dient, die in ganzen Schnüren austreten und an der hinteren Körperregion aufgewickelt werden. Das ganze Gebilde erinnert dann in keiner Weise mehr an einen Ruderfußkrebs. War das frei schwimmende Weibchen nur wenige Millimeter lang, so kann der dicke Sack, zu dem es sich entwickelt, gut und gern einen Viertelmeter an Länge aufweisen! Daß diese dicken weißlichen Schläuche Parasiten sind, wurde schon im Altertum erkannt, von Aristoteles und Plinius. Sie meinten, die großen Fische sprängen deshalb so gern über die Wasseroberfläche, damit sie diese lästigen Parasiten loswürden.

Jeder Mittelmeerurlauber kennt die Seepocken, die in Riesenmengen die Brandungsfelsen überziehen. Sie sind Rankenfüßler, wieder eine andere Unterklasse der Krebse, aber mit den bislang besprochenen Ruderkrebsen doch weitläufig verwandt. Auch ihre Jugendstadien sind frei beweglich. Wenn sie sich einmal an einen Felsen festgesetzt haben, lösen sie die Verbindung allerdings zeitlebens nicht mehr. Der Krebs baut um sich herum ein Gehäuse aus sechs konischen, miteinander verfalzten Platten. Es sieht aus wie ein Miniaturvulkan. Die »Krateröffnung« ist mit weiteren kleinen Kalkplatten verdeckt. Wenn die Seepocken vom Wasser überspült werden, öffnen sie ihr Gehäuse und greifen mit ihren Rankenfüßen richtiggehend ins Wasser hinein wie mit einem Fangnetz. So seihen sie die Umgebung nach verwertbaren Schwebebestandteilen durch. Andere sehen aus wie kleine Muscheln, die auf Stielchen festgewachsen sind: die »Entenmuscheln«. Es ist kaum zu glauben, daß gerade diese friedlich aussehenden Rankenfüßler auch Parasiten hervorgebracht haben, die zum Extremsten gehören, was die Natur zu bieten hat. Betrachten wir den Entwicklungsgang des parasitischen Rankenfußkrebses Sacculina carcini (Abb. 5, 8).

Auch die Rankenfüßler entwickeln sich zunächst als frei schwimmendes Nauplius-Stadium. Nach einigen Häutungen wird dieses zu einer etwas anders aussehenden Larvenform, die die Zoologen als »Cypris-Larve« oder »Cypris-Stadium« bezeichnet haben. Das setzt sich nun alsbald fest, und zwar auf dem Panzer einer Krabbe, meist der gemeinen Strandkrabbe Carcinus maenas. Und nun erfolgt in recht kurzer Zeit eine drastische Reduktion. Als erstes werden schon einmal die Gliedmaßen abgeworfen mitsamt den sie bewegenden Muskeln! Was übrigbleibt in der Cypris-Hülle, kugelt sich ab und umgibt sich mit einer eigenen Haut. Man nennt es nun das Centrogon-Stadium. Es wirft

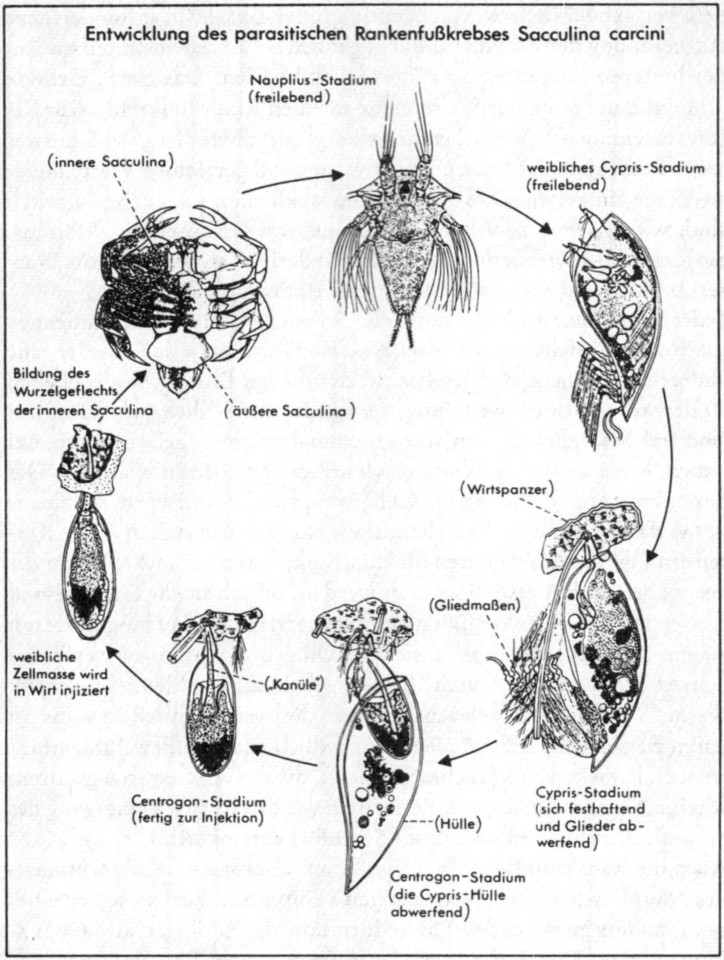

Abbildung 5.8

zunächst einmal die Cypris-Hülle ab und sitzt nun als winzigkleiner Sack an der Krabbenaußenseite. Als nächstes entwickelt es eine Art Injektionsstachel an der Ansatzstelle; der Rest des Körpers allerdings wird immer undifferenzierter. Der Stachel wird nun in die Krabbe eingestoßen (an einer Stelle, wo der Panzer nicht so hart ist), und durch ihn ergießt sich nun der in einzelne Zellen aufgelöste Körperbrei ins Innere des Wirtstiers! Dies ist der extreme Reduktionszustand, von dem ich eingangs gesprochen habe. Weiter geht es tatsächlich nicht mehr als bis zum Niveau einzelner Gewebezellen. Im Inneren allerdings wuchert der Zellhaufen aus und bildet zunächst einen Klumpen mit kleinen Fortsätzen. Diese wachsen aber immer weiter in die Länge, verästeln sich und erzeugen eine Art Gespinst, das zunächst um den Darm wächst, dann aber auch die Muskulatur durchzieht und schließlich in alle Körperregionen einwächst, auch in alle Beine bis in die letzten Spitzen. Das ist die sogenannte innere Sacculina oder »Sacculina interna«. Durch die zarte Wand ihrer verästelten Ausläufer nimmt die Sacculina Nährstoffe des Wirtes auf und wächst immer weiter. Nach einigen Monaten treibt sie in der nun herangewachsenen Krabbe einen Schlauch nach hinten, der in der Region der Schwanzbasis den Panzer durchbricht, nach außen drängt und in einigen Wochen zu einem fingergliedddicken Sack herangewachsen ist (Farbtafel 12d). Diesen nennt man die äußere Sacculina oder »Sacculina externa«. Sie enthält nun die Fortpflanzungsorgane dieses aufs äußerste umgestalteten Krebsweibchens! Über eine kleine Öffnung hat die Sacculina externa Verbindung mit der Außenwelt. Hier schwärmen die männlichen Cypris-Larven ein, die zu gewissen Zeiten in Aberzehntausenden das Wasser bevölkern. Sie sind, obgleich noch Larven, bereits zur Befruchtung fähig. Aus den Eiern bilden sich nun noch im Beutel der äußeren Sacculina die Nauplius-Stadien, die schließlich durch die kleine Öffnung ausschwärmen – der Entwicklungskreislauf beginnt von neuem. Die Sacculina kann 2 bis 3 Jahre alt werden, dann stirbt sie ab. Die Krabbe ist in der Zwischenzeit auch herangewachsen. Sie hat zwar einige Änderungen durchgemacht: Männchen verlieren beispielsweise zum Teil ihre Hoden und bilden weibliche Merkmale aus – eine weitere indirekte Absonderlichkeit, die der Parasit induziert –, aber sie sterben nicht, obwohl die Sacculina wie ein Geschwür den ganzen Körper durchzogen hat. Nicht jede Sacculina stirbt im übrigen vollständig ab. Bei einer anderen Art, die Einsiedlerkrebse befällt, lebt die innere Sac-

culina so lange wie ihr Wirt. Wenn die äußere abgestorben und abgefallen ist, bildet sich von innen her eine neue nach. Das wäre ein weiterer Perfektionsschritt. Ein Krebs, der sich während seiner Entwicklung einmal bis zu einem kleinen amorphen Zellhaufen reduziert, der dann zu einem Wurzelgeflecht wird, schließlich Blasen treibt, in denen seine Eier von frei schwimmenden männlichen Larven befruchtet werden!
Wir haben gesehen, wie hochspezialisiert Ruderfuß- und andere niedere Krebse sich entwickeln können, sobald sie zu Parasiten werden. Es wäre nun angesichts des allgegenwärtigen Parasitismus verwunderlich, wenn nicht auch Ruderfußkrebse selbst Wirte für wieder andere Parasiten sein könnten. Da gibt es den Bandwurm Ligula avium (Abb.

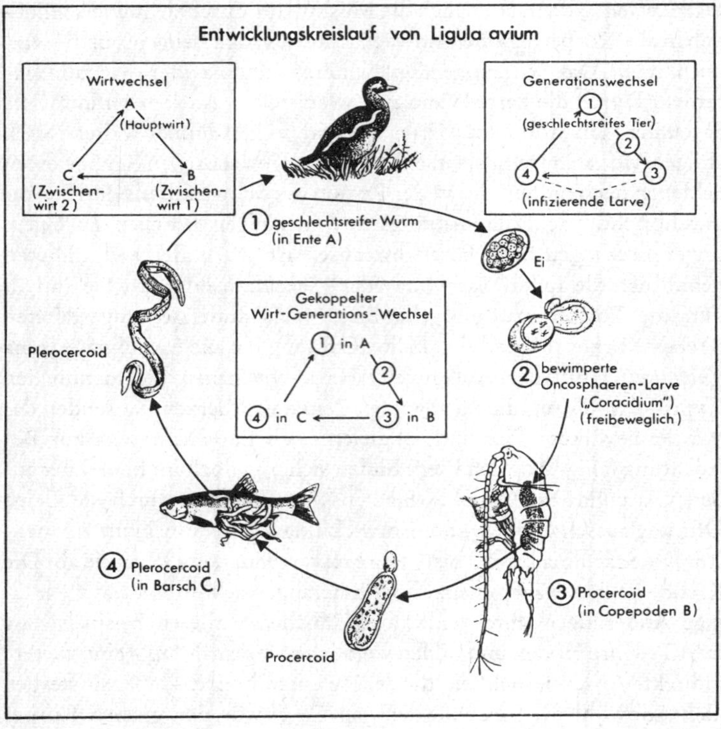

Abbildung 5.9

5, 9). Seine Wirte sind Wasservögel, in deren Darmsystem er lebt. Vom Ei ausgehend, macht er drei Generationen durch, denen die Zoologen spezielle Namen gegeben haben (vgl. Abb. 5, 9). Nennen wir sie der Einfachheit halber die Generation 1, 2 und 3. Wir haben also den eingangs erwähnten Generationswechsel vor uns. Jede Generation oder Entwicklungsform lebt nun aber in einem anderen Wirt, so daß wir auch drei Wirte haben, nämlich A, B und C. Man findet also auch Wirtswechsel. Da, wie gesagt, jede Vermehrungsform einen anderen Wirt aufsucht, sind Generations- und Wirtswechsel gekoppelt. Aus den Eiern entwickelt sich die Generation 1, die nun ein kleines frei schwimmendes Gebilde darstellt. Dieses kann von Ruderfußkrebsen aufgenommen werden und entwickelt sich – ausgleichende Gerechtigkeit – in deren Leib zur 2. Generation. Werden die Ruderfüßler von einem Fisch aufgefressen, so macht auch der Bandwurm einen weiteren Entwicklungsschritt durch, und die nun schon viertelmeterlangen Vertreter der 3. Generation füllen die Bauchhöhle des Fisches aus. Der wird dadurch aufgetrieben und bewegungslahm und kann besonders leicht beispielsweise von einer Ente aufgeschnappt werden. In deren Verdauungstrakt entwickelt sich sehr rasch die 3. Generation, der eigentliche Bandwurm, der nun seine Eier produziert. Ein bis zwei Wochen nach der Aufnahme wird er allerdings schon wieder ausgeschieden und geht zugrunde, aber in der Zwischenzeit hat er Hunderttausende von Eiern abgegeben, aus denen die kleinen bewimperten Formen der ersten Generation schlüpfen, die wieder von Ruderfußkrebsen aufgenommen werden, und so geht der Kreislauf immer weiter. Dieser Kreislauf gehört zu den kompliziertesten Mustern bei den Bandwürmern. Bei anderen Gattungen und Arten kann die Zahl der Zwischenwirte 1 oder gar 0 sein.

5 Parasitismus und Evolution

Wirt und Parasit bilden fast stets eine sehr enge – wenn auch reichlich einseitige – Gemeinschaft. Nehmen wir die Bandwürmer: Spezielle Wirte unter den Vögeln und Säugern haben oft ihre ganz speziellen Parasiten, und nur diese. Die Bandwürmer sind eine sehr alte Gruppe. Die Vögel dagegen haben sich erst seit Ende der Jurazeit (größenordnungsmäßig seit hundert Millionen Jahren) entwickelt, die Säuger erst

mit dem Ausgang der Kreide. Geht man nun davon aus, daß bereits die frühen Vögel und Säuger von Parasiten heimgesucht worden sind, und stellt man fest, daß heutzutage praktisch jede Wirtsgattung ihre spezifischen Parasiten aufweist, so liegt folgender Schluß nahe. Während sich Vögel und Säuger nahezu explosiv entwickelt und spezialisiert haben, haben die Parasiten damit »Schritt« gehalten und sich, in immer feinerer Abstimmung auf ihren Wirt oder Hauptwirt, ebenfalls aus zunächst relativ einheitlichen Wurzeln immer feiner differenziert. Dann aber müßte die Parasitenfauna heute naher verwandter Vögel- oder Säugergruppen ebenfalls nahe verwandt sein. Diese Überlegung hat sich sehr vielfältig bestätigt und gibt den Systematikern und Evolutionsbiologen einen interessanten Schlüssel in die Hand. Unter den Vögeln stehen beispielsweise die Flamingos im System ein wenig in der Ecke. Niemand weiß so recht, wo man die nächsten Verwandten dieser hochspezialisierten Vögel suchen soll. Einige Autoren stellen sie in die Nähe der Enten. Nun gibt es bei den Flamingos drei Gattungen von Bandwürmern, die nur da vorkommen, nicht aber bei den Enten. Eine nähere Verwandtschaft zwischen Enten und Flamingos ist nach diesem Kriterium also nicht sehr wahrscheinlich. Umgekehrt haben die Stelzvögel und die Säbelschnäbler der Welt, obgleich auf verschiedenen Kontinenten vorkommend, dieselben Bandwurmgattungen zu Parasiten. Die auf Grund gewisser übereinstimmender anatomischer und morphologischer Merkmale anzunehmende nähere Verwandtschaft erfährt somit eine bedeutsame parasitologische Stütze. Isoliert steht auch der südamerikanische Cariama-Vogel, den die einen Ornithologen näher zu den Kranichen stellen, die anderen eher zu den Trappen. Untersucht man bei Cariama, den Kranichen und den Trappen die Bandwurmfauna, so findet man, daß die Cariama- und die Trappenbandwürmer (auch die Fadenwürmer) besonders nahe verwandt sind. Demnach wäre Cariama wohl eher in die Verwandtschaft der Trappen einzuordnen. Und so gibt es tausend Beispiele.
Für einen Parasiten ist das Wirtsinnere die Umwelt, so wie für einen Igel die Hecke, für den Elefanten die Savanne zwischen den Horizonten. Ein Unterschied besteht; die Wirtsumwelt bewegt sich, kann verfrachtet werden. Zugvögel fliegen Tausende von Kilometern weit und nehmen ihre Parasiten mit. Die werden das kaum merken, da sich ihr umgebendes Milieu dabei nicht ändert. Verändert sich die Umwelt der Wirte, so ändert sich deshalb das Ökosystem, in dem der Parasit lebt,

noch lange nicht. Wird es beispielsweise draußen in erdgeschichtlichen Perioden kälter – Eiszeiten! – so weichen die Vögel in wärmere Regionen aus. Ein bodenbewohnender Wurm wäre von einer Klimaänderung hart betroffen; die Art würde entweder aussterben, oder es würden sich besser klimaangepaßte Mutationen durchsetzen, und so könnten in relativ kurzer Zeit neue Arten entstehen. Der Parasit in seinem Wirt merkt von alledem nichts. Während im Verlauf von wenigen Hundertjahrmillionen ganze Tierklassen (Fische, Amphibien, Reptilien, Vögel, Säuger) entstanden und aufgeblüht (Vögel, Säuger) oder auf unbedeutende Reste zurückgegangen sind (Amphibien, Reptilien) haben sich die parasitischen Würmer kaum verändert, blieben in den gleichen untergeordneten systematischen Kategorien, wenngleich sie sich in zahlreichen Einzeldetails weiterentwickelt haben. In der gleichförmigen Umwelt des Wirtsinneren sind sie vor dem Konkurrenzkampf der Arten geschützt. Wahrscheinlich sehen deshalb in hundert Millionen Jahren die Bandwürmer auf den ersten Blick noch genauso aus wie die heutigen, während es dann vielleicht fast keine Vögel mehr gibt und die Entwicklung der Säuger zu vollkommen anderen Formen geführt hat, als wir sie heute kennen. Das Schlaraffenland der inneren Umwelt ist eben etwas ganz Besonderes. Es erhält, aber prägt nicht.

6 Täuschung, Tarnung und Nachahmung bei Tieren und Pflanzen

Zwischen Rheinau und Kappel verkehrt eine Autofähre. Wir wollten eine kleine Exkursions-Vorbegehung des Taubergießen-Gebiets machen. Vor knapp zwei Stunden sind wir von der Saarbrücker Uni weggefahren, die Autobahn nach Straßburg entlanggeschnurrt und dann auf der französischen Seite weiter südlich gefahren. Nun stehen wir auf der Fähre und lassen die reichlich trüben Fluten des Rheins unter uns hinweggleiten. Kurz hinter der deutschen Zollstation, hinter der Brücke über einen Altarm, geht ein Weg rechts ab. Hier kann man das Auto stehenlassen und auf den Damm klettern, der in sanftem Bogen ausschwingt, bis er in den Hochwasserdamm des Rheins einmündet. Links hinter Altwässern weite Bruchwiesen, rechts die glitzernde Wasserfläche, durchsetzt mit kleinen Gruppen von Erlen und Weiden; Rollkieselstrand, im Seitenarm ein großer Kiesbagger. An der landseitigen Böschung des Damms fliegen Weißlinge, Zitronenfalter, Aurorafalter wie an einer mit dem Lineal gezogenen Leitlinie entlang. Und hier stehen auch schöne Orchideen. Kenner der Gegend versichern, das wäre früher nicht so gewesen. Da die Streuwiesen nicht mehr so häufig gemäht werden, können die Orchideen dort ausreifen. Ihre hauchzarten Pollenkörner werden vom Wind rheinwärts verfrachtet und lagern sich an der Dammkante ab.

1 Seltsame Bestäubung bei einer Ragwurz

Aus dem schütteren Gras lugt eine Fliegenragwurz, Ophrys insectifera (Abb. 6, 1a und Farbtafel 14b). Selbst der sachkundige Beobachter stutzt einen Moment, vermeint er doch tatsächlich ein bunt gefärbtes Insekt über dem dreilappigen grünen Kelch sitzen zu sehen. Deutlich sind Kopf und Augen zu erkennen, die Fühler, der langgestreckt ausgebreitete Leib und sogar Flügelansätze. Doch ist dies die Orchideenblüte selbst, die ein sitzendes Insekt täuschend »nachahmt«. So selten ist diese Ragwurz gar nicht, wenn man nur ihre typischen Standorte

b
d

11 Symbiosen und Symbiosevorstufen

a An einer Steilküste, irgendwo in der Bretagne, steht diese Kirche. Ihre Front weist zum Meer. Auf den Urgestein-Quadern hat sich eine Flechte angesiedelt, die die Front über und über bedeckt. Mit ihren Flechtensäuren greift sie sogar diesen harten Stein an.

b Die Nahaufnahme zeigt die Krustenflechte Caloplaca murorum. Es ist eine orange-gelb gefärbte, charakteristische Art.

c Eine ältere Blattlaus und Jungblattläuse an einem Pflanzenstengel. Erkennbar sind die langen Fühler, der (hier nicht eingestochene) Saugrüssel, die spindeldürren Stützbeine, zwei »Röhren« am hinteren Körperende und – ein Ei, das eben abgelegt wird und wie eine Miniaturbanane aussieht.

d Ameisen besuchen gern die Blattlauskolonien, um die süßen Honigtröpfchen aufzulecken, die die Läuse abgeben. Wenn diese mit den Fühlern betrillert werden, tun sie das bisweilen in verstärktem Maße.

kennt, und doch bleibt man eine Zeitlang stehen, um das purpur- bis schwarzrote Blütenwunder mit dem zarten Sammetglanz anzuschauen. Und nun – ein seltenes Erlebnis. Eine kleine Grabwespe kommt angeflogen und setzt sich ohne Umschweife auf die Blüte. Der Hinterleib ringelt sich etwas ein, bewegt sich hin und her – es ist ein Männchen, das Kopulationsbewegungen ausführt (Abb. 6, 1 p). Hält es die Blüte für ein Weibchen seiner Art? Mit dem Kopf tupft es dabei auf »den Kopf« der Blüte. Man weiß, was jetzt kommen wird, und schiebt die Nase gespannt so weit wie möglich an den Schauplatz. Tatsächlich, da kleben auch schon zwei, drei Pollenpakete auf der Stirn des Männchens wie kleine Hanteln (Abb. 6, 1 c). Beim Auftupfen des Kopfes ist es auf vorbereitete Klebestellen gestoßen und hat die Pollinarien (Farbtafel 14d) daran aus ihren vertieften Behältern (Farbtafel 14c) gezogen, in denen sie bislang ruhten. Nach einigen wenigen Sekunden schon, manchmal schon nach Bruchteilen einer Sekunde, fliegt das Männchen ab. Hat es seinen Irrtum bemerkt? Wahrscheinlich nicht. Vor einer neuen Blüte wird sich das gleiche abspielen. Die Stiele der Pollinarien

Fliegen-Ragwurz mit bestäubendem Bienen-Männchen

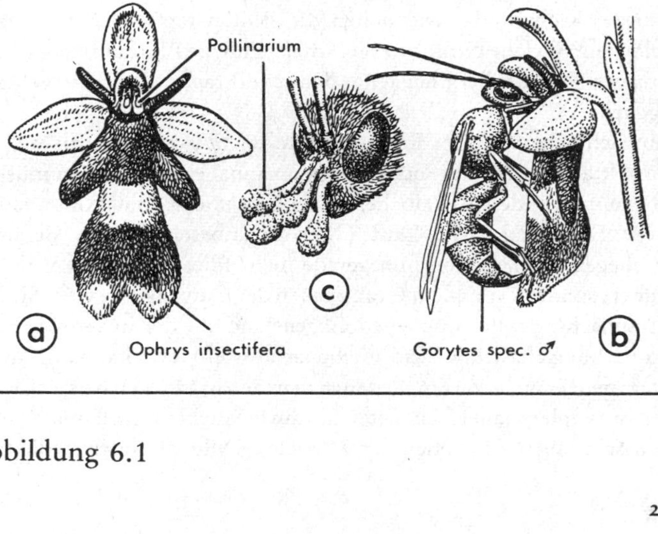

Abbildung 6.1

werden in der Zwischenzeit schnell gewelkt sein, und die Kölbchen der Blütenstaubpakete hängen abwärts. Wenn sie bei der nächsten Blüte auf die leicht klebrige Narbe getupft werden, reißt das zarte Stielchen ab, und der Sack voller Pollen bleibt kleben; die Bestäubung ist vollzogen. »Das überlistete Tier«, konnte man früher in populären Artikeln lesen. Heute sieht man das ganze etwas nüchterner und weniger vermenschlicht. Natürlich sieht es so aus, als ob das Tier überlistet worden wäre, denn es überträgt ja Pollen von einer Blüte zur anderen, führt also die Bestäubung aus, ohne daß es einen Gegenwert bekommt. Die Pflanze spiegelt dem Bienen- oder Wespenmännchen ein Weibchen vor; die Kopulation führt selbstredend zu nichts. Einige tropische Orchideen (Gattung Catasetum) sind sogar noch einen Schritt weiterentwickelt. Sie lassen die Pollinarien nicht über Klebscheiben aus ihren Lagern herausziehen, sondern schleudern sie einer Biene richtiggehend an den Kopf, sobald das Tier an einen zarten Gewebefortsatz gestoßen ist, der zum raschen Ausgleich einer aufgestauten Spannung führt – eine Art Explosionsmechanismus! In jedem Fall ist das Tier tatsächlich der Dumme; nicht einmal Nektar heimst es für seine Bestäubungsdienste ein. Die Ragwurzarten besitzen keinen.

2 Wie lockt die Ragwurz Bienenmännchen an?

Aber verwechselt das Männchen die Blüten tatsächlich mit einem Weibchen? Welche typischen Merkmale muß die Blüte aufweisen? Der Forscher B. Kulenberg hat Jahre damit verbracht, dieser Frage nachzugehen.

Demnach scheinen drei Reizkomplexe wichtig zu sein, die aus der Umwelt auf ein Bienen- oder Wespenmännchen einströmen müssen, bis es ein Gebilde als Weibchen akzeptiert und Kopulationsversuche macht: Form und Farbe, Duft, Oberflächenbeschaffenheit. Bei unserer Fliegen-Ophrys sind nun gerade nicht Fliegenmännchen die Bestäuber, sondern vor allem Grabwespen der Gattung Gorytes. Sie fliegen zunächst probeweise jeden Gegenstand an, der in Größe, Form und Färbung ähnlich wie ein Weibchen aussieht. Das kann man durch Attrappenversuche zeigen, in denen man den Männchen beispielsweise gefärbte Papierknäuelchen bietet. Sie dürfen nicht zu groß und nicht zu klein sein (auch zu große oder zu kleine Ophrys-Blüten verläßt das

Männchen sehr rasch wieder) und werden besonders gern beflogen, wenn sie längsoval sind. Besonders stark aber wirken »Wespenumrisse«, und diese wiederum am besten, wenn sie bewegt werden. Alle diese Bedingungen erfüllt die Ophrysblüte, die an ihren langen Stengeln im Wind schaukelt. Weiterhin muß die Farbe stimmen. Das große Blütenblatt von Ophrys insectifera ist in der Mitte sehr dunkelrot, fast schwärzlich. An den Seiten, im Bereich der Lappen, ist es heller purpurn. Die Gorytes-Weibchen sind ebenfalls fast schwarz; ihre Flügel sind dunkelpurpurn und erzeugen eine Glanzstelle, wenn sie über dem Hinterleib zusammengelegt sind. Auch die Blüte hat so eine Glanzstelle im »richtigen« Bereich; man nennt sie Spiegelfleck und findet sie auch bei anderen Arten, beispielsweise der Spinnen-Ragwurz, Ophrys sphecodes (Farbtafel 14a). Weiter ist erwiesen, daß die Männchen sehr stark von weibchenspezifischen Duftstoffen gelenkt werden. Sind solche anregenden Düfte vorhanden, so spielt die Form des beflogenen Körpers gar nicht mehr die ausschlaggebende Rolle. Mit unserer Nase können wir solche Duftstoffe auch riechen, wenn sie uns auch nicht gerade erotisch stimulieren. Das Erstaunliche ist nun, daß die Blüten der verschiedenen Ophrys-Arten ganz ähnlich riechen. Wenngleich die Untersuchungen noch nicht abgeschlossen sind, spricht doch einiges dafür, daß es sich bei Pflanze und Tier um chemisch sehr ähnliche, wenn nicht identische Lockstoffe handelt! Von Düften geleitet und im Nahbereich von Form und Farbe bestimmt, fliegt nun so ein Wespenmännchen die Orchideenblüte probeweise an. Sobald es Fuß gefaßt hat, müssen aber andere und weitere Schlüsselreize stimmen. Die Weibchen sind am Rücken stellenweise kürzer oder länger behaart, und zwar in ganz spezifischen Feldern, die noch dazu einen ganz bestimmten »Strich« aufweisen. Außerdem sind sie mit dem Rücken nach oben gewölbt. Alle diese mechanischen Eigentümlichkeiten der Weibchen »ahmt« nun – wieder anthropomorph gesprochen – das große Blütenblatt (Labellum) unserer Ophrys-Blüte »nach«. Wenn sie zudem nicht zu groß und nicht zu klein ist, beginnt das Männchen mit seinen Kopulationsbewegungen und tupft dabei auch den Kopf auf. Das nun ist offensichtlich der ganze Zweck des komplexen Anlokkungs- und Reizmechanismus, denn erst jetzt können sich die Pollinarien an die Stirn des bestäubenden Männchens kleben.

3 Darf man hier von Täuschung sprechen?

So spricht also gar nichts dagegen, daß sich hier eine pflanzliche Evolution und Spezialisierung aufzeigt, die Insektenmännchen richtiggehend täuscht, sie unter Vorspiegelung falscher Tatsachen dazu benutzt, die eigene Pflanzenart zu erhalten. Diese Entwicklung scheint bei der Gattung Ophrys zu ganz engen Tier-Pflanzen-Bindungen geführt zu haben (*eine* Ophrysart ist auf *eine* Insektenart oder -gattung spezialisiert, beispielsweise die mittelmeerische Bienenragwurz, Ophrys apifera (Abb. 6, 2) auf die Männchen von Langhornbienen der Gattung Eucera). Es kommen aber auch Überschneidungen vor, dergestalt, daß Männchen einer Insektenart mehrere Ophrysarten anfliegen. Vielleicht ist damit die Neigung dieser Pflanzengattung zur Bastardierung zu erklären. Vollständig gelingt die Täuschung im übrigen nie. Das Männchen macht zwar Kopulationsbewegungen, ejakuliert aber sein Sperma nicht. Doch funktioniert der Trick so weit, daß die Pollinarien der Pflanze übertragen werden, und darauf kommt es ja an. Dürfen wir also hier von einer Täuschung sprechen? Gibt es Formen der Tier-Pflanzen-Beziehungen in unserer Umwelt, in der die Pflanze ein Tier austrickst? Es gibt keine streng objektiven Terminologien in der Wissenschaftssprache, und man kommt um Anthropomorphismen nicht herum. Wenn man die Beobachtung überhaupt in sprachliche Bilder fassen will, muß man solche Vokabeln wohl akzeptieren. Nur weiß jeder Informierte natürlich, wie sie gemeint sind. Die Pflanze denkt sich sozusagen nichts dabei – alles ist zufällige Evolution, wenngleich die Einsicht darüber genauso schwerfällt wie die Vorstellung, daß sich ein so komplexes Gebilde wie unser Auge durch Zufallsmutationen entwickelt hat. Mit überzeugenderen Erklärungen kann die Wissenschaft aber nicht aufwarten. Immerhin: Es muß etwas nicht deshalb nicht unzutreffend sein, weil es unseren Vorstellungsrahmen sprengt.

4 Die Seezunge tarnt sich

Täuschung: – Die Ragwurzarten und die »hineingelegten« Hautflüglermännchen haben uns dieses Phänomen des Überlistens in perfekter Ausbildung vorgeführt. Tarnung: – Ein gutes Beispiel ist die

Scholle, ein noch besseres die Seezunge, Solea solea. In vielen Orten des Mittelmeers gibt es meeresbiologische Aquarien, so beispielsweise in Dubrovnik, Piran, Venedig oder in Monaco, Banyuls-sur-Mer. Manche mögen ein wenig südländisch verkommen erscheinen, aber das soll vom Besuch nicht abhalten. Es gibt kaum etwas Zauberhafteres und zugleich Informativeres als die schweigende, krabbelnde Welt in Glasbehältern. Gelegentlich aber sieht man sich vergebens nach den auf Tafelanschriften angegebenen Tieren um: Die Seezunge, wo ist sie? Wenn nicht der Kopfbuckel wäre mit den beiden Augenhöckern, sie

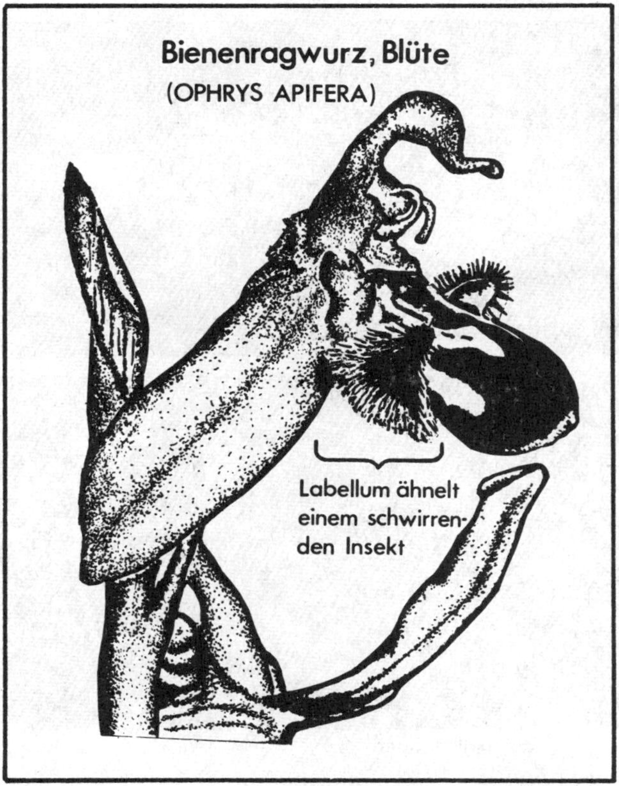

Abbildung 6.2

wäre einfach nicht zu entdecken, und dabei liegt sie groß und platt auf dem Sand. Allerdings tragen der flache Körper und die Flossensäume eine Färbung und strukturelle Zeichnung, die dem Sandboden täuschend ähnlich angepaßt ist. Es werden nicht nur Helligkeit und durchschnittliche Färbung des Untergrunds nachgeahmt, sondern sogar strukturelle Einzelheiten wie mittlere Größe der »Sandkörner«,

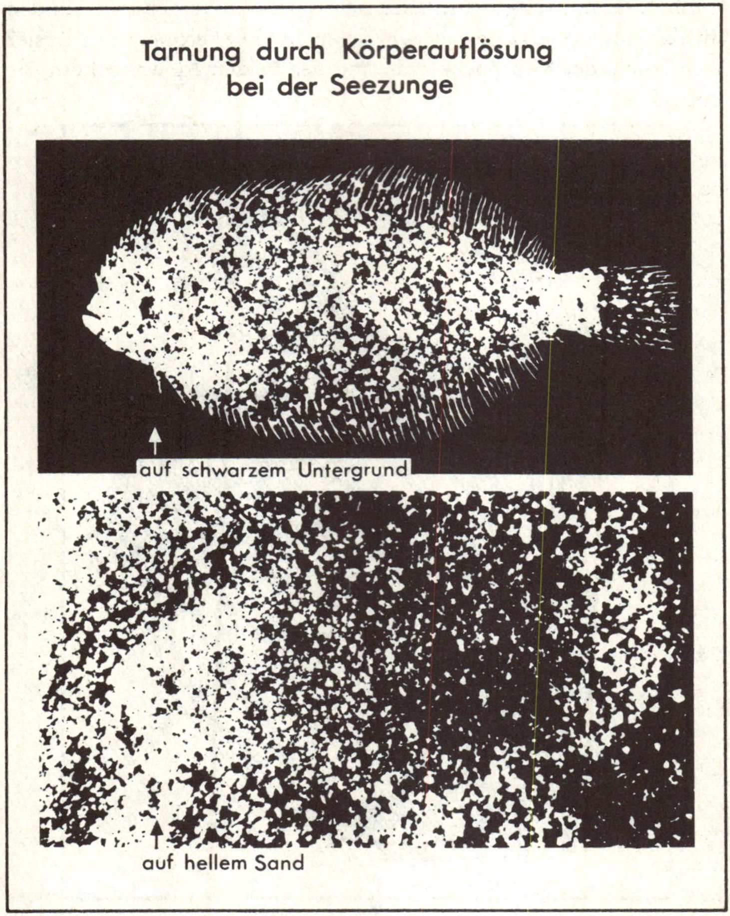

Abbildung 6.3

Hell-Dunkel-Verteilungen, Schattenwürfe von Steinchen und so weiter (Abb. 6, 3). Insgesamt löst das Tier auf diese Weise seine Körperumrisse so sehr auf und paßt die freie Breitseite so sehr an den Untergrund an, daß Umwelt und Tier für den Betrachter ein und dasselbe werden. Höchstens an den schmalen Einsenkungen, die die spielenden Flossensäume aus dem Sand herausmodelliert haben, läßt sich bei schräg einfallendem Seitenlicht die Körperkontur herausahnen. Wechselt die Seezunge von einem Untergrund auf den anderen, oder bietet man ihr im Aquarium eine anders gefärbte und anders strukturierte Umwelt an (auf meeresbiologischen Exkursionen machen unsere Studenten solche Versuche jedes Mal [Farbtafel 13c]), so ändert die Seezunge ihre Anpassung an den Untergrund innerhalb weniger Viertelstunden vollständig. Sie kann dunkler werden oder heller, das Muster kann sich verändern, die Flecke werden größer oder kleiner, ebenso die Hell-Dunkel-Anteile. Nach einiger Zeit ist die neue Anpassung abgeschlossen. Der Fisch muß dazu seine Umwelt sehen können; die Augen sind also notwendig. Mit einem geblendeten Exemplar funktioniert das Ganze nicht mehr. Den eigenen Körper braucht er aber nicht zu sehen. Bedeckt man ihn mit andersfarbigem Sand (eine Situation, die in der Natur natürlich nicht vorkommt), so bildet sich darunter trotzdem die »richtige« Anpassung an den umgebenden Boden.

Welchen Vorteil ziehen die Seezungen nun aus ihren Tarnkünsten? Die Antwort erscheint trivial: Sie werden von Freßfeinden weniger entdeckt, als wenn sie auffällig gefärbt wären, und hat somit eine größere Chance zu überleben und ihre Art zu erhalten. Und wie hat sich diese Tarnkappe entwickelt? Gehen wir davon aus, daß die Vorfahren der Seezunge in grauer Vorzeit die Fähigkeit zum perfekten Farbwechsel noch nicht besaßen, so müssen im Laufe der Evolution gerade diese Tiere übriggeblieben und zur Fortpflanzung gekommen sein, die die Fähigkeit besaßen, sich ein wenig besser an den Untergrund anzupassen als andere Individuen. So trugen zur Arterhaltung immer überwiegend diejenigen Tiere bei, die sich besser anpassen konnten als andere, und deshalb wurde die Fähigkeit zur besonders guten Anpassung über den Farbwechsel herausselektioniert. Daß dem wirklich so war, dafür gibt es nun ein recht überzeugendes Beispiel aus der jüngeren Geschichte der Naturbeobachtung, und zwar bei Insekten. Das Stichwort heißt: »Industriemelanismus«.

5 Industriemelanismus beim Birkenspanner

Zu einer weniger bekannten Schmetterlingsfamilie, den Spannern, gehört der Birkenspanner, Biston betularius. Das ist ein »birkenweißer« Schmetterling mit einer feinen dunklen Strichelzeichnung. Wenn er sich nach Spannerart mit ausgebreiteten Flügeln auf eine Birkenrinde setzt, ist er praktisch nicht auszumachen (Abb. 6, 4a), weder durch den beobachtenden Blick des Menschen noch von einem nahrungssuchenden Vogel. Wie bei vielen Tieren gibt es auch beim Birkenspanner eine Dunkelform, die den schwarzen Farbstoff Melanin enthält (man nennt sie »carbonaria« [Abb. 6, 4b]). Daß sie diesen dunklen Farbstoff bildet, das ist genetisch festgelegt; sie besitzt ein dafür dominantes Gen, wie man sagt. Alle ihre Nachkommen werden dunkel sein, genauso wie alle Nachkommen von »betularia typica« hell sein werden, wenn sich weiße Männchen und weiße Weibchen paaren. Vor 1850 war in England die melanistische, die dunkle Form, sehr selten. Es ist verständlich warum: Da sie an den gleichen Plätzen auftritt wie die helle, bevorzugt also auf Birkenrinden sitzt, fällt sie viel stärker auf und wird von einem nahrungssuchenden Vogel eher weggepickt. Damit kommt sie weniger zur Fortpflanzung und bleibt selten. Die Verhältnisse änderten sich aber mit der beginnenden Industrialisierung. Da wurde die

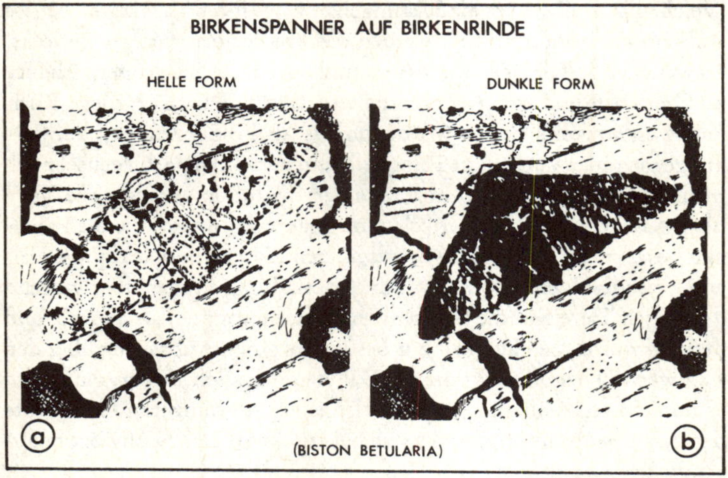

Abbildung 6.4

Umwelt von Rußschwaden einheitlich grau gefärbt, und die Birken wurden zunehmend abgeholzt. Nun kehrte sich die Situation um. Auf dem grauschwarzen Untergrund fielen die weißen Spanner viel stärker auf, wurden aufgefressen; die schwarzen dagegen weniger – sie pflanzten sich nun stärker fort. In der Umgebung von Manchester waren kurz vor der Jahrhundertwende bereits 95 % aller Birkenspanner melanistisch.

So weit, so gut. Das einfache Erklärungsschema, daß hell auf dunkel und dunkel auf hell mehr auffällt und deshalb stärker weggefressen wird, leuchtet ohne weiteres ein. Aber ist es auch wirklich so? Auch scheinbar selbstverständliche Dinge können bei näherem Hinsehen gar nicht so einfach sein. Die Lösung bringt immer das Experiment. So entschloß sich um die Mitte unseres Jahrhunderts der englische Professor Kettlewell zu folgendem Großversuch. Er setzte nach und nach mehrere tausend Birkenspanner frei, und zwar helle und dunkle Exemplare, die aus Puppen im Labor schlüpften und gekennzeichnet waren. Die Tiere verteilten sich auf die Birkenstämme der Umgebung, und von Beobachtungszelten aus konnte nun durch viele Einzelprotokolle nachgewiesen werden, daß eine ganze Reihe von Vögeln die Spanner wirklich fingen und abpickten, vor allem Fliegenschnäpper, Rotkehlchen, Rotschwänzchen, Singdrosseln und andere. Nun war die Umgebung des Labors nicht vom Industrieruß verschmutzt; die Baumstämme waren hell und mit stark reflektierenden Flechten bewachsen. Die Protokolle zeigten, daß von 190 beobachteten Fängen 164 auf Dunkelexemplare und nur 26 auf helle fielen. Offensichtlich hatten sich die dunklen Tiere stärker abgehoben. Aber war diese Beobachtung wirklich aussagekräftig? Man mußte noch nachprüfen, wieviel von den insgesamt freigelassenen hellen und dunklen Tieren überlebten. Das ließ sich stichprobenartig dadurch erkennen, daß man die Tiere des nachts mit weißen Leinwänden, die von stark ultravioletthaltigen Lampen hell angestrahlt waren, anzog. So ließen sich die anfliegenden Schmetterlinge leicht absammeln. Es zeigte sich, daß 4,7 % von den insgesamt freigelassenen dunklen, aber 13,7 % von den freigelassenen hellen Formen wieder gefangen wurden. Wenn man davon ausgeht, daß sich dunkle und helle Tiere gleich stark vom Scheinwerferlicht angezogen fühlen – und nichts spricht dagegen –, dann kann man die Fangquote wohl nur so interpretieren, daß insgesamt tatsächlich mehr helle als dunkle übriggeblieben waren. Wahrscheinlich sind also

die dunklen stärker durch Freßfeinde dezimiert worden. Aber die Anpassung an die Ähnlichkeit und Strukturierung der Umwelt – sprich Tarnung – geht noch stärker in die Details. In dem Jahrhundert zwischen 1850 und 1950 wurde die Umgebung der englischen Industrieorte zunehmend trister und grauer. Parallel dazu wurden die zuerst nur mittelgrauen melanistischen Formen immer dunkler, bis nahezu »steinkohlenschwarz«! Ein solcher Industriemelanismus konnte im übrigen nicht nur beim Birkenspanner beobachtet werden, wenngleich dieser wegen seiner hellen Ausgangsfärbung das beste Beispiel ist. Nicht weniger als 70 von den 780 englischen Schmetterlingsarten werden zunehmend dunkler, gehen also den gleichen Weg. In Amerika sieht es im übrigen nicht anders aus. In der Umgebung der nordamerikanischen Industriestädte sollen bereits mehr als 90 % der Schmetterlingsarten melanistische Züge aufweisen.
Ist diese Erscheinung – Steigerung der Überlebenschancen durch Helligkeitsangleichung an die Umwelt, also Tarnung – reversibel? Das ist ganz sicher. Wenn die Umwelt einmal wieder sauberer werden sollte, werden aus den verbliebenen Reservaten nicht nur wieder mehr Arten und mehr Individuen in die früher lebensfeindlichen »Nischen« einwandern, so wie die Aale und Lachse wieder in die zunehmend reiner werdende Themse. Es wird sich auch das Farbspektrum wieder zurückverschieben, da die Ausleseprinzipien gleichbleiben und beide Helligkeitsformen nach wie vor existieren, wenn auch in sehr unterschiedlichen Dichten. Voraussetzung ist natürlich, daß es auch noch Vögel gibt, die Schmetterlinge fressen.

6 Mimikry, Selbstschutz durch Nachahmung

Haben die Ragwurzarten Hautflüglermännchen durch Vorspiegelung falscher Tatsachen »überlistet« und in ihre Dienste gespannt, so führen Seezunge und Birkenspanner – zwei Beispiele für viele – den Trick vor, wie man durch Tarnung den Eindruck erweckt, man sei gar nicht da. Beide Methoden der zwischenartlichen Einflußnahme funktionieren und führen zu so hochevolvierten Beziehungen, wie sie sich heute darbieten. Man kann durch detaillierte Feinausgestaltung den Kontakt zwischen zwei Arten herbeiführen, die sich sonst in keiner Weise begegnen würden – und man kann durch andere Tricks den Kontakt mit einem Freßfeind weitgehend vermeiden. Beide Mechanismen sind arterhaltend. Ein dritter kommt hinzu, dessen Zustandekommen und Bedeutung in der Literatur immer noch hart diskutiert wird: Man kann sich Vorteile schaffen, indem man einem Freßfeind vorspiegelt, man sei eine andere – giftige oder ekelhaft schmeckende – Art. Ein Vogel, der einmal Bekanntschaft mit einer wild um sich stechenden Hornisse gemacht hat, wird dieses charakteristisch gelb-schwarz gezeichnete wehrhafte Insekt kaum noch einmal angreifen. Er merkt sich das fürs Leben. Da gibt es den Hornissenschwärmer, einen ganz harmlosen – und nehmen wir an, »gut schmeckenden« – Schmetterling. In Größe und Farbzeichnung ähnelt er entfernt einer Hornisse. Seine Flügel sind beispielsweise nicht mit Schuppen besetzt, sondern durchscheinend wie die des wehrhaften Vorbilds. Trifft der hungrige Vogel einen solchen Schwärmer, so besteht eine gewisse Chance, daß er ihn mit seinem Erinnerungsbild »Hornisse« vergleicht, fälschlich als identisch einstuft und sich seines unangenehmen Erlebnisses erinnert. Wahrscheinlich wird der Vogel den Schwärmer dann in Ruhe lassen. Das »Vorbild« Hornisse hat einen »Nachahmer« gefunden, den Hornissenschwärmer. Beide senden über das reflektierte Licht Informationen über ihre Größe, Gestalt und Färbung aus, und diese lösen beim »Empfänger«, dem Freßfeind Vogel, eine bestimmte Reaktion aus. Auch uns erscheint ja eine schwarz-gelbe Insektentracht »gefährlich« (Farbtafel 15a bis d), wohl weil wir alle schon Bekanntschaft mit stechenden Wespen gemacht haben. Hat er gelernt, daß das »Vorbild« besser nicht gefressen wird, und verwechselt er den »Nachahmer« mit dem »Vorbild«, so hat dieser Nachahmer einen Selektionsvorteil. Er wird – diesmal – eben nicht gefressen, kann sich am Fortpflanzungsgeschäft beteiligen und seine Art erhalten, somit auch seine »falsche Warntracht« weiter vererben. Man nennt diese Nachahmungserscheinungen »Mimikry«. Es gibt noch eine Reihe anderer Phänomene, die man auch als Mimikry bezeichnet, und es gibt auch bessere Beispiele als das eben genannte. Aber sie stammen allesamt nicht aus der einheimischen Fauna. Die besten Beispiele liefern der malaysische Urwald und die afrikanische Steppe. Bei uns gibt es dagegen ein hübsches Beispiel von Mimikry mit umgekehrten Vorzeichen, wenn man so will.

7 »Mimikry« mit umgekehrten Vorzeichen

Im allgemeinen liegt der evolutive Vorteil für einen Nachahmer darin, daß er gerade wegen seiner auffallenden »falschen Warntracht« nicht gefressen wird. Ein bestimmtes Fortpflanzungsstadium eines einheimischen Saugwurms verhält sich nun gerade so, *daß* es gefressen wird. Es sieht so aus, als würde es in Form und Bewegungsweise einen kleinen Wurm nachahmen und reizt so einen Vogel zum Aufpicken. Im Körper angelangt, wandelt es sich nun aber zum fortpflanzungsfähigen Parasiten um, der im Vogel schmarotzt. Es ist der Saugwurm Leucochloridium macrostomum. Seine Eier werden mit dem Vogelkot abgegeben. Aus ihnen entwickelt sich eine Larve. Miracidium genannt, die sich beispielsweise in den Wassertümpeln feuchter Wiesen lange hält. Wird dieses kleine bewimperte Etwas von einer Bernsteinschnecke (Abb. 6, 5 a) mitgefressen, die in diesem Biotop vorkommt, so entwickelt es sich im Schneckenkörper weiter zum nächsten Vermehrungsstadium, der sogenannten Sporozyste (Abb. 6, 56). Diese bildet ein Wurzelgeflecht mit langen Ausläufern, von denen zwei in die Fühler

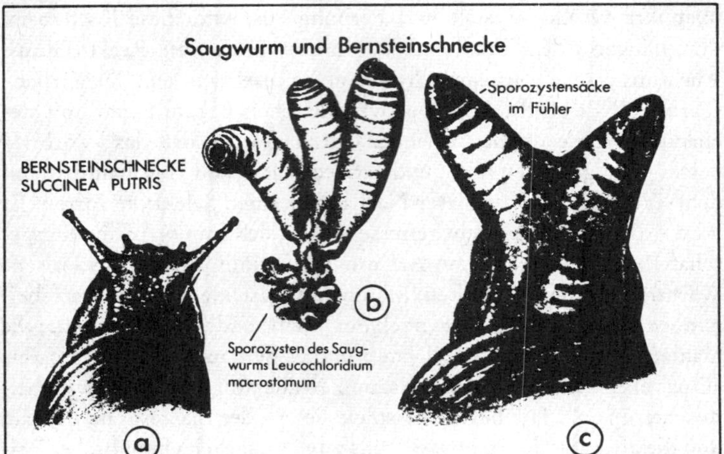

Abbildung 6.5

der Bernsteinschnecke einwandern und diese keulenförmig-dick auftreiben. Die Sporozystensäcke in den Fühlern sind charakteristisch grünlich und bräunlich geringelt und scheinen mit dieser Färbung durch die straff gespannte, zarte Fühlerhaut durch. So sehen die Fühler nun tatsächlich aus wie kleine Würmer (Abb. 6, 5c). Und nicht nur das: Die Sporozysten ziehen sich auch noch rhythmisch zusammen und dehnen sich wieder aus, etwa einmal pro Sekunde. Außerdem ändert die Schnecke ihr Verhalten: Sie verkriecht sich nicht mehr ins Dunkle, sondern sucht nun gerade das Helle. Kommt nun ein Singvogel, so wird er mit einiger Wahrscheinlichkeit die hin und her pendelnden graugrünen Dinger abpicken, weil er sie für Würmer hält. Es gibt auch Berichte, nach denen der Sporozystensack beim ersten Picken ausgestoßen wird und sich nun auf dem Boden dahinringelt, tatsächlich wie ein Wurm. Die Sporozystensäcke enthalten, sozusagen vorgefertigt, die nächste Vermehrungsgeneration, die die Biologen als Cercarien bezeichnen. Sie werden im Körper des Endwirts – des Vogels – frei, und aus ihnen entwickelt sich nun der endgültige Wurm. Die Bernsteinschnecke Succinea war nur ein Zwischenwirt auf dem Wege zum Endwirt. Früher kannte man im übrigen diese Zusammenhänge noch nicht und hat sowohl die Sporozyste als auch den geschlechtsreifen Wurm als eigene Art beschrieben. Die erstere hieß Leucochloridium paradoxum, der letztere Distomum macrostomum. Seitdem die Zusammenhänge bekannt geworden sind, hat man den ersteren Gattungsnamen und den letzteren Artnamen zusammengekoppelt. Es gibt auch noch andere Cercarien, die Insektenlarven oder Kleinkrebse nachahmen. Ihre Endstadien leben in Fischen.

Könnte man den Hornissenschwärmer als Nachahmer der Hornisse mit dem Ausdruck »konservierende Mimikry« belegen, so müßte man die Saugwurmsporozyste als Nachahmer eines sich dahinringelnden Wurms, der zum Fressen reizt, mit dem Prädikat »aggressive Mimikry« versehen. Aber das ist Wortspielerei. In jedem Fall kommt es darauf an, daß der Nachahmer einen selektiven Vorteil hat. Der eine »will nicht gefressen« werden, »damit« er sich fortpflanzen kann, der andere »will« gerade zum Zwecke der Fortpflanzung gefressen werden!

Es ist wenig bekannt, daß man sogar bei Pflanzen so etwas Ähnliches wie eine Mimikry beobachtet hat. Diese setzt ja immer voraus, daß ein »Empfänger« sich dem »Nachahmer« gegenüber so verhält, wie es ihm dem Vorbild gegenüber entweder angeboren ist, oder wie er es durch

Versuch und Irrtum erlernt hat. Der Empfänger ist also das eigentliche Regulativ. In der Geschichte der Nutzpflanzen war es nun so, daß der Mensch bestimmte, als wertvoll erkannte Pflanzenarten systematisch gezüchtet und gefördert hat, andere dagegen, die den Nutzpflanzen Konkurrenz machten, als Unkräuter systematisch bekämpft hat und auszurotten sucht. Das geht natürlich nur dann, wenn er Pflanze und Unkraut unterscheiden kann. Gelingt es einem Unkraut, eine Nutzpflanze zu »kopieren«, so kann sie unter Umständen gegen den eigentlichen Willen des Züchters »mitgeschleppt« werden. Im Extremfall kann sie sich dann durch weitere, anfänglich unbeabsichtigte Förderung zu einer echten Nutzpflanze entwickeln. Es ist witzigerweise nachweisbar vorgekommen, daß sich durch Mimikry ein Unkraut zur Nutzpflanze hochgedient hat, weil es den sortierenden Menschen durch Nachahmung einer bevorzugt behandelten Form getäuscht hat. So waren Roggen und Hafer zunächst Unkräuter (Bergroggen, Secale montanum und Flughafer, Avena fatua) in den Weizen- und Gerstenfeldern des steinzeitlichen Menschen. Heute sind sie hochgeschätzte Kulturpflanzen.

Täuschung – Tarnung – Nachahmung: Unsere Umwelt gibt viele Beispiele von diesen Querbeziehungen zwischen zwei weit auseinander stehenden Arten oder den Dreiecksverhältnissen zwischen Nachahmer, Nachgeahmtem und dem regulierenden Empfänger.

III Die Umwelt beinhaltet auch ein unsichtbares Netz physikalischer Sachzwänge

7 Der Schwerkraft unterworfen: Warum wachsen die Bäume nicht in den Himmel?

Wir können überall in der Natur sehen, wie ganz einfache geometrische Größenbeziehungen Bau und Leben, ja selbst Ökologie und Verhalten von Tieren in geradezu beherrschender Weise mitbestimmen. Größenbeziehungen dieser Art ziehen sich durch die gesamte Biologie und Umwelt und haben überall einen maßgeblichen Einfluß, oft mehr und differenzierter, als selbst der Fachmann es sich vergegenwärtigt. So prägen sie aufs feinste Form, Gestalt und Baukonstruktionen im Bereich des Organischen. Die Bäume wachsen nicht in den Himmel. Das ist nicht nur ein Sprichwort.

Aber warum eigentlich wachsen sie nicht »in den Himmel«? Warum gibt es keine tausend Meter hohen Bäume? Welche Gesetzmäßigkeiten spielen hier hinein? Warum kann es keine größeren Landsäuger geben als etwa Tiere von den doppelten Dimensionen eines Mammuts? Warum haben Wale und Dinosaurier die extremste überhaupt mögliche Größe unter den Wirbeltieren erreicht? Wir haben mit diesen Fragen bereits die Grundkategorien skizziert, die man mit einer solchen Betrachtungsweise angehen kann. Es sind dies: Beeinflussung des Baus von Stütz- und Tragekonstruktionen der belebten Welt sowie Beeinflussung der Tier- und Pflanzengestalt durch geometrische Größenbeziehungen. Auch hier gibt es Unerwartetes und Verblüffendes zu entdecken.

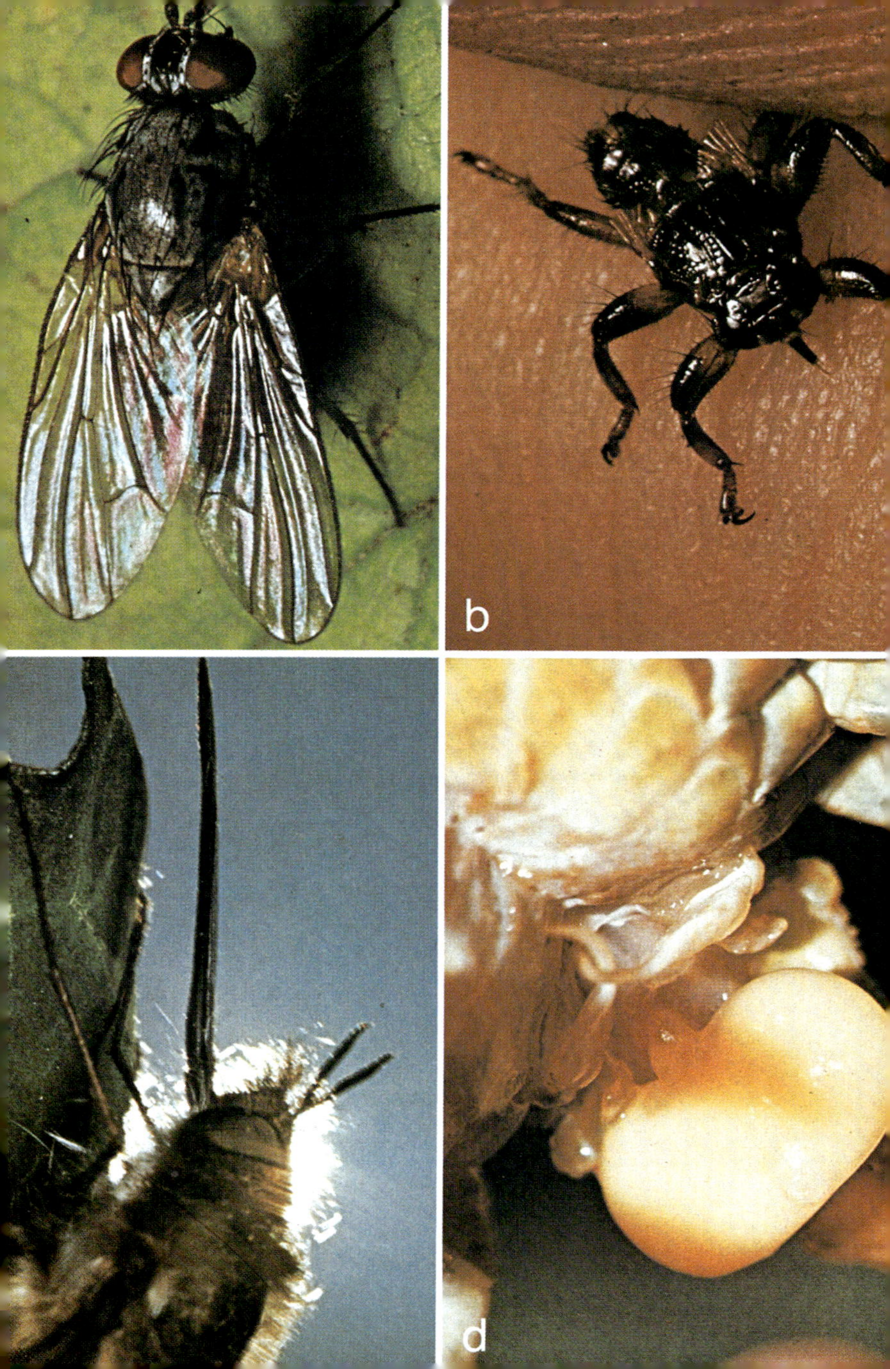
b
d

12 Parasiten

a Diese Blumenfliege (Anthomyide) ist kein Parasit. Sie zeigt die »typische« Fliegengestalt, wie wir sie beispielsweise auch von Haus- und Schmeißfliegen kennen. Ihre Flügel sind groß. Hier hat sie der Elektronenblitz aus einer günstigen Richtung erwischt, so daß sie in allen Farben irisieren. Erkennbar sind das Stabtragwerk der Adern und die wellblechartig auf- und abwärts verspannte Spreite.

b Auch das ist eine Fliege, und zwar die Hirschlausfliege Lipoptena cervi. Wenn man genau hinsieht, erkennt man noch zwei Flügelstummel. Die Fliege hat relativ große, wohlausgeformte Flügel besessen, mit denen sie ihr Opfer angeflogen hat. Dann hat sie sie bis auf die – gut sichtbaren – basalen Stummeln abgeworfen. Manchmal fliegt sie »versehentlich« auch Waldspaziergänger an. Das Tier ist glatt, flach; die Haut ist lederartig-kräftig; die Fußglieder tragen beachtliche Krallen.

c Auf einem Blatt sitzt ein Hummelschweber, Bombylius major. Im Gegenlicht strahlt sein Haarpelz; mächtig lang ist sein Rüssel. Ein seltenes Bild. Meist sieht man den Hummelschweber im Flug. Wie ein kleiner Hubschrauber steht er scheinbar ruhig im Raum, um dann mit einer blitzartigen Wendung einen anderen »Standplatz« aufzusuchen.

d Hier ist eine Krabbe von der Unterseite fotografiert. Mit Daumen und Zeigefinger wurde der nach vorn-unten umgeschlagene Hinterleib abgebogen. Links unten und rechts oben sieht man Teile der ansitzenden Beine. Das große eiförmige Gebilde ist die »Sacculina externa«, der Außenteil des im Körper parasitierenden Wurzelgeflechts der Sacculina carcini. Ihr abenteuerlicher Lebenskreislauf ist im Text ausführlich beschrieben.

1 Ist die Technik der Natur überlegen? Schlankheitsgrade von biologischen und technischen Bauten

Als man um die Jahrhundertwende noch gern biotechnische Betrachtungen durchführte – R. Francé war einer der Vorkämpfer und seinerzeit der bedeutendste Repräsentant dieser fachübergreifenden Denkweise, die heute in der Bionik eine neue Bedeutung gewonnen hat –, geisterte noch vielfach das Märchen von der Überlegenheit der Natur durch den Blätterwald. So stellte man beispielsweise folgendes fest: Ein ganz schlichter Getreidehalm wird 150 cm hoch und besitzt einen mittleren Durchmesser von 0,3 cm. Damit ist er 500 mal höher als er breit ist. Man sagt, sein »Schlankheitsgrad« beträgt 150/0,3 = 500. Verglichen mit einem ganz gewöhnlichen Strohhalm, so argumentierte man, ist das schlankste technische Hochbaugebilde von geradezu miserablen Proportionen. Als schlankstes Bauwerk der Welt galt in den zwanziger Jahren die Halsbrücker Esse bei Freiberg in Sachsen. Dieser Schornstein war 140 m hoch, besaß einen Bodendurchmesser von 8 m und einen mittleren Durchmesser von 5,5 m. Damit berechnet sich sein mittlerer Schlankheitsgrad zu 140/5,5 = 25,5. Der Strohhalm ist also 20mal schlanker gebaut als dieser im Vergleich immerhin nur bleistiftdick wirkende Riesenschornstein (Abb. 7, 1a). Also, sagte man, ist die Natur der Technik weit überlegen. Würde sie einen Riesenstrohhalm bauen, der so hoch wäre wie die Halsbrücker Esse, dann brauchte dieses Supergebilde nur 140/500 = 0,28 m im Mittel dick zu sein. Es wäre also bei Kirchturmhöhe eine röhrenartige Struktur, nicht dicker als ein Kilometerstein.

Dieses Märchen von der Überlegenheit der Natur wurde, einmal erfunden, fleißig weitergereicht und, da es schwarz auf weiß gedruckt war, auch geglaubt. Aber warum eigentlich ist es ein Märchen? Warum kann die Natur keine Riesenstrohhalme dieser Dimensionen bauen? Die Lösung ist einfach und wurde bereits in den zwanziger Jahren von Radorsky gegeben. Welzien hat daraufhin im Jahre 1927 einen Artikel in der populären Zeitschrift »Kosmos« zu diesem Problem veröffentlicht, dem auch die Abbildung 7, 1 entnommen ist.

Einfache Proportionsansätze führen hier zur Lösung. Wir erinnern uns, daß die Fläche mit der zweiten Potenz, das Volumen mit der drit-

Abbildung 7.1

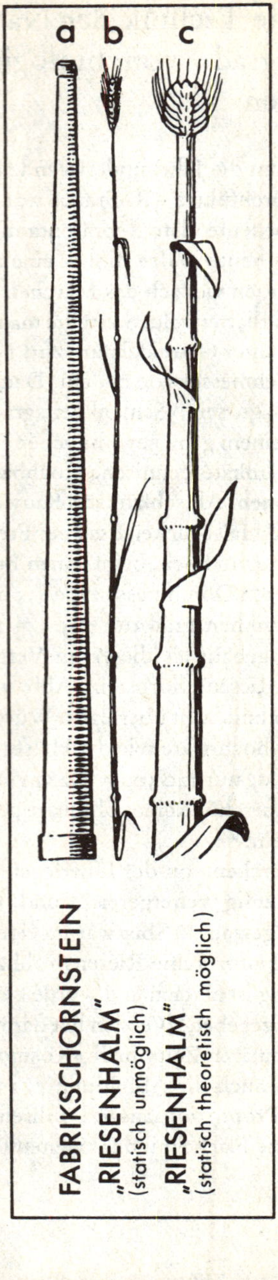

ten Potenz einer Längendimension steigt, wenn man die Absolutgröße eines geometrischen Körpers verändert. Den Strohhalm kann man durch einen Kreiszylinder annähern, dessen Volumen Querschnittsfläche mal Länge ist. Baute man ihn größer und größer, würde auch sein Gewicht steigen, und dieses Eigengewicht würde das System mehr und mehr belasten. Nun ist das Eigengewicht proportional dem Volumen, steigt also mit der dritten Potenz der Länge. Die inneren Widerstände des Systems gegen Belastung jedoch vergrößern sich – nach einem von Barba-Kick formulierten Gesetz der sogenannten »proportionalen Widerstände« – proportional zur Querschnittsfläche, also nur zur zweiten Potenz der Länge. Würde man diese Verhältnisse graphisch auftragen, so erhielte man eine »Sicherheitsschere«, die mit zunehmender Länge immer kleiner würde. Da das Eigengewicht stärker zunimmt als die Eigenwiderstände gegen Belastung, wird bald der Punkt erreicht, an dem die beiden Größen gleich sind. Vergrößert man weiter, bricht das System unter seinem eigenen Gewicht zusammen. In der Praxis bräche es freilich schon sehr viel früher, weil Beulungsinstabilitäten und dynamische Windbelastungen dazu kämen. So geht es also nicht. Einen Riesenstrohhalm von den gleichen Dimensionen des Ausgangsmodells könnte die Natur nicht bauen, ohne physikalische Gesetze zu verletzen. Wie würde ein Techniker vorgehen, wenn er die Längendimension eines Bauwerks größer machen müßte? Er würde die Querschnittsfläche F nicht proportional dem Quadrat der Länge l, sondern dem Kubus der Länge machen und damit das stärkere Anwachsen des Eigengewichts gerade kompensieren:

$$\text{nicht } F \sim l^2, \text{ sondern } F \sim l^3$$

Die Querschnittsfläche F ist nun aber selbst proportional dem Quadrat des Durchmessers d; $F \sim d^2$. Durch Einsetzen ergibt sich: $d^2 \sim l^3$. Für den Durchmesser selbst gilt dann $\sqrt{d^2} \sim \sqrt{l^3} \sim l \cdot \sqrt{l}$. Der Unterschied zwischen Märchen und Wirklichkeit liegt also einfach in dem Faktor $\sqrt{l}$. Für den Märchenbau gilt $d \sim l$; für die rauhe Wirklichkeit gilt $d \sim l \cdot \sqrt{l}$. Mit zunehmender Höhe müßte also der Schlankheitsgrad abnehmen; größere Höhe bedeutet plumperen Bau, wenn das Bauwerk stabil bleiben soll. Radorsky hat das bereits 1926 in ausführlichen Ableitungen gezeigt. Wie dick nun müßte die Natur den Riesenstrohhalm bauen, vorausgesetzt, sie würde ihn überhaupt bauen? Wenn sie ihn von 1,50 m auf 140 m vergrößert, würde sie ihn um den Faktor 140/1,5 = 93 überhöhen. Der Basisdurchmesser des Originals war 3 mm. Im Märchen betrüge der mittlere Durchmesser des Riesenstrohhalms, wie gesagt, $93 \cdot 3 = 279$ mm. In der Wirklichkeit dagegen müßte er $93 \cdot \sqrt{93} \cdot 3 = 2691$ mm oder rund 2,7 m betragen. Damit sänke der Schlankheitsgrad von ursprünglich 500 auf 140 m/2,7 m = 52. Das technische Bauwerk hatte einen mittleren Durchmesser von 5,5 m und einen Schlankheitsgrad von 26. Man sieht, daß sich die Proportionen schon annähern. Das natürliche Riesenbauwerk müßte zwangsläufig viel plumper ausfallen. Die Abbildung 7, 1 c zeigt die Verhältnisse.

Finden sich die eben abgeleiteten Gesetzlichkeiten – größere Bauhöhe muß zu plumperen Formen führen – in der Natur nun wirklich ausgebildet? Betrachten wir zu diesem Zweck die Abbildung 7, 2, in der die Absoluthöhen und die Schlankheitsgrade einiger größerer Pflanzen aufgeführt sind. Man sieht, daß das Gesetz bestätigt wird. Die Schlankheitsgrade nehmen mit größerer Höhe ab. Die größten bekannten Bäume, Sequoien, weisen nur noch Schlankheitsgrade von 15 : 1 auf. Noch höhere Bäume müßten noch stumpfer gebaut sein. Sie hätten riesenhafte Grundflächen. Bereits ein 300 m hoher Baum müßte, könnte ihn die Natur mit den ihr eigenen Festigungsgeweben sta-

In der Natur verwirklichte SCHLANKHEITSGRADE

Beispiel	Höhe [m]	maximaler Schlankheitsgrad λ_{max} [–]
Roggen	1,5	500 : 1
Bambus	25–40	133 : 1
Palmen	30–40	60 : 1
Tanne	70	42 : 1
Eukalyptus	128	28 : 1
Sequoien	> 100	15 : 1

Abbildung 7.2

tisch sicher konstruieren, eine Grundfläche von größenordnungsmäßig 500 bis 700 m^2 haben, so viel wie ein halbes Dutzend komfortabler Neubauwohnungen zusammengenommen! Überschlagsrechnungen zeigen, daß der dazu nötige Materialaufwand weder stoffwechselphysiologisch bereitzustellen noch durch sekundäres Dickenwachstum überhaupt anzulagern wäre. Daß die Bäume nicht in den Himmel wachsen, dafür sorgen zum einen einfache physikalische Gesetze, zum anderen die den Pflanzen eigenen Konstruktionsprinzipien und die festigkeitstechnischen Limits ihrer Stützgewebe.
Dieses Beispiel war sehr einfach, weil wir nur eine einzige Dimension betrachtet haben, nämlich die Länge oder Höhe eines natürlichen Bauwerks. Tiere und Pflanzen sind aber dreidimensional gebaut. Das Stützskelet eines Säugetiers, das Knochengerüst, an dem alle statischen und dynamischen Lasten angreifen, erstreckt sich ja in alle drei Dimensionen des Raumes. Wie sehen die Verhältnisse hier aus?

2 Statische Probleme bei kleinen und großen Tieren

Wenn ein Tier größer wird, so muß sein Skelet stärker dimensioniert sein, um die größere Körpermasse unterstützen zu können. Das bedeutet: Schwerere Tiere haben auch schwerere Skelete (Abb. 7, 3). Ein recht gutes relatives Maß erhält man, wenn man das Skeletgewicht auf das Körpergewicht bezieht. Multipliziert man diesen Bruch mit 100, so erhält man den prozentualen Anteil des Skeletgewichts am Körpergewicht. Wenn man vom Beispiel mit dem Roggenhalm und dem Fabrikschornstein ausgeht, so läßt sich ohne weiteres vorhersagen, wie sich dieser Prozentwert mit steigendem Tiergewicht ändern wird: Er wird größer werden. Größer einfach deshalb, weil mit zunehmendem Tiergewicht die belastende Körpermasse immer mehr die Überhand gegenüber den Widerstandskräften des Stützsystems gegen Belastung gewinnt. Deshalb kann ein tonnenschweres Nilpferd nicht die gleichen Skeletproportionen wie ein kiloschwerer Lemming besitzen, sondern muß ein vergleichsweise viel plumperes und damit relativ schwereres und belastungsfähigeres Skelet aufweisen. Ein Blick auf die Abbildung 7, 3 zeigt eine Darstellung dieses vielzitierten Beispiels nach einem klassischen deutschen Biologiebuch aus den dreißiger Jahren, »Tierbau und Tierleben« von Hesse und Doflein. Beide Tiere sind zeichnerisch auf gleiche Größe gebracht, und man erkennt, wie die stützenden Knochenelemente beim Nilpferd sehr viel mächtiger ausgebildet sind als beim kleinen Lemming. Während der relative Skeletanteil beim Lemming unter 10% liegt, steigt er beim Nilpferd auf über 20%! Bei diesem Anteil liegen auch die größenordnungsmäßig gleich schweren Elefanten und Rinder. Am anderen Ende, bei 8% Gewichtsanteil, liegen die Mäuse und Spitzmäuse. Dazwischen ordnen sich beispielsweise Menschen, Hunde, Katzen, Kaninchen entsprechend ihrem Körpergewicht ein (Abb. 7, 4). Dieselbe Tendenz läßt sich auch aus einem Gewichtsvergleich bei Vögeln herauslesen; sie ist beileibe nicht auf die Säugetiere beschränkt. Schwere Gänse von einigen Kilogramm Körpergewicht weisen im Durchschnitt 13,4% Gewichtsanteil auf, die kleinsten Zaunkönige nur noch 7,1% (Abb. 7, 4). Nicht nur im Pflanzen-, sondern auch im Tierreich bedeutet größer werden den Zwang, sich ein unproportional mächtigeres, damit auch schwereres und plumperes Stützsystem zuzulegen.

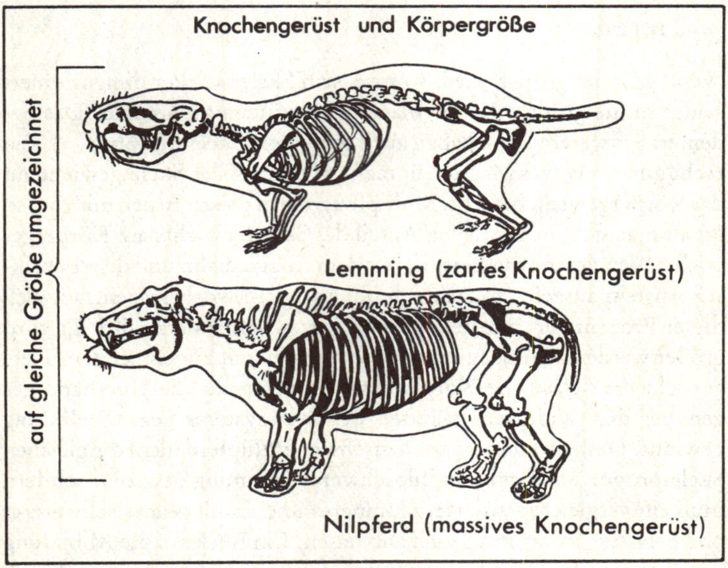

Abbildung 7.3

Man kann erahnen, wo eine obere Grenze für die Größe eines Tieres liegen wird: Sie wird dann erreicht sein, wenn die »Belastungsschere« sich schließt, wenn also das Skeletsystem die statischen und dynamischen Belastungen durch die Körpermasse nicht mehr abfangen kann. Der Elefant ist unser derzeit größter Säuger. Ob er wohl die theoretisch mögliche Körpergrenze schon erreicht hat? Es sieht nicht so aus, wie ein Vergleich mit ausgestorbenen, fossilen Tieren zeigt. Im Tertiär gab es Riesensäuger, weit größer als der Elefant. Im Jura und in der Kreide existierten bekanntlich die größten Landlebewesen aller Zeiten, Riesenechsen, Dinosaurier. Und gegen den heute noch lebenden, aber kurz vor der Ausrottung stehenden Blauwal, einem Meeressäuger mit weit über 100000 kg Körpergewicht, ist der Elefant wieder ein Zwerg. Es ist reizvoll, sich ein wenig in der Vergangenheit und der Gegenwart umzusehen und im großen Buch der Natur nachzublättern, was die größten und schwersten Tierkonstruktionen sind und waren und wie die »Phantasie der Schöpfung« mit den statischen Problemen der Tiergiganten fertig geworden ist. Wir werden Skeletelemente von unerhörter Massivität finden.

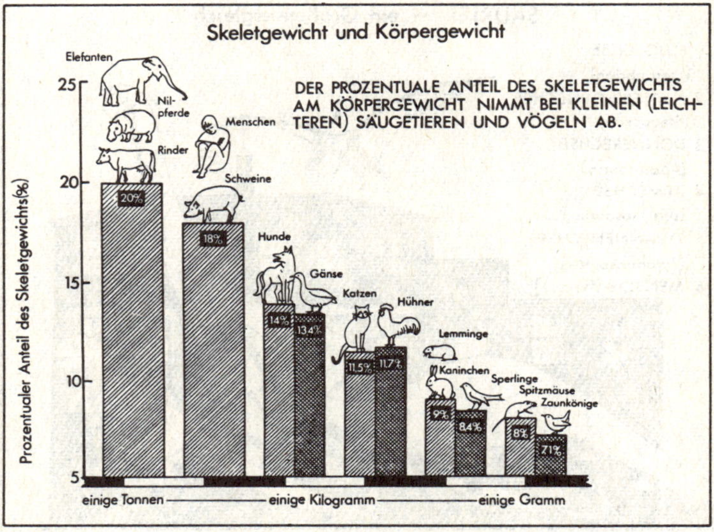

Abbildung 7.4

3 Dinosaurier und Wale: Tiergiganten des Erdmittelalters und der Jetztzeit

Vor rund 180 Millionen Jahren entwickelten sich die Riesenechsen, die Dinosaurier, aus zunächst kleinen Vorfahren. Auch die ersten eigentlichen Dinosaurier waren noch vergleichsweise kleine Geschöpfe, kaum größer als ein Zebra und so leicht, daß sie noch auf die Bäume klettern konnten. Innerhalb von 100 Millionen Jahren spalteten sich diese »kleinen« Echsen in eine Vielzahl von Formen auf und entwickelten Riesengebilde, allen voran die pflanzenfressenden Gattungen Brontosaurus, Diplodocus und Brachiosaurus (Abb. 7, 5). Vertreter der beiden ersteren Gattungen wurden 30 bis 40 Tonnen schwer. Den Rekord hält Brachiosaurus mit einem mutmaßlichen Gewicht von rund 50 Tonnen, einer Höhe von 15 m und einer Länge von nicht weniger als 27 m! Ein Gewicht von 50 Tonnen, das ist unerhört. So viel wiegen 10 ausgewachsene Elefanten oder 1000 Kinder, ein größeres Gymnasium voll. Nehmen wir an, daß die vier Extremitäten gleichmäßig belastet wurden, so fällt auf jede der Wert von 12,5 Tonnen. Sicher aber konn-

Abbildung 7.5

ten die Beine noch größere Lasten aushalten, denn einerseits stand das Tier ja nicht ruhig, sondern beanspruchte die Extremitäten dynamisch, andererseits konnte es sich sicher wenigstens kurzfristig etwas aufrichten, und schließlich waren ebenso sicher Sicherheitsfaktoren eingebaut, die kaum kleiner gewesen sein konnten als das Doppelte der maximal wirkenden Kraft. So wird ein Einzelbein kaum weniger als 40 bis 50 Tonnen ausgehalten haben müssen, bevor es hätte zu Bruch gehen können. Dementsprechend massiv waren die Knochen. Die Abbildung 7, 6a gibt eine Vorstellung von der Größe eines Oberarmknochens eines Brachiosaurus. Der badende Knirps in Abbildung 7, 6b weiß wohl nicht, daß er in einer fossilen Badewanne sitzt, dem versteinerten Fußabdruck eines solchen Riesentieres. Im Senckenberg-Museum in Frankfurt sind mehrere Dinosaurier-Skelete in museumstechnisch bewundernswerter Ausgestaltung aufgebaut. Niemand, der Frankfurt besucht, sollte sich das Gefühl entgehen lassen, unter dem Hals oder dem Schwanz eines solchen Riesen durchzumarschieren und mit der Hand über den Augen nach oben zu gucken, wo in Dachhöhe der Kopf schwebt. Von der größten Riesenechse, dem Brachiosaurus, besitzt die Sammlung »nur« eine ergänzte Hinterextremität, die an der Wand montiert ist. Aber allein dieser Eindruck ist schon wahrhaft erschlagend.

Riesentiere haben auch die erdgeschichtlich viel jüngeren Säuger hervorgebracht. Die Giraffe ist an die 5 m hoch, wiegt aber »nur« 1 Tonne. Der größte lebende Säuger, der afrikanische Elefant, erreicht eine Schulterhöhe von etwa 3,5 m und wiegt im Durchschnitt 5 Tonnen. Das ausgestorbene Mammut war über 4 m hoch und wog noch einmal halb so viel mehr, rund 7,5 Tonnen. Das größte und schwerste Säugetier aller Zeiten allerdings war ein Nashorn. Es lebte vor 20 bis 30 Millionen Jahren in Zentralasien, war nicht weniger als 5,50 m hoch und 8,50 m lang und wog schätzungsweise 18 Tonnen. Sein Gattungsname: Baluchitherium. Alle diese Tiere standen auf vier Beinen. Unter den Dinosauriern gab es aber auch Zweibeiner, Vertreter der pflanzenfressenden Gattung Iguanodon und der räuberischen Gattung Tyrannosaurus. Ein Iguanodon-Skelet ist ebenfalls im Senckenberg-Museum aufgebaut. Dort findet sich auch der Riesenschädel eines der größten Räuber unter den Dinosauriern, Tyrannosaurus rex. Das Tier war nicht weniger als 6 m hoch und maß von der Schwanzspitze bis zum Kopf 16 m. Es verfolgte seine Feinde im schnellen zweibeinigen Lauf, wobei es den

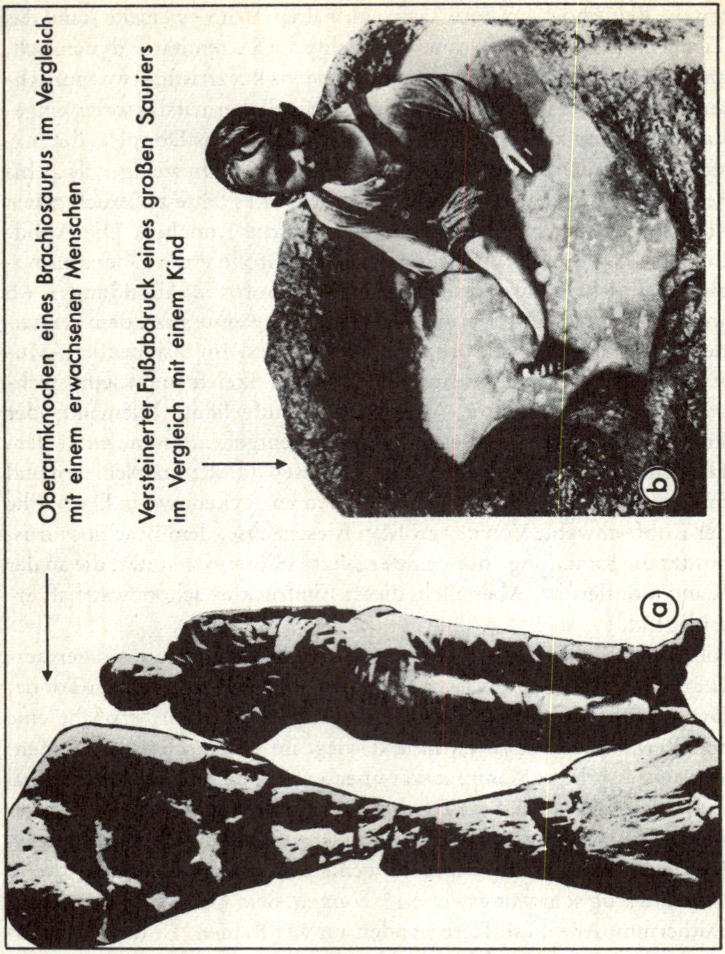

Abbildung 7.6

lang ausgestreckten Schwanz als Balancierstange benutzte. Die Vorderbeine sind im Gegensatz zu den riesigen Hinterextremitäten vergleichsweise klein. Sie dienen nicht mehr zum Abstützen des Körpers, sondern zum Ergreifen der Beute, tragen dafür mächtige Krallen und einen dolchartig zugespitzten Daumen, mit dem Tyrannosaurus wohl ohne weiteres die Körperwand von pflanzenfressenden Riesenechsen der Länge nach aufreißen konnte. Das Gebiß des mehr als meterlangen Riesenschädels ist ein furchterregender Wald aus 10 bis 15 cm langen Dolchen.

Doch zurück zu den Belastungsverhältnissen. Das zweibeinige Iguanodon beispielsweise wog wohl an ein Dutzend Tonnen und belastete beim Laufen jedes Einzelbein mit seinem vollen Gewicht. Rechnet man die dynamische Beanspruchung und einen Sicherheitsfaktor dazu, so mußte das Bein wohl auch an die 20 bis 30 Tonnen Belastung aushalten, ohne zu brechen.

Viele Forscher haben nun angenommen, daß Dinosaurier von rund 20 Tonnen Körpergewicht noch auf dem Land leben konnten, größere Formen dagegen nicht mehr. Brontosaurus und Brachiosaurus beispielsweise sollen im flachen Wasser gelebt haben, das durch seinen Auftrieb die Extremitäten sehr drastisch gewichtsentlastet hat. Mit ihren langen Hälsen sollen sie Unterwasserpflanzen abgeweidet haben, konnten aber auch meterhoch aus dem Sumpf herausschauen – Loch Ness – Ungeheuer der Vorzeit. Einige anatomische Sonderheiten sprechen für diese Theorie, beispielsweise die Lage der Nasenlöcher hoch oben am Scheitel, also nahe der obersten Stelle des Kopfes. Die Tiere hätten beim Atmen nicht den gesamten Kopf aus dem Wasser herausstrecken müssen. Und daß die Auftriebskraft Riesentiere ermöglicht, zeigen ja die Wale. Der größte jemals gefangene Blauwal wog nicht weniger als 136,4 Tonnen. E. J. Slijper, ein holländischer Forscher, der sich insbesondere mit Fragen der Größenbeziehungen im Tierreich befaßt hat, nennt diese Zahl in seinem sehr lesenswerten Büchlein »Riesen und Zwerge im Tierreich«. Der Wal wurde am 27. Januar 1948 von einem japanischen Walfänger erlegt. Er war 28 m lang, 2 m länger als der Durchschnittsblauwal. Die Jahres-Milchproduktion von nicht weniger als 265 Kühen hätte gerade gereicht, um so viel Fett zu liefern, wie der Tran eines einzigen Riesenwals. Vom kaufmännischen Standpunkt aus ist es verständlich, daß diese Tiere lange Zeit gejagt wurden. Jetzt sind sie am Aussterben, und außer Rußland und Japan haben alle

Staaten die unrentabel gewordenen Walfangflotten abgewrackt.
Ein Landlebewesen von mehr als 100 Tonnen Gewicht wäre absolut unvorstellbar. Was dieses Riesengewicht bedeutet, kann man sich durch die Überlegung klarmachen, daß ein ausgewachsener Blauwal nicht mit der Eisenbahn befördert werden könnte, weil er bei 26 m Körperlänge von 3 Güterwagen getragen werden müßte, von denen die kräftigsten allerdings lediglich eine Last von jeweils 18 Tonnen aufnehmen können. Man müßte ihn also, in Portionen zerhackt, auf 7 der schwersten offenen Güterwagen verteilen. Ein 100-Tonnen-Landtier ist, wie gesagt, absolut unvorstellbar. Neuerdings regt sich allerdings Zweifel an der Hypothese, daß die 50-Tonnen-Dinosaurier nur im Wasser leben konnten.
So bleibt am Ende unseres Ausflugs ins Reich der Riesen die Feststellung, daß die schwersten Tiere, die unter den Schwerkraftbedingungen unserer Erde leben konnten, zumindest 20, im höchsten Fall an die 50 Tonnen gewogen haben. Und man kann als sicher annehmen, daß ein einzelnes Hinterbein bei den Zweibeinern befähigt war, eine Last vom doppelten Körpergewicht aufzunehmen, bevor es zu Bruch ging, also etwa 20 bis 30 Tonnen. Vielleicht war das Hinterbein des gigantischen Tyrannosaurus rex, vielleicht auch die Hinterextremität eines Brachiosaurus das Nonplusultra an Stütz- und Tragekonstruktionen im Tierreich.
Mehr ist auf dieser Erde nicht erreichbar. Noch ein Dutzend Tonnen schwerer, und das Tier bricht unweigerlich unter seiner Eigenlast zusammen – wahrscheinlich allerdings schon früher unter der dynamischen Last eines einzigen falschen Schrittes oder eines Stolperers –, da nützten auch keine noch so ausgefeilten Knochenkonstruktionen und Materialeigenschaften.
Es ist im übrigen interessant zu sehen, daß die voraussagbar drastische »Verplumpung« des Skelets solcher Riesenechsen zwar in vielen Fällen tatsächlich gefunden wird, in anderen dagegen wieder weniger. Der deutsche Anatom und Biomechaniker Benno Kummer hat sich mit solchen Fragen im Detail auseinandergesetzt. Er vermutet, daß gerade die größten Echsen in ihren Riesen-Stützknochen eine noch bessere funktionelle Ausgestaltung der Knochensubstanz und noch günstigere Materialeigenschaften aufweisen als »mehr konventionelle« Tierkonstruktionen beispielsweise aus der Jetztzeit. Es ist auch nicht auszuschließen, daß manche wesentlichen strukturfunktionellen Beziehun-

gen da sind, die sich in unser heutiges Vorstellungsbild noch nicht einordnen lassen, die uns noch unbekannt sind. Bei all dem – unsere anfängliche Überlegung behält also Gültigkeit: Einfache Volumen-Oberflächen-Beziehungen zwingen einem großen Landtier ein unproportional massives Skelet auf, dessen »Verplumpungsgrad« irgendwo eine obere Grenze hat und das bei weiterer Größenzunahme das Gesamtgewicht nicht mehr zu tragen vermag. King Kong, der Bäume mit der Hand entwurzelt und nach Belieben mehrstöckige Häuser umwirft, muß eine Gestalt der Phantasie bleiben, zumindest unter den Schwerkraftverhältnissen unserer Erde. Einfache statische Gesetzmäßigkeiten lassen auch die Bäume nicht in den Himmel wachsen.

4 Warum wächst die Wurzel abwärts?

Nicht nur der ausgewachsene Baum, jeder Keimling ist der Schwerkraft unterworfen. Pflanzensaat wächst stets »vertikal«. Wie richtet sie sich nach der Schwerkraft aus?
Keimlinge haben eine Zeitlang nur eine einzige Wurzel, die sogenannte Primärwurzel. Und diese wächst tatsächlich kerzengerade nach unten. Der junge Sproß dagegen wächst genau nach oben. Gibt es Abweichungen von der Schwerkraftrichtung, so werden diese sofort ausgeglichen. Man kann sich davon leicht überzeugen. Ein paar Weizenkörner werden in zwei Blumentöpfe gesät. Die »Ostersaat« geht bald auf. Sobald die grünen Schößlinge einige Zentimeter lang geworden sind, wird einer der beiden Blumentöpfe schräggestellt oder gar um 90° gekippt (Abb. 7, 7b). Nach 3 bis 4 weiteren Tagen werden die Keimlinge unter der Wasserleitung vorsichtig herausgespült. Bei dem gekippten Topf hat sich die Schräglage ausgeglichen. Die Wurzel ist, von der Stelle ab, die sie vor der Kippung erreicht hat, nach unten abgebogen und wächst nun wieder senkrecht weiter. Genau umgekehrt hat der Sproß reagiert. Die Kontrollpflanzen im anderen Blumentopf sind dagegen kerzengerade. Wie »merkt« die Pflanze, wo unten und oben ist, wie die Schwerkraft verläuft? Und wie bringt sie es fertig, eventuelle Abweichungen wieder auszugleichen? Diese beiden zusammenhängenden Fragen haben die Wissenschaftler lange Zeit beschäftigt. Heute weiß man schon einiges Prinzipielle. Die Hauptuntersuchungsobjekte waren die Keimlinge der Maispflanze und des Hafers. Es ist nicht

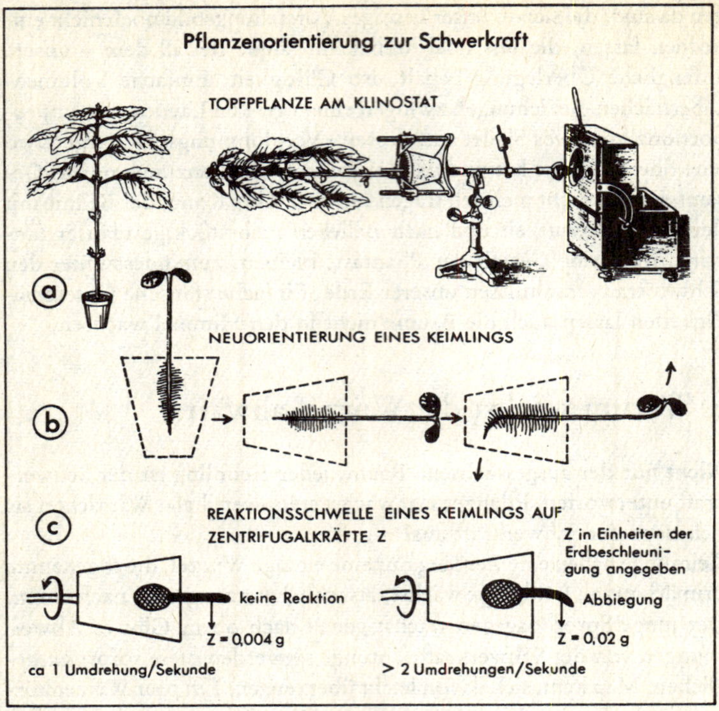

Abbildung 7.7

selbstverständlich, aber doch einigermaßen wahrscheinlich, daß die dabei gewonnenen Ergebnisse auch auf andere Pflanzen übertragbar sind.

Bei solchen Untersuchungen hat sich ein Trick bewährt, eine Maschine, mit der man die Schwerkraft zwar nicht auszuschalten vermag, ihre Wirkung auf die Pflanze aber sozusagen »austricksen« kann. Man nennt sie »Klinostat« (Abb. 7, 7a). Das ist nichts anderes als eine horizontale Achse, in deren Verlängerung man einen Blumentopf festklemmen kann und den man über einen Regelmotor in mehr oder minder schnelle Umdrehung versetzt. Wird ein Blumentopf mit frisch ausgewachsenen Keimlingen angeklemmt, so liegen diese jetzt, um 90° versetzt, horizontal. Flugs biegen Wurzel und Sproß entgegengesetzt um 90° nach oben und unten um. Dreht man jedoch die Achse mit einer geeigneten Umdrehungszahl (die man austüfteln muß), so läßt sich erreichen, daß Wurzel und Sproß durchaus waagrecht weiterwachsen, so, als wäre gar keine Schwerkraftwirkung da. Dieses verblüffende Experiment läßt sich unterschiedlich interpretieren. Eine Hypothese könnte so lauten: In den Pflanzenzellen befinden sich kleine, recht schwere Körperchen. Im Zellenprotoplasma sinken sie langsam ab. Dabei drücken sie auf irgendwelche, im unteren Teil der senkrecht ausgerichteten Zellen sitzende Rezeptoren, was immer das sei. Wenn diese den Druckreiz genau von oben bekommen, »wissen« sie, daß die Pflanze senkrecht ausgerichtet ist, und es passiert weiter nichts. Wird der Keimling aber schräg gekippt, rutschen auch die kleinen Schwerekörperchen schräg zur Zellachse weg, weil sie natürlich weiter in Schwererichtung wandern, diese nun aber einen Winkel mit der Längsachse der Zelle bildet. Das merken die Rezeptoren wieder, und nun setzen sie einen asymmetrischen Wachstumsprozeß in Gang. An der der Erdoberfläche zugewandten Seite wächst der schräg geneigte Sproß nun rascher, die Wurzel dagegen langsamer. Damit biegt der eine Pflanzenteil nach oben, der andere nach unten um, und die Richtung, in der die Schwerekörperchen sedimentieren (die Schwerkraftrichtung), bildet einen immer kleiner werdenden Winkel zur Längsachse der Zelle. Sobald dieser Winkel Null ist, ist eine Neuausrichtung erreicht, und die Asymmetrie in den Wachstumsvorgängen hört auf. Sproß und Wurzel wachsen nun an allen Seiten gleich schnell (jeder für sich), und so krümmen sie sich nicht weiter, sondern wachsen parallel zur Senkrechten. Wird die Pflanze in eine andere Richtung ausgekippt, so setzt sofort der Regelmechanismus wieder ein und korrigiert die Abweichung aus. Im Gebirge sieht man manchmal an schrägen Hängen, wie Bäume im Laufe der Jahre langsam aus der Vertikalen kippen. Trotzdem stehen die oberen Regionen der Stämme immer senkrecht; die Basis ist dagegen mehr oder minder stark gekrümmt. Auch hier scheint eine solche Einstellung zur Schwererichtung vorzuliegen.

5 Schwerekörperchen registrieren die Lage im Raum

Die Idee solcher kleiner Schwerekörperchen in pflanzlichen Zellen und eines Rezeptormechanismus drängt sich dem Biologen nahezu auf, da es im Tierreich analoge Organe großer Vielzahl gibt, in allen möglichen Tierstämmen, beispielsweise bei systematisch so weit auseinanderliegenden Organismen wie Rippenquallen, Krebsen und Wirbeltieren. Immer ist es so, daß eine Art Steinchen auf ein Polster von Sinneshaaren drückt. Verstellt sich das Tier, so rutscht das Steinchen schräg und reizt das Haarpolster nun anders als vorher; die Einzelhaare werden auf Scherung beansprucht. An den feinen Membranen der zugehörigen Sinneszellen entstehen als Folge dieses mechanischen Reizes auf reichlich komplexe – und durchaus noch nicht ganz verstandene – Weise unterschiedliche Ladungsverteilungen, die wieder zur Folge haben, daß feine elektrische Ausgleichsströme fließen. Als Folge davon wiederum wird eine ganze Kette von Ereignissen in Gang gesetzt, die schließlich zu periodischen, raschen Umpolungen der Sinneszellmembranen und der nachgeschalteten Nervenzellmembranen führen: Verschlüsselt in solchen rasch aufeinanderfolgenden Potentialschwankungen, den sogenannten »Nervenaktionspotentialen« (im Laborjargon kurz »Spikes« genannt), wird nun die Information weiter an Verrechnungsstellen des Zentralnervensystems geleitet; die Information nämlich, daß das Steinchen etwas anders drückt als bei der »Normalstellung«, daß das Tier also irgendwie schräg im Raum steht. Nachdem dieses Prinzip so vielfältig verwirklicht ist, in der Welt der Tiere jedenfalls, mag es vielleicht bei Pflanzen auch vorkommen? Da man bei Pflanzen große, aus vielen Zellen zusammengesetzte Schweresinnesorgane nicht gefunden hat, lag die Vermutung nahe, daß der ganze komplexe Mechanismus vielleicht in die einzelnen Zellen integriert ist, vielleicht auch

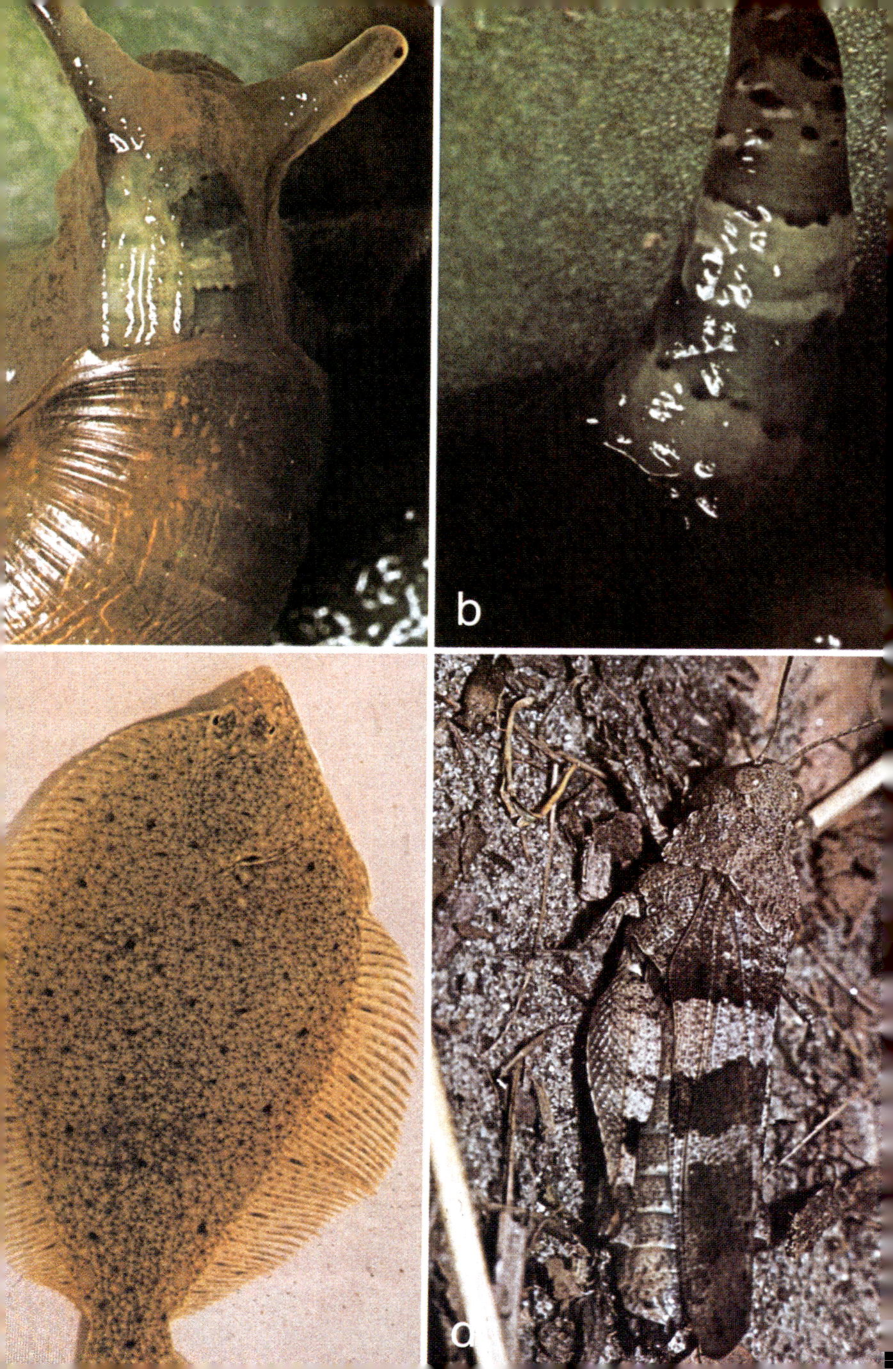
b
d

13 Auffälligmachen und Unauffälligmachen

a Die Abbildung a zeigt eine Bernsteinschnecke, Succinea putris, wie sie auf den Schilfhalmen in der Uferregion in großen Mengen zu finden ist. Auffallend sind die blasig aufgetriebenen Fühler. Durch die Haut im vorderen Körperabschnitt schimmert ein grünlich geringeltes dickes Gebilde. Das ist der Sporozystensack eines parasitischen Wurms, Leucochloridium macrostomum. Dieser Sporozystensack kann sich in einen Fühler einschieben, den er dann noch viel stärker aufbläht (Teilabbildung b).

b Hier tanzt er auf und ab und sieht, für sich betrachtet, wirklich aus wie ein Wurm, der wegkrabbeln will. Mit einiger Wahrscheinlichkeit wird ein Vogel dieses Gebilde tatsächlich für einen Wurm halten und aufpicken. Im Vogelkörper entwickelt sich der Parasit dann weiter. Der Text gibt genauere Auskunft.

c Ein Plattfisch des sandigen Meeresbodens liegt in einem hellen Versuchsbecken. Studenten auf einer meeresbiologischen Exkursion haben ihn zuerst auf grob-sandigen Untergrund gelegt und eine Stunde bei diffuser Beleuchtung liegenlassen. Nun spiegelt er das Sandmuster wider, an das er sich nach Färbung und Strukturierung der Körperoberfläche angepaßt hat.

d Beim ersten Blick sieht man nicht viel auf diesem Bild. Es ist ein Teil eines sandig-steinigen Weges an der Mittelmeer-Steilküste in Spanien. Die Bildhöhe beträgt etwa 10 cm. In der steil auffallenden, hellen Augustsonne hebt sich die Heuschrecke kaum ab, die nahe der Bildmitte sitzt. Der Spaziergänger übersieht sie natürlich auch und zuckt dann kurz auf, wenn sie abfliegt und dabei ihre riesigen, blau irisierenden Flügel spielen läßt. Sofort nach der Landung werden die Flügel zusammengelegt, und die Tarnfärbung der Heuschrecke breitet wieder Laurins Mantel über das Tier. Es handelt sich um die blauflügelige Ödlandschrecke, Oedipoda coerulescens.

nicht in allen Pflanzenzellen zu finden ist, sondern möglicherweise in spezialisierten. Und wo könnte man solche Spezialisten vermuten? Am ehesten wohl an der Spitze der wachsenden Organe, also in der Region der Wurzelspitze und des Sproßscheitels.

6 Vom Feinbau einer Wurzelspitze

Sieht man sich eine Wurzelspitze von der Ostersaat mit der Lupe ein wenig näher an, so fällt auf, daß sie eine Art Häubchen trägt. Man kann es mit einer feinen Nadel ohne weiteres herunterpulen (Abb. 7, 8a). Das feine, mützenförmige Gebilde heißt »Wurzelkappe«. Bei schwacher lichtmikroskopischer Vergrößerung sieht ein Schnitt durch die Wurzelspitzenregion eines Maiskeimlings so aus wie in Abbildung 7, 8b. Deutlich ist die Grenzlinie zwischen der Wurzelkappe und der darunter liegenden eigentlichen Wurzelspitze zu sehen. Im trapezförmig umrandeten Teil sind die Zellen besonders langgestreckt. Dieser

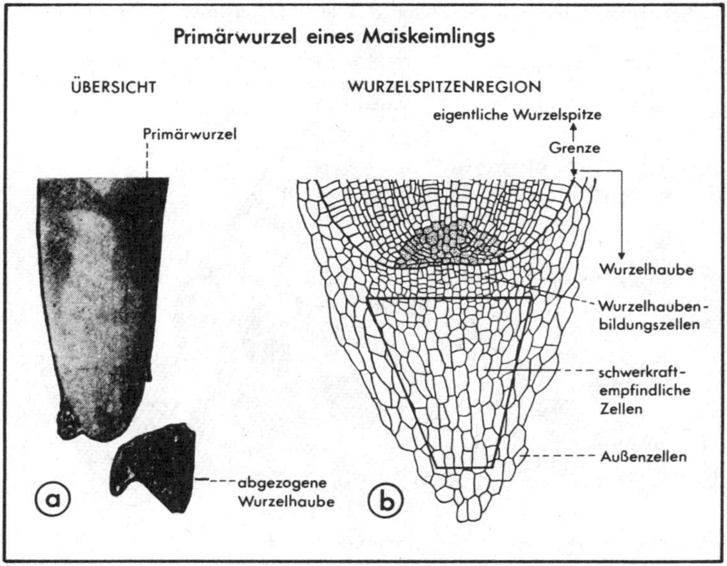

Abbildung 7.8

Teil ist im Schema der Abbildung 7, 9b dunkel gerastert. Die weißen Zellen darum herum sind »normale« Zellen der Wurzelkappe. Die punktierten, kleinen, quadratischen Zellen darüber stellen die Wachstumsregion dar, aus der sich die Kappe erneuert. Der randständige Saum der grob kariert gezeichneten Zellen ist in der Lage, eine Art »Schmierstoff« abzugeben. Das sind langkettige Kohlenhydrate, mit denen sich die Wurzel ihr Bohrloch in der Erde sozusagen selbst schmiert. In den mittleren, langgestreckten Zellen hat man nun eigenartige Organellen gefunden, wie man Zellbestandteile zu bezeichnen pflegt (Abb. 7, 9a). Unter dem großen Zellkern liegen große, dunkel gefärbte Körner, die aus mehreren Stärkekörnchen verschmolzen sind und offensichtlich ziemlich schwere Zellbestandteile darstellen. Man nennt sie in der Fachsprache »Amyloplasten« und will damit ausdrükken, daß sie geformte Strukturen sind, die Stärke enthalten. Unter diesen Amyloplasten findet sich in der Nähe der Zellwand ein System aus vielen aufeinanderliegenden, flachgedrückt erscheinenden Membran-

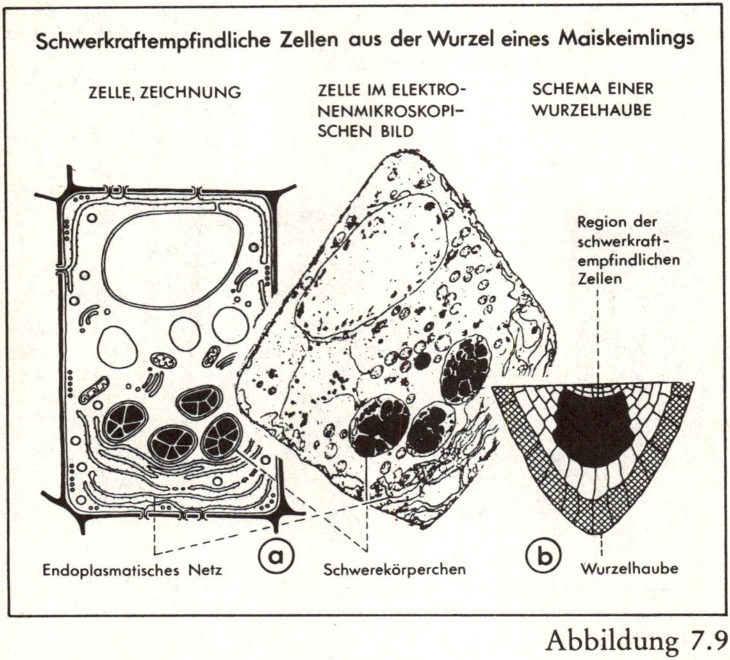

Abbildung 7.9

gebilden. Im Querschnitt sehen sie wie Röhren aus, in Wirklichkeit aber sind sie anders konfiguriert. Wenn man einige Dutzend Kunststofftüten locker übereinander legt und diesen horizontalen Stapel dann durch Handdruck von oben leicht eindellt, hat man ein ganz gutes Modell. Man nennt dieses System das »endoplasmatische Reticulum«. Das heißt »ein Netzwerk im Plasma«. Im zeichnerischen Schema lassen sich diese Zellbestandteile recht gut darstellen. Elektronenmikroskopische Aufnahmen (Abb. 7, 10) zeigen bei geeigneter Schnittführung Kern, Amyloplasten und endoplasmatisches Reticulum ebenfalls sehr deutlich. Es liegt nun der Schluß nahe, daß die Amyloplasten die »Schwerekörperchen« darstellen und das endoplasmatische Reticulum, auf das sie drücken, der zugehörige Sensor ist. Daß dem tatsächlich so ist, läßt sich durch vielfältige Experimente und Beobachtungen wahrscheinlich machen (wenn auch nicht streng beweisen). Zum einen drücken die Amyloplasten das Reticulum tatsächlich

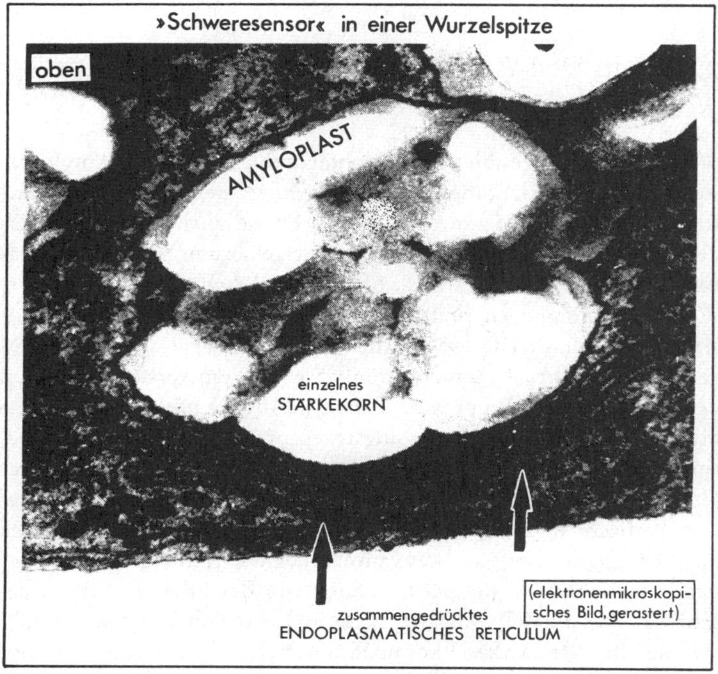

Abbildung 7.10

an der Auflagestelle ganz schön zusammen. Das zeigen elektronenmikroskopische Aufnahmen (Abb. 7, 10). Sogar die Ausbuchtungen der einzelnen Stärkekörnchen, aus denen sich der Schwerekörper zusammensetzt, formen ihre Abdrücke im Substrat des Reticulums. Zum anderen gehen diese Eindrücke zurück – das Reticulum ist also elastisch –, wenn man die Körnchen dazu bringt, sich abzuheben. Und das ist der zweite Punkt. Man braucht nur die Pflanze horizontal zu kippen. Bereits nach Minuten beginnen die Körnchen deutlich sichtbar seitlich wegzurutschen. Fixiert man eine solche Wurzel eine halbe Stunde nach Versuchsbeginn und bereitet sie somit auf eine elektronenmikroskopische Schnittserie vor, so zeigt die Auswertung folgendes. Die Körnchen sind gegen die vorher vertikale, nun horizontale Zellwand gedriftet, und das Reticulum hat sich deutlich ausgebeult wie eine entlastete Blattfeder. Über dieses Verhalten wäre auch der Drehversuch mit dem Klinostat zu verstehen (Abb. 7, 7a).

7 Scheinbare Aufhebung der Schwerkraft im Experiment

Wenn sich die ganze Pflanze horizontal dreht, können die Amyloplasten nicht in eine Richtung wegdriften, sondern pendeln bei einer günstigen Kombination zwischen Drehgeschwindigkeit und Sedimentationsgeschwindigkeit nur um eine Mittellage herum. So wirkt sich das Experiment praktisch so aus, als ob die Schwerkraft aufgehoben wäre. Weltraumbedingungen sind also simuliert, Schwerelosigkeit scheint erreicht zu sein. Prompt wächst die Pflanze dann auch so, als ob sie einer Schwerkraft nicht unterworfen wäre. Warum versucht man nun heute im »Spacelab-Programm« neben Versuchen mit Schweresinnesorganen und Drehbeschleunigungsrezeptoren bei Tieren auch Experimente mit der Schwerkraftausrichtung der Pflanzen zu machen? Der Grund liegt darin, daß eine exakte Aufhebung der Schwerkraft auf der Erdoberfläche natürlich nicht möglich ist. Läßt man den Klinostaten nämlich langsam rotieren – etwa mit einer Umdrehung in 30 Sekunden –, so wird zwar der Schwerkraftsensor der Pflanzenzelle ausgeschaltet, aber die Zelle »disintegriert« im Laufe von Stunden fast vollständig: Ihre Bestandteile kommen durcheinander, werden verschoben und umgebaut; die Membransysteme lösen sich in lauter kleine

Einzelteile auf, und das Zellinnere wandelt sich langsam von einem geordneten System in ein perfektes Chaos. Dieser Zustand ist nicht gerade physiologisch. Läßt man den Klinostaten nun besonders rasch rotieren – etwa einmal pro Sekunde –, so kommt es nicht zu den genannten chaotischen Zellumlagerungen, weil die einzelnen Bestandteile gar keine Zeit haben, sich ein wenig abzusetzen. Aber etwas anderes, sehr interessantes, tritt ein. Fällt die Rotationsachse genau mit der Längsachse der Primärwurzel eines solchen Keimlings zusammen, dann liegen auch die Amyloplasten praktisch genau auf dieser Achse. Damit wird zum einen die Schwerkraft ausgetrickst, zum anderen kann aber auch theoretisch keine Zentrifugalkraft eine Rolle spielen, die die Körperchen senkrecht von der Achse forttreiben könnte. Unter diesen Bedingungen wächst auch ungefähr jeder fünfte Keimling genau horizontal (Abb. 7, 7c). Sobald aber auch nur geringe Abweichungen in der Achsenlage eintreten oder die Rotationsgeschwindigkeit erhöht wird (auf zwei Umdrehungen pro Sekunde), wird die Zentrifugalkraft schon so groß, daß die Körnchen in Richtung senkrecht zur Achse wegbeschleunigt werden. Der Schweresensor in der Zelle kann nicht unterscheiden, ob die Körperchen auf Grund einer etwas anderen Lage zur Schwerkraft seitlich wegrutschen oder auf Grund des Auftretens einer Zentrifugalkraft. Aus welchen Gründen auch immer sich die Körperchen seitlich wegbewegen: Die Pflanze reagiert mit Ausgleichsbewegungen, und die Wurzelspitze biegt nun um, wächst in Richtung der Zentrifugalkraft (Abb. 7, 7c). Das ist nicht weiter verwunderlich, ist tatsächlich qualitativ zu fordern. Verblüffend sind nur die absoluten Größen. Rechnet man nämlich die Zentrifugalbeschleunigung in Einheiten der Erdbeschleunigung aus, so findet man im ersteren Fall (rund eine Umdrehung pro Sekunde), daß sie größenordnungsmäßig nur ein Zehntausendstel der Erdbeschleunigung ausmacht ($4 \cdot 10^{-4}$ g). Simuliert ist also der Fall, daß die Erdbeschleunigung nur viermal ein Zehntausendstel so groß wäre, wie sie tatsächlich ist. Einen solchen geringen Wert können die »Statozyten«, die schwerkraftempfindlichen Pflanzenzellen, nicht mehr auflösen. Im zweiten Fall, bei zwei Umdrehungen pro Sekunde, ist die Zentrifugalkraft größenordnungsmäßig ein Hundertstel der Erdbeschleunigung ($4 \cdot 10^{-2}$g). Hier nun reagieren die Statozyten schon sehr deutlich! Das zeigt, wie empfindlich sie sind.

8 Wuchsstoffe steuern die Schwerkraftausrichtung

Die verblüffende Präzision und Ansprechempfindlichkeit dieser schwerkraftrezipierenden Mechanismen ist also wohl geklärt. Wie die kleine Maschine in der Zelle nun tatsächlich funktioniert, darüber kann man heute nur spekulieren, begründet spekulieren allerdings. Es ist wohl wieder ein Analogieschluß zu den statischen Organen bei Tieren erlaubt. Hier war letztlich eine Veränderung der Membranleitfähigkeit der auslösende Effekt für die Bildung elektrischer Spannungsschwankungen, über die die Information verschlüsselt ans Zentralnervensystem geleitet wird. Auch bei Pflanzen treten solche Spannungsschwankungen an Zellmembranen auf, das ist vielfach gesichert. Allerdings gibt es keine Nerven und damit keinen Informationstransport wie bei Tieren. Anzunehmen ist nun, daß sich die feinen eingestülpten Membranen des endoplasmatischen Reticulums verändern, wenn ein solcher »Felsbrock« eines Schwerekörperchens darauf drückt. Durch die mechanische Dehnung ändern sich möglicherweise die molekulare Konfiguration, damit die Ladungsverteilung, die Polaritätsverhältnisse, die lokale Membranspannung. Wieder werden Ausgleichsströme fließen, so daß die Kausalkette vielleicht ähnlich abläuft wie bei Tieren. Bei Sinnesorganen findet man ja immer wieder das gleiche. Es kommt letztlich darauf an, daß auf Grund des Einwirkens der verschiedenartigsten Reize am Ende irgendwo eine Membran so beeinflußt wird, daß sie elektrisch anders reagiert als im unbeeinflußten Zustand. Nun können diese Spannungsschwankungen bei der Pflanze kein »Nervenaktionspotential« zur Folge haben und keine Muskeln bewegen, die Wurzel oder Sproß wieder in Schwerkraftrichtung drehen. So würden es festsitzende Tiere machen. Die Pflanze hat ihre eigenen Mechanismen. Spielen bei Steuerungen und Regelungen im Tierreich chemische Stoffe (Hormone, Pheromone) gelegentlich oder häufiger eine Rolle, so bedienen sich die Pflanzen ausschließlich solcher Verfahren. Wo Bewegungen durch Wachstumsvorgänge eingeleitet und durchgeführt werden wie in unserem Fall, werden sie durch Wuchsstoffe oder Wachstumsstoffe beeinflußt. Es gibt Substanzen, die das Zellwachstum beschleunigen, und solche, die es hemmen. Damit ergibt sich sofort eine Denkmöglichkeit. Wenn sich eine schräg stehende Wurzel wieder in Richtung zum Erdmittelpunkt krümmt, könnte das so geschehen, daß sie auf der Oberseite schneller wächst als auf der Unterseite oder dadurch, daß sie auf der Unterseite langsamer wächst als auf der Oberseite. Sie müßte demnach einen wachstumsbeschleunigenden Stoff besonders auf der Oberseite anhäufen oder einen wachstumshemmenden auf der Unterseite, oder beides zugleich. Die Sache verkompliziert sich noch. Wachstumsänderungen können nicht nur durch unterschiedliche Lage zur Schwerkraft induziert werden, sondern auch durch Lichteinfluß. Gesteuert werden sie durch Stoffe, die einmal Wachstum beschleunigen, einmal verzögern. Wie sind die Querverbindungen, wie spielt das alles zusammen?

Die Diskussion dieses interessanten Wechselspiels wird zu einer Antwort darauf führen, weshalb man den Wachstumsversuch mit Pflanzen im Spacelab propagiert, obwohl doch die »Austricksung« der Schwerkraft mit dem Klinostaten auch im Labor auf der Erdoberfläche ganz gut zu funktionieren scheint.

In der Spitzenregion der Wurzelhaube, noch unterhalb des Bereichs der Statolithenzellen, wird ein Pflanzenhormon gebildet, das in der Lage ist, das Zellwachstum zu bremsen. Man kennt es noch nicht genau, vermutet, daß es sich um Abscisinsäure handelt. Vom Bildungsort ausgehend, wird die chemische Substanz nach oben transportiert bis in die Wachstumszone der Wurzelspitze. Wenn der Transport nun allseitig gleichmäßig erfolgt, werden alle Zellen gleichmäßig gehemmt. Die Wurzel wächst langsamer, dafür aber gleichartig, ungekrümmt. Weicht die Lage der Wurzelspitze aber ein wenig von der Senkrechten ab, so beeinflußt die Statolithenregion auf noch ungeklärte Weise die Wanderung des Hemmstoffs. Er wird nun verstärkt auf der physikalischen Unterseite angehäuft. Die Oberseite kann damit relativ schneller wachsen, und die Wurzel krümmt sich nach unten, bis wieder Gleichgewicht herrscht (Abb. 7, 11 a). Ein im Grunde einfacher Mechanismus also, ein einfaches Regelsystem. Wenn es tatsächlich allein wachstumsbestimmend ist, müßte man annehmen, daß die Wurzel mit sehr kleinen Winkelabweichungen immer um die mittlere senkrechte Lage herumpendelt.

Am anderen Ende des Keimlings befindet sich die Spitzenregion, genannt Koleoptile. Hier finden wir fast den gesamten Mechanismus spiegelbildlich wieder, mit einer Abweichung allerdings. Über der Region des Schwerkraftsensors, praktisch im obersten Millimeterbereich des wachsenden Keimlings, wird ein Wachstumshormon gebildet, das

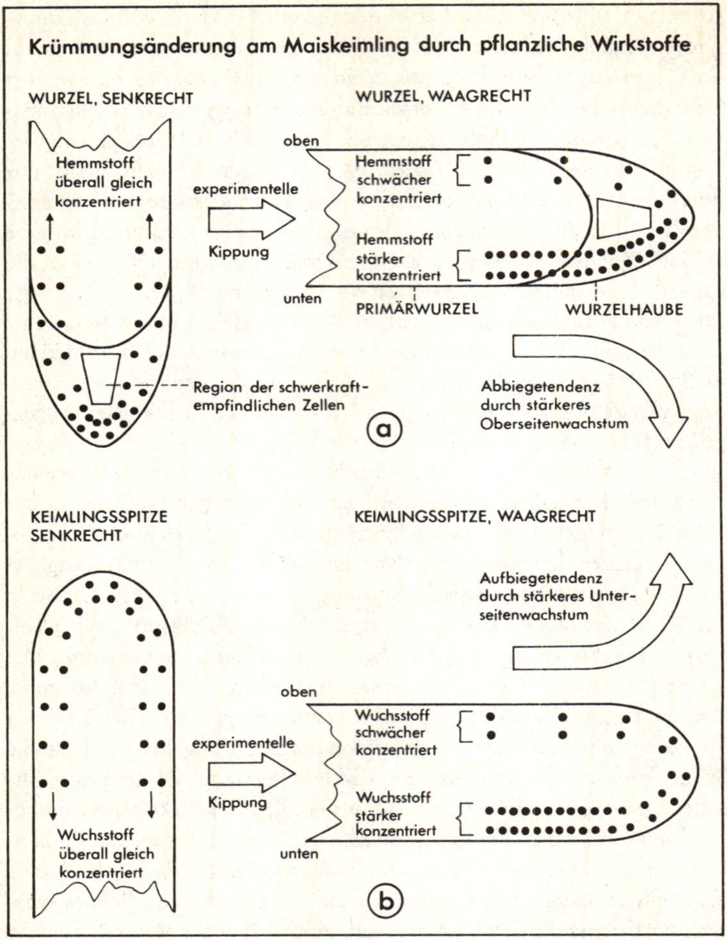

Abbildung 7.11

man nun chemisch gut kennt: die Indolylessigsäure. Es wandert von der Bildungsregion aus peripher nach unten. Wenn sich nun der Keimling oben neigt, sorgt das Statocytengebiet dafür, daß sich diese Säure auf der Unterseite verstärkt ansammelt. Wenn dem so ist, muß dieser Wuchsstoff die umgekehrte Eigenschaft haben wie der in der Wurzelspitze gebildete Stoff: Er muß die Zellen zum Wachstum anregen. Dann kann sich nämlich die Spitze des Keimlings durch verstärktes Wachstum der Unterseite wieder nach oben biegen und somit aufrichten. Dies ist tatsächlich der Fall. Somit könnte man den Mechanismus der Ausrichtung einer Pflanze zur Schwerkraft auf folgenden kleinsten Nenner bringen: Schwerekörperchen melden eine Winkelabweichung zur Schwerkraftsrichtung einem Sensor (endoplasmatisches Reticulum?), der die Verteilung eines jeweils an den äußersten oberen und unteren Spitzen des wachsenden Keimlings gebildeten Wirkstoffs beeinflußt. Der Wirkstoff wird jeweils auf der physikalischen Unterseite verstärkt angehäuft. Da der Wurzelwirkstoff das Zellwachstum hemmt, der Spitzenwirkstoff dagegen fördert, biegt sich die Pflanze oben und unten gegen die Senkrechte zurück (Abb. 7, 11b).

9 Schwerkraft- und Lichtreaktion lassen sich nur im Weltraumexperiment trennen

Die Sache hat aber einen Haken. Der Spitzenwirkstoff sorgt nicht nur für diese »geotrope« Reaktion, sondern auch dafür, daß Pflanzen zum Licht wachsen. Man spricht von einer phototropen Reaktion. Und diese beiden Mechanismen auf der Erde zu trennen, ist schlechterdings unmöglich.

Beleuchtet man einen wachsenden Keimling von der Seite, so biegt er sich in Richtung auf die Lichtquelle hin. Die Reaktion ist nicht so einfach, wie man meinen möchte; sie ist abhängig von der Lichtintensität und der Wellenlänge, außerdem von der Bestrahlungszeit und dem Zeitpunkt der Bestrahlung während des Tageslaufs. Wenn man die Zahl der einstrahlenden Lichtquanten immer mehr erhöht, wächst der Keimling erst aufs Licht zu, dann vom Licht weg und schließlich wieder aufs Licht zu. Diese speziellen Phänomene halten die Pflanzenphysiologen auf Trab; uns sollen sie hier nicht näher interessieren. Es ist jedenfalls so, daß sich der Wuchsstoff in der Spitzenregion des Keim-

lings bei seitlicher Belichtung unregelmäßig verteilt. Er wandert bevorzugt auf die lichtabgewandte Seite. Dort induziert er stärkeres Wachstum, so daß sich die Pflanzenspitze gegen das Licht neigt. Damit weicht sie allerdings auch von der Senkrechten ab, und nun müßte die zweite, geotrope Funktion des Wuchsstoffs zum Tragen kommen und die Pflanze wieder aufrichten, so daß sich die Spitze aus ihrer Zeigerstellung zum Licht wieder gegen die Senkrechte wendet. Zwei Mechanismen, die physikalisch gegeneinander arbeiten, von ein und demselben Wuchsstoff gesteuert! Über die Balance dieser beiden Wachstumsphänomene wird noch viel gerätselt (es wird die hier in Kürze dargestellte Lichtreaktion nicht von allen Botanikern als alleinseligmachende Wahrheit geglaubt), ist freilich auch schon viel bekannt. Immerhin scheint es zu einem Wettstreit und einem schließlich sich einstellenden Gleichgewicht dieser beiden Effekte zu kommen, auch wenn andere, noch unbekannte Verfahren hineinspielen mögen. Die Spitze des Keimlings neigt sich nämlich kaum mehr als 15° bis 20° der Lichtquelle zu, auch wenn diese unter 90° zur Wachstumsrichtung einstrahlt. Den Geotropismus kann man leicht dadurch isoliert untersuchen, daß man die Pflanze während des Experiments im Dunkeln hält. Der Phototropismus dagegen läßt sich experimentell nicht gesondert angehen, da man auf der Erde die Schwerkraft nicht ausschalten kann. Dies gelänge nur im schwerelosen Zustand, über längere Zeit also nur in einer Raumstation. Und das ist auch der Grund, weshalb die Botaniker Lichtreaktionsuntersuchungen für das Spacelab-Programm vorgeschlagen haben.
Es ist im übrigen interessant und lehrreich nachzulesen, wie M. W. Wilkins – ein international bekannter Spezialist für Bewegungsphysiologie der Pflanzen – eine Arbeit beendet, in der er die Problematik von Wachstumsversuchen im Spacelab darstellt. Niemals hielte er es für vertretbar, daß zum Zweck der Untersuchung dieses Phänomens eine Rakete eine Raumstation ins All schießt. Nachdem aber das Spacelab mit immensen Mitteln auf jeden Fall gebaut wird (»ob ma's braucht oder ned«, würde der Bayer räsonnieren), hält er es für richtig, solche Versuche zu machen. Wenn dabei außer einigen wissenschaftlichen Grunderkenntnissen nicht viel Spektakuläres und direkt Verwertbares herauskommt, so möge man das nicht dem Wissenschaftler anlasten, schreibt Wilkins. Aber nachdem das Zeug schon einmal da ist... Ich habe tatsächlich das Gefühl, daß die Spacelab-Propagatoren nun

hausieren gehen und geradezu händeringend um Vorschläge bitten, was man mit ihrem teuren Gebilde nun doch anfangen könnte, auf möglichst spektakuläre Weise, versteht sich. So hat einer meiner Mitarbeiter, der am Vestibulärapparat (Gleichgewichts-Sinnesorgan) der Haustaube arbeitet, ebenfalls die Einladung bekommen, ein Experiment vorzuschlagen und gegebenenfalls auszuarbeiten. Wir haben lange darüber diskutiert, letztlich aber keine vernünftige Aufwands-Ertrags-Relation gesehen, die das Einsteigen in eine solch spektakuläre – und sehr publizitätsträchtige – Geschichte rechtfertigen würde. Wissenschaftler sind halt keine Politiker.

8 Organismen nutzen Feuchte und Strömung

Das »Konstruktionswunder Taumelkäfer«, das wir uns in einem früheren Kapitel etwas näher angesehen hatten, war in jeder nur denkbaren Hinsicht auf seinen Lebensraum »Wasseroberfläche« zugeschnitten: nach Körperbau, Bewegungsweise, Verhalten. So deutlich und unkaschiert treten die prägenden Eigenschaften der Umwelt – wenn dieser Anthropomorphismus einmal erlaubt sei – nicht immer und überall zutage. Sehr häufig ist es so, daß Organismen nur in recht unauffälligen, speziellen Details auf bestimmte Eigentümlichkeiten ihres Lebensraums abgestimmt sind, dann allerdings oft in verblüffend vielfältiger und feiner Weise. Wir hatten im ersten Kapitel am Beispiel des Ökosystems Wald mitverfolgt, wie der Einfluß des Umweltfaktors »Licht« so überaus bestimmend ist. Lassen Sie uns nun am Beispiel der Landpflanzen und einiger Tiere einmal darüber sprechen, wie sich die Tatsache auswirkt, daß die Luft Feuchtigkeit enthält und strömt. Es ist anzunehmen, daß die Luftfeuchte spezielle Effekte auslösen kann und daß Organe ausgebildet sind, die mit dem Feuchtigkeitsgehalt der Luft korrespondieren. Allein die im Tag-Nacht-Rhythmus wechselnde Luftfeuchte stellt schon einen Reiz dar, auf den biologisches Material antworten könnte, auch wenn es nicht mehr belebt ist. Ein abgestorbener Fichtenzapfen, tote Holzsubstanz, öffnet und schließt die Schuppen ein wenig im Rhythmus der Feuchtigkeitsschwankung, weil sich verschiedene Teile mehr oder minder ausdehnen, wenn sie feucht werden und wieder austrocknen. Ein Blatt Schreibmaschinenpapier rollt sich bei Feuchteschwankungen ein wenig ein und aus. Nachdem solche physikalischen Effekte da sind, ist aus der allgemeinen biologischen Erfahrung schon fast zu fordern, daß sich das Leben solcher Effekte bedient. Genauer gesagt: Die Evolution wird so verlaufen sein, daß sich mögliche Wechselwirkungen zwischen belebter oder toter biologischer Substanz und dem wechselnden Feuchtegehalt der Luft im Laufe der Entwicklung manifestieren, sofern sie für den biologischen Organismus eine positive Bedeutung haben. Von der anthropomorphen Warte aus betrachtet sieht es dann tatsächlich so aus, als ob die

Umwelt mit ihren vielfältigen, auf die Organismen einwirkenden Faktoren das Leben »prägen« würde.

1 Feuchtebewegungen beim Reiherschnabel

Wenn sich abgestorbene Pflanzensubstanz unter dem Einfluß von Feuchtigkeitsschwankungen verformt, so resultieren »hygroskopische Bewegungen«. Ein Beispiel: Jedermann kennt den Reiherschnabel, eine Pflanze der Wegränder, die mit ihren kleinen, karminroten Blüten und in der Blattform den Storchschnabel-Arten ähnelt. Nach dem Abblühen wächst der Fruchtknoten aus (Farbtafel 16a), und sobald der spitzkegelige Zapfen getrocknet ist, lösen sich von ihm die fünf Teilfrüchte und fallen ab (Farbtafel 16b). Jede Frucht trägt einen langen, bewimperten Fortsatz, der nun in typischer Weise hygroskopisch reagiert. Bei feuchtem Tauwetter ist er geradegestreckt (Abb. 8, 1a). Sobald es trocknet, rollt er sich spiralig ein und verkürzt sich dabei (Abb. 8, 1b). Die Frucht selbst ist keilförmig langgestreckt und trägt einen dichten Besatz von feinen, widerhakenartig angeordneten Haaren. Im Rhythmus der Tag-Nacht-Feuchteschwankungen dreht sich nun die Granne immer wieder spiralig ein und aus. Sobald sie sich irgendwo verhakt, dreht sich der Gegenansatz mit dem Früchtchen weiter und schraubt sie auf diese Weise in die Erde ein. Dies geschieht schubweise, im Rhythmus wiederholten Auf- und Zurollens. Zurück kann die Frucht nicht mehr, weil sie sich mit der nach hinten gerichteten Behaarung widerhakig im Erdreich verfängt. So bohrt sie sich tiefer und tiefer, oft so weit, daß sie bis zur Grannenspitze im Boden verschwindet. Diese Bewegung kostet keine Stoffwechselenergie. Sie ist allein dem wechselnden Feuchtegehalt der Granne zuzuschreiben, die abgestorbene, leicht verholzte Pflanzensubstanz darstellt. Man ist geneigt, von einem raffinierten Trick zu sprechen. Die Energie zum Einbohren der Teilfrüchtchen in den Boden zieht die Pflanze aus der Umgebung, und zwar aus einer ganz unkonventionellen Quelle, der Feuchteschwankung der Luft. Anders gesagt: Da der Feuchtegehalt der Luft rhythmisch schwankt, bietet sich eine Möglichkeit für die Pflanze, Energie aus der Umwelt zu ziehen, und für die Nutzung dieser physikalischen Möglichkeit hat die Evolution geeignete Organe entwickelt. Damit hat sich in typischer Weise das Aussehen der Reiherschnabelfrucht ge-

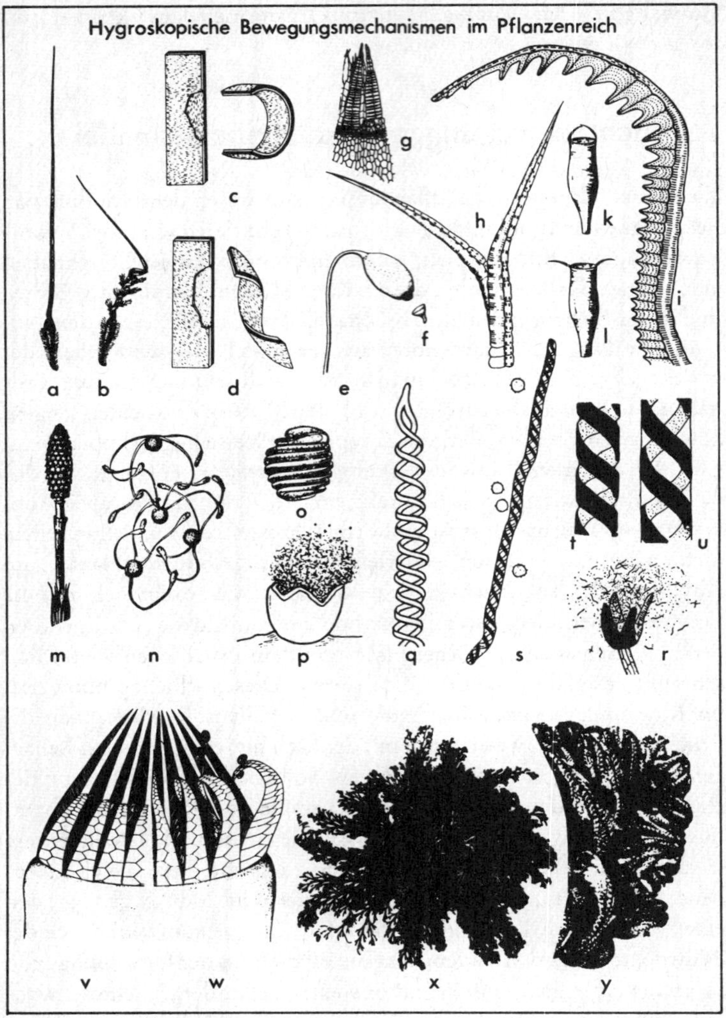

Abbildung 8.1

formt. Zu 80% ihrer Gesamtlänge besteht sie aus einem hygroskopischen Organ. Gäbe es die Feuchteschwankung der Luft nicht, hätte die Reiherschnabelfrucht auch keine solche Granne. Über den Versuchs-Irrtum-Prozeß der Mutation und Selektion hat die Umwelt tatsächlich das Aussehen und eine wesentliche Funktion eines Pflanzenbestandteils entscheidend geprägt. Man kann genausogut sagen, die Pflanze hätte sich auf diesen Umweltfaktor eingestellt. Auch die Wissenschaftssprache erläutert immer in Bildern und Anthropomorphismen. Man muß sich nur stets darüber klar bleiben, wie diese Ausdrucksweise gemeint ist.

Wie dem auch sei, oder wie man die Phänomene immer benennen mag: Abstimmungen zwischen belebter Materie und unbelebter Umwelt führen immer über vielfältige Mechanismen, und jeder Mechanismus führt zu einer Palette von Formen und Phänomenen. Kaum erkannt, löst sich ein solches Phänomen stets in einer Vielzahl von An- und Einpassungserscheinungen auf. Ein kleiner Gang durch die Struktur-Funktions-Beziehungen der hygroskopischen Mechanismen soll diesen Gesichtspunkt interpretieren.

Die Spiralbewegungen der Granne bei der Reiherschnabel-Frucht lassen sich recht schön demonstrieren, und sie lassen sich auch physikalisch leicht erklären. Man braucht die Frucht nur an der Spitze mit etwas Uhu festzukleben und, wenn man es eilig hat, einen Tropfen Wasser die Granne entlanggleiten zu lassen. Sofort wird sie sich strecken. Will man sie ganz gestreckt haben, so kommt das Gebilde in eine feuchte Kammer. Die Frucht klebt man auf die Basis eines umgestülpten Eierbechers, stellt diesen in einen zentimeterhoch mit Wasser beschichteten Teller und deckt über das Ganze eine Schüssel. Am nächsten Tag wird die Granne fast gerade gestreckt sein. Nun schaltet man den Haarfön ein und setzt sie unter warme, damit auch trockene Luft. Mit bloßem Auge läßt sich dann beobachten, wie sich die Granne spiralig einrollt und dabei immer stärker verkürzt. Kaum länger als 1 bis 2 Minuten braucht sie für eine vollständige Umdrehung. Gegen schwarzen Hintergrund fotografiert, ergibt die Zeitaufnahme einen guten Eindruck von der Spiralbewegung. Wie kommt es zu dieser Spiralrollung? Zum qualitativen Verständnis hilft ein Modellexperiment. Schreibmaschinenpapier ist auf Grund des Herstellungsprozesses gerichtet; die Papierfasern laufen alle parallel. In feuchter Luft rollt es sich deshalb ein, und zwar senkrecht zur Richtung des Faserverlaufs.

Schneidet man nun längs der Fasern und quer dazu zwei gleichgroße Stückchen Papier heraus und klebt sie zusammen, so rollen sie sich kreisförmig ein, wenn sie auszutrocknen beginnen (Abb. 8, 1c). Der Grund: Wasseraufnahme beziehungsweise Wasserentzug verlaufen in den beiden Lamellen, deren mikroskopisch feine Fibrillen sich unter 90° kreuzen, senkrecht zueinander. Die erste Schicht quillt oder schrumpft, die zweite dagegen quillt und schrumpft in Richtung der ersten Schicht am wenigsten; sie wirkt als »Widerlager«. So kommt es zu Auf- und Einrollbewegungen. Klebt man zwei Schichten zusammen, deren Fasern sich nicht unter 90°, sondern unter 45° überschneiden, so ergeben sich spiralfederartige Auf- und Einrollungen (Abb. 8, 1c). Genau das zeigt auch der mikroskopische, zelluläre Feinbau der Reiherschnabel-Granne. Die Vorzugsrichtungen der feinen Mizellen in den Zellwänden, zwischen denen sich Wasser einlagern kann, stehen angenähert unter 45° zueinander. Damit wird die beobachtete Bewegung verständlich, ja sie muß vorhersagbar = zwangsläufig resultieren.

2 Hygroskopische Mechanismen bei Moosen, Schachtelhalmen und Pilzen

Sucht man weiter nach diesem Konstruktionsmechanismus im Pflanzenreich, so findet man ihn vielfach bei ganz unterschiedlichen und nicht näher miteinander verwandten Gruppen verwirklicht. Da gibt es beispielsweise eine Familie der Laubmoose, die man als Goldhaarmoose (Orthotrichacea) bezeichnet. Ihre Sporenkapseln öffnen sich mit weiter Mündung, nachdem eine Art Deckel abgesprengt worden ist. Umstanden sind sie von einem doppelten Kranz zähnchenartiger Strukturen, von denen die äußeren hygroskopisch sind. Sie krümmen sich bei feuchtem Wetter nach innen und verschließen die Kapselmündung. Sporen können dann schlecht ausgestreut werden. In der Trokkenheit dagegen krümmen sie sich nach außen und öffnen das Gebilde (Abb. 8, 1e–l). So sorgen sie dafür, daß die Sporen nicht alle auf einmal ausgestreut werden, sondern portiönchenweise – außerdem überwiegend bei trockenem Wetter. Dann kann sie ein Windhauch weit verfrachten. Diese »Peristomzähne« bestehen aus zwei Lamellen. In der inneren verläuft die Fibrillenrichtung parallel zur Längsachse des

b
d

14 Orchideenblüten, die Insekten »nachahmen«

a Das ist die einheimische Spinnen-Ragwurz, Ophrys sphecodes, eine recht seltene Ragwurzart. Beim flüchtigen Betrachten meint man tatsächlich ein Insekt ansitzen zu sehen.

b Noch überraschender ist der Eindruck bei der – häufigeren – einheimischen Art, Ophrys insectifera, der Fliegenragwurz. Hier vermeint man tatsächlich Kopf und Fühler, Leib und Flügel zu sehen. Im oberen Teil der »Kopfregion« sind zwei helle Scheibchen zu bemerken. Unter ihnen sitzen die Pollinarien.

c Diese Teilabbildung zeigt die Pollinarien einer Gewächshausorchidee (die keine Insekten »nachahmt«) präpariert. Wenn ein Insekt anstößt, bleiben sie mit einem klebrigen Stielchen am Kopf hängen.

d Wenn man mit einem kleinen Nagel hintupft, kann man die Pollinarien leicht herausziehen und so den Übertragungsmechanismus demonstrieren.

Zahns, in der äußeren quer dazu (Abb. 8, 1i). Trocknet das Gebilde nun aus, so verkürzt sich die äußere Schicht, weil sich ihre Fibrillen wegen Wasserentzug einander nähern. Die innere schrumpft in der Länge nicht. Zwangsläufig müssen sich die äußeren Kapselzähne oder »Peristomzähne« in der Trockenheit nach außen krümmen. Solche hygroskopischen Zahnmechanismen tragen bezeichnenderweise besonders solche Laubmoose gut ausgebildet, die breite Kapseln mit großen Mündungen haben. Es gibt im übrigen auch Arten, bei denen der Mechanismus andersherum funktioniert, die Fibrillen dann außen längs und innen quer verlaufen. Sie schließen sich bei Trockenheit. Es ist ein reizvolles Bild, wenn man diesen Zahnkranz genau von oben bei Trokkenheit und Feuchtigkeit mit einer starken Lupe betrachtet. Auch bei den Schachtelhalmen (Abb. 8, 1m) gibt es im übrigen solche hygroskopischen Mechanismen im Dienste der Sporenverbreitung. Beim Ackerschachtelhalm beispielsweise winden sich um jede einzelne Spore vier lange, senkrecht zueinander stehende Bänder mit etwas verbreiterten, feinbehaarten Enden. Man nennt sie »Hapteren«. Bei Feuchtigkeit legen sie sich spiralartig um die eigentliche Spore herum (Abb. 8, 1o). In der Trockenheit aber strecken sie sich weit aus (Abb. 8, 1n). In diesem Rhythmus geht das immer hin und her. Auf solche Weise lockern die Spiralbänder nicht nur die Sporenmasse, sondern verketten immer wieder auch einige Sporen zu ganzen Paketen. Das kann durchaus seine ökologische Bedeutung haben. Aus jeder Spore entsteht nämlich ein Vorkeim, ein sogenanntes Prothallium. Wenn die Prothallien getrenntgeschlechtlich sind, es also sowohl männliche wie weibliche gibt, dann muß das männliche »Samentierchen«, der Spermatozoid, über Wassertropfen von seinem männlichen zu einem weiblichen Vorkeim gelangen. Mit seinen Geißeln schwimmt er dann zum Eizellenbehälter des letzteren. Man kann sich vorstellen, daß diese gefahrvolle Reise leichter vor sich geht, wenn die Prothallien nahe beieinander liegen. Das ist dann der Fall, wenn die Sporen vorher nahe beieinander waren. Sehr rasch arbeitende Lockerungsmechanismen für Sporenmassen finden sich im übrigen bei Schleimpilzen, Bauchpilzen (Abb. 8, 1o–q) und Lebermoosen. Bei den Lebermoosen gibt es langgestreckte, dünne Zellen in der Sporenmasse, die innen spiralige Verstärkungsleisten tragen. Man nennt sie »Elateren« (Abb. 8, 1q). Sobald Wasser verdunstet, tendiert die Zelle zum Schrumpfen. Wegen der Verstärkungsleisten kann sie aber ihren Durchmesser nicht verkleinern. Dafür verkürzt sie sich in der Längsachse, wobei die Leisten zusammenschnurren wie eine rückgehende Spiralfeder. Im Rhythmus der Feuchtigkeitsschwankungen längt und verkürzt sich die Elatere (Abb. 8, 1t–u) und krümmt sich dabei auch hin und her. So wird sehr wirkungsvoll verhindert (Abb. 8, 1v), daß die Sporenmasse zusammenbackt, wenn es feucht wird, und nach dem Antrocknen nicht mehr in ihre Einzelelemente zerfallen kann. Noch ein Mechanismus spielt hier herein, der bei Pflanzen vielfach verbreitet ist, den wir aber an dieser Stelle nicht näher besprechen wollen. Wenn die Elatere schrumpft, entsteht in ihrer Wanderung eine große Rückstellkraft, wie bei einer massiv zusammengedrückten, dicken Eisenspirale. Sobald die Kohäsion der Zellflüssigkeit überwunden wird, zerreißt diese unter schlagartiger Bildung wasserdampfgefüllter Blasen in einzelne Teilstücke. Dann kann sich die Wandspannung blitzartig wieder ausgleichen – die Elatere springt auseinander wie eine losgelassene, vorher zusammengedrückte Spiralfeder. Damit wird die Sporenmasse erst recht kräftig durcheinandergewirbelt. Ähnliche spiralige Strukturierung zeigen Fasern in den Fruchtkörpern von Schleimpilzen, die sogenannten Capillitium-Fasern (Abb. 8, 1q). Auch diese schrauben sich bei Quellung und Entquellung auseinander und zusammen und lockern damit die Sporenmasse (Abb. 8, 1p). Nicht alle Schleimpilze arbeiten allerdings nach diesem Verfahren. Es gibt auch feuchtigkeitsindifferente Capillitium-Gerüste, aus denen der Wind die Sporen einfach ausbläst.

3 »Einmalbewegungen« und Schleudervorgänge durch Austrocknung

Waren die bisher besprochenen Vorgänge reversibel – gingen also die feuchtigkeitsempfindlichen Mechanismen hygroskopisch immer hin und her oder auf und zu –, so gibt es im Pflanzenreich eine ganze Reihe von hygroskopischen Vorgängen, die nur einmal ablaufen, irreversibel sind. Meist handelt es sich um die Öffnung von Samenkapseln, und stets hat man hier wiederum zwei unterschiedlich schrumpfende Zellagen oder Bandstrukturen, von denen eine die Bewegung induziert, die andere als Widerlager dient. Gerade bei den Nelkengewächsen gibt es eine ganze Reihe von Kapseln, die sich auf diese Weise öffnen. So können die vertrockneten Zellen der äußeren Deckschicht beim vollständigen Austrocknen besonders stark schrumpfen, während die nächste Zellschicht als Widerlager dient. Die Kapsel öffnet sich spaltweise nach außen. So arbeitet beispielsweise die Kapsel des bekannten Seifenkrautes Saponaria (Abb. 8, 2e) oder der Acker-Lichtnelke, Silene noctiflora (Farbtafel 16c), die allerdings nicht nur eine, sondern mehrere hygroskopische Zellagen besitzt. Bei diesen Arten liegt die Krümmungsebene parallel zur Kapsellängsachse. Bei anderen kann sie auch senkrecht dazu stehen, beispielsweise bei der bekannten Schneerose Heleborus niger (Abb. 8, 2a). Hier reißen die Früchte an der Bauchnaht auf, und ihre Hälften krümmen sich mehr und mehr nach außen. So werden die Samen frei. Dies geschieht nach und nach. Andere Fruchtkapseln reißen beim Trocknen schlagartig auf und schleudern die Samen eine gute Strecke aus. Die »Hülsenfrüchte« vieler Bohnenverwandter reißen mehr oder minder schlagartig in zweispiralig sich aufrollende Klappen auf (Abb. 8, 2c), wenn der Zug der austrocknenden äußeren Zellschichten den inneren mechanischen Widerstand des Systems überwunden hat. Der Mechanismus der schraubigen Einrollung entspricht im übrigen genau dem Papiermodell nach Abbildung 8, 1d. Dabei werden die Samen regelrecht weggeschleudert und können, wenn sie keimen, einen etwas weiter von der Mutterpflanze entfernten Standort besiedeln. Solche Schleudermechanismen gibt es in nicht kleiner Zahl. Ein Verwandter des eingangs genannten Reiherschnabels, der Sumpfstorchschnabel Geranium palustre, hat auch einen Schleudermechanismus ausgebildet. Bei ihm rollen sich die fünf Teilfrüchte an dem langen, zentralen Fruchtschnabel blitzartig von unten nach oben auf, nachdem die hygroskopisch erzeugte Spannung größer geworden ist als der innere Zusammenhalt. Am Unterende der langen Grannen sitzt in einer Art Tasche locker der Samen. Beim blitzartigen Zusammenschnurren wird er weit ausgeschleudert. Hier haben sich die Grannen also nicht abgelöst, sie hängen nach Auslösen des Schleudermechanismus an der Spitze noch zusammen (Abb. 8, 2b). Beim Reiherschnabel dagegen werden die Teilfrüchte ja frei, wie wir gesehen haben, und der hygroskopische Mechanismus ist reversibel. In die Gruppe der einmal wirkenden hygroskopischen Mechanismen gehört auch die eigenartige »Schnipsmechanik« mancher Veilchenarten. Beim wohlriechenden Veilchen, Viola odorata, reißt die dreilappige Kapsel an vorgefertigten Nähten auf, und die Samen fallen nacheinander heraus (Abb. 8, 2d). Es gibt aber auch Arten, bei denen sich jedes Kapsel-

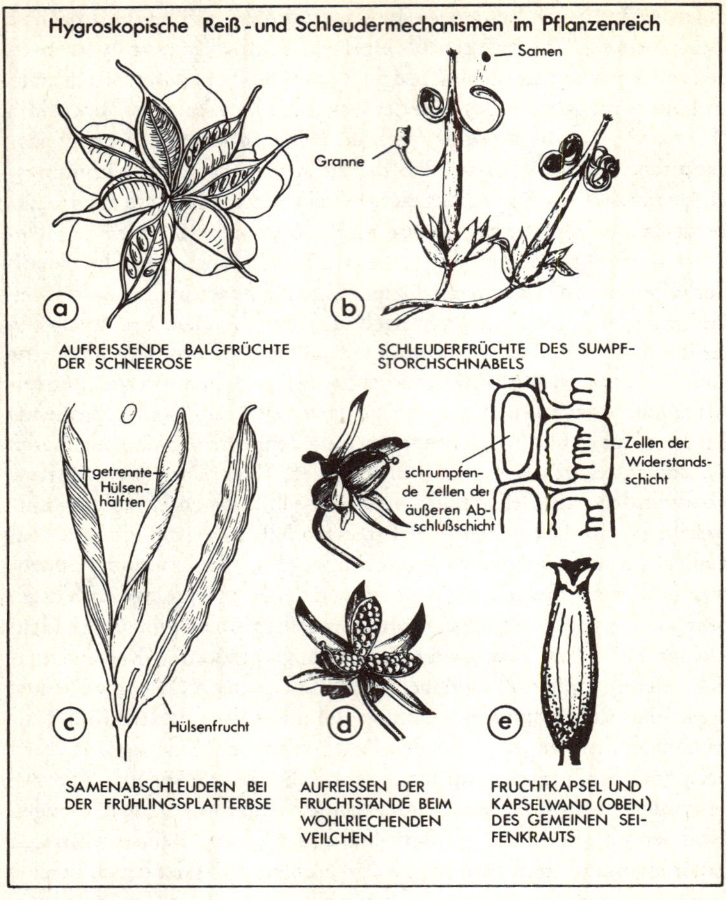

Abbildung 8.2

drittel nach dem Öffnen quer einrollt und so mit seinen beiden Kanten gegeneinander auf die Anheftungspunkte der Samen drückt. So werden diese schließlich »abgeschnipst«, so, wie man zwischen Daumen und Zeigefinger einen Schusser abschnipsen kann.

4 Öffnungsbewegungen, gesteuert durch Feuchteeinfluß

Bei all diesen besprochenen Beispielen sind die Kapselöffnung und die Freisetzung von Samen stets auf Austrocknungsvorgänge zurückzuführen. Aber wie immer in der Natur gibt es auch Gegenbeispiele. So umschließen die abgestorbenen Hüllblätter bei dem nordafrikanischen Asterngewächs Asteriscus pygmaeus die Köpfchen mit den Früchten wie mit einer viellappigen Schutzschicht. Wird es einmal feucht, so rollen sie sich nach außen und geben die Früchte frei. Auch bei manchen Fetthennen-Arten und den »lebenden Steinen« Afrikas (Gattung Mesembryanthemum) erfolgt die Öffnung dann, wenn einmal Regen oder Tau kommt. Dies läßt sich verstehen: In Steppen und Wüsten ist Trokkenheit lebensfeindlich; Samen sollen freigesetzt werden und gleich keimen, wenn es gelegentlich einmal feucht wird. Manche Pflanzen verbringen Monate, ja Jahre der Trockenheit in zusammengeringeltem Zustand und strecken sich nach einem gelegentlichen Regenfall innerhalb einer Viertelstunde aus. Das bekannteste Beispiel ist ein Bärlappgewächs Nord- und Mittelamerikas, die fälschlicherweise als »Vogelnestmoos« bezeichnete Art Selaginella lepidophylla (Abb. 8, 1x, y). Aber auch die afrikanische »Rose von Jerichow« (Anastatica hierochuntica) ist in totem Zustand kugelig eingekrümmt, in feuchtem weit auseinander gelagert. Man war einige Zeit der Meinung, daß die Kugelgebilde vom Steppenwind weit über die Ebenen gerollt würden und damit die Pflanze mit ihren Samen verbreitet werden könnte. Zu Riesenkugeln zusammengebackene Fruchtstände bestimmter Pflanzen der ungarischen Steppen rasen ja in den Herbststürmen als »Steppenhexen« weit über Land. Bei der Rose von Jerichow scheint das aber nicht zuzutreffen.

5 Einige Parallelbeispiele

Kehren wir zurück zu den ersten Beispielen. Findet man in der Natur irgendwo einen Mechanismus, so kann man fast Gift darauf nehmen, daß bei näherem Studium noch Dutzende ähnlicher Beispiele zu finden sind und daß bei vertieftem Eindringen die verschiedenartigsten Abwandlungen entdeckt werden können. So auch bei unseren hygroskopischen Mechanismen, die wir hier ja nur als Beispiel für die Wirkung eines Umweltfaktors, nämlich des Faktors »Luftfeuchtigkeit« diskutieren. Nicht nur die Früchtchen der Reiherschnabel-Arten bewegen sich hygroskopisch durch das Gras und bohren sich in die Erde ein, sondern auch ähnliche Früchte des Federgrases mit seinen riesenlangen Grannen (Gattung Stipa) und die Vermehrungskörper des Ackerklees (Trifolium arvense), des Flughafers (Avena fatua) und schließlich die bekannten Früchte der Waldrebe (Clematis vitalba), die mit ihren Wattebäuschen im herbstlichen Gegenlicht so auffallend ist. Auch die hygroskopischen Öffnungs- und Schließmechanismen bei den Kapselrandzähnen der Moose finden vielfältige Abwandlung. So öffnen sich die äußeren Peristomzähne beispielsweise bei der Gattung Funaria beim Austrocknen. Die Art Ceratodon purpureus dagegen trägt die beiden Texturschichten vertauscht, und so schließt sich der Zähnchenkranz beim Austrocknen. Bei der Gattung Brachythecium wiederum sind die äußeren Kapselzähne ganz eigenartig gebaut. An der Basis ist die Anordnung so wie bei Funaria, in der Spitze dagegen so wie bei Ceratodon. Folglich krümmen sich diese Zähne bei Trockenheit basal nach auswärts, mit der Spitze aber nach einwärts. Sie legen sich damit in eine elegante S-Schleife (Abb. 8, 1, v, w). Noch eine weitere Eigentümlichkeit kommt hinzu. Die äußeren Kapselzähne verkeilen sich mit den inneren, unbeweglichen, wenn die Luftfeuchtigkeit groß ist. Wird es trocken, so tendieren sie dazu, sich in der beschriebenen Weise auszurollen, bleiben aber an den Zähnen hängen, bis sich die Spannung irgendwann plötzlich und ruckartig ausgleicht. So findet man hier schon eine Art Übergang von einem reinen hygroskopischen Mechanismus zu einer »hygroskopischen Explosionsbewegung«, wie wir sie bei den Früchten des Storchschnabels und bei den Schoten der Hülsenfrüchtler in vollendeter Ausführung kennengelernt haben.

6 Strömungsmechanische Effekte, die das Leben nutzt

Die Luft enthält nicht nur Sauerstoff als Atemgas und Kohlendioxid als Ausgangssubstanz für die Photosynthese. Sie ist nicht nur feucht und trocken und bringt die hygroskopischen Mechanismen der Pflanzen zum Arbeiten. Sie strömt auch. Damit erzeugt sie zwangsläufig aerodynamische Effekte. Hält man einen sich verengenden Zylinder in den Wind, so entstehen an seinen Engstellen Unterdrücke. Von hier aus kann man zum Beispiel über ein angeschlossenes Röhrchen Luft ansaugen. Das ist das Prinzip der Wasserstrahlpumpe. Wieder ist das ein Effekt, den die physikalische Umwelt anbietet und mit dem die biologische Evolution spielen kann, spielen muß. Ist er im Bereich des Lebenden einsetzbar, so wird er sich auch manifestieren, und damit wird die Umwelt wieder – cum granu salis, wie eingangs vorsichtig diskutiert – einen Organismus »prägen«. Steven Vogel, ein amerikanischer Biologe, hat auf diese bisher übersehenen Mechanismen der Nutzung strömender Medien durch Pflanzen und Tiere hingewiesen. Er hat Verblüffendes gefunden. So gibt es nicht nur vollautomatische Ventilation von Erdröhren-Bauten bei vielborstigen Würmern, Spinnen und Präriehunden durch Luft- und Wasserströmungen. Es scheint auch so zu sein, daß die lebenswichtige Durchströmung des Assimilationsgewebes im Pflanzenblatt in starkem Maße windinduziert ist! Selbst die Trichtergestalt der Schwämme scheint ihre strömungsmechanische Bedeutung zu haben. Es werden so Wasserströmungen induziert, die die Geißelkammern durchziehen und die durch Flimmerschlag aktiv bewerkstelligten Flüssigkeitsbewegungen unterstützen.

Alles, was geeignet ist, Energie zu sparen, ist in der Biologie von äußerster Wichtigkeit. Ein Sandwurm in seiner U-förmigen Röhre im Schlick der Wattenregion braucht Sauerstoff wie jedes Tier. Frisches Wasser muß in einem kontinuierlichen Strom durch die Röhre ziehen, an den Kiemen vorbeistreichen. Energetisch ist es für das Tier nun ein Riesenunterschied, ob es den Wasserstrom selbst erzeugt – dadurch, daß es mit seinem Körper wellenförmige Bewegungen ausführt – oder sozusagen erzeugen läßt. Wenn nämlich die beiden Löcher der U-Röhre, also der Eingang und der Ausgang, ein wenig unterschiedlich gestaltet sind, erzeugt das darüberströmende Wasser eine Druckdifferenz, und als Folge davon strömt Wasser durch die Röhre. Der

Wurm spart sich damit eigene Energieausgabe, vielleicht bis zu 50% seiner insgesamt zur Verfügung stehenden Energie! Nach welchem physikalischen Prinzip arbeiten solche strömungsinduzierenden Einrichtungen?
Seit den Zeiten Bernoullis ist bekannt, daß Strömungsgeschwindigkeit und Druck eines Gases oder einer Flüssigkeit gesetzmäßig voneinander abhängen. Steigt die Geschwindigkeit in einer wasserdurchströmten Röhre, so sinkt der Wanddruck (Abb. 8, 3a). Bringt man in einer Röhre eine Verengung an und erzwingt damit eine Steigerung der Strömungsgeschwindigkeit, so drückt die strömende Flüssigkeit an der engen Stelle weniger stark gegen die Wand als in den dicken Rohrteilen. Bringt man nun zwei Bohrungen an, eine in der dicken, eine in der dünnen Rohrstrecke, und verbindet die beiden durch einen Kunststoffschlauch, so kann man eine Strömung in diesem Schlauch erzeugen, die vom dickeren zum dünneren Teil läuft, wenn man durch das Rohr Wasser schickt. Mit Luft geht das genauso. Der Sandwurm macht sich dieses Prinzip zunutze. Er legt eine Öffnung etwas höher als die andere, schon durch seine Kothäufchen (Abb. 8, 3b). Dazwischen steigt das Gelände also an. Wenn Wasser darüberströmt, ist die Geschwindigkeit im höheren Geländeteil etwas größer als im niederen. Als Folge davon entsteht eine Strömung im U-Rohr; Wasser dringt im erstgenannten Teil ein und verläßt das Wohnrohr an der höheren Stelle. Es ist dabei ganz egal, in welcher Richtung das Wasser über den Bodengrund hinwegstreicht. Immer wird Wasser aus dem U-Rohr an der höheren Stelle herausgesaugt, und an der niederen strömt es nach. Bernoulli hat dieses Prinzip bereits 1738 erkannt. Ärgert man einen schlickbewohnenden Wurm in geeigneter Weise, so läßt er sich aus seiner U-Röhre vertreiben. Injiziert man nun in eines der beiden Löcher Tinte oder Tusche über eine kleine Spritze, während das Wasser der zurückgehenden Flut noch einige Zentimeter hoch darüberströmt, so wird die Farbe aus dem etwas höher gelegenen Loch zum Vorschein kommen. Klar fließt Wasser durch die U-Röhre. Normalerweise aber sitzt der Wurm wie ein Pfropfen in der Mitte und führt Ventilationsbewegungen aus; es ist nicht ganz sicher, ob er diese Strömung auch wirklich nutzt. Von anderen Schlickbewohnern ist allerdings bekannt, daß sie sich nach Fertigstellung ihrer U-Röhren in eine Seitenkammer zurückziehen. Nun könnten sie von der induzierten Strömung profitieren. Ganz sicher ist das Prinzip beim Präriehund nachgewiesen.

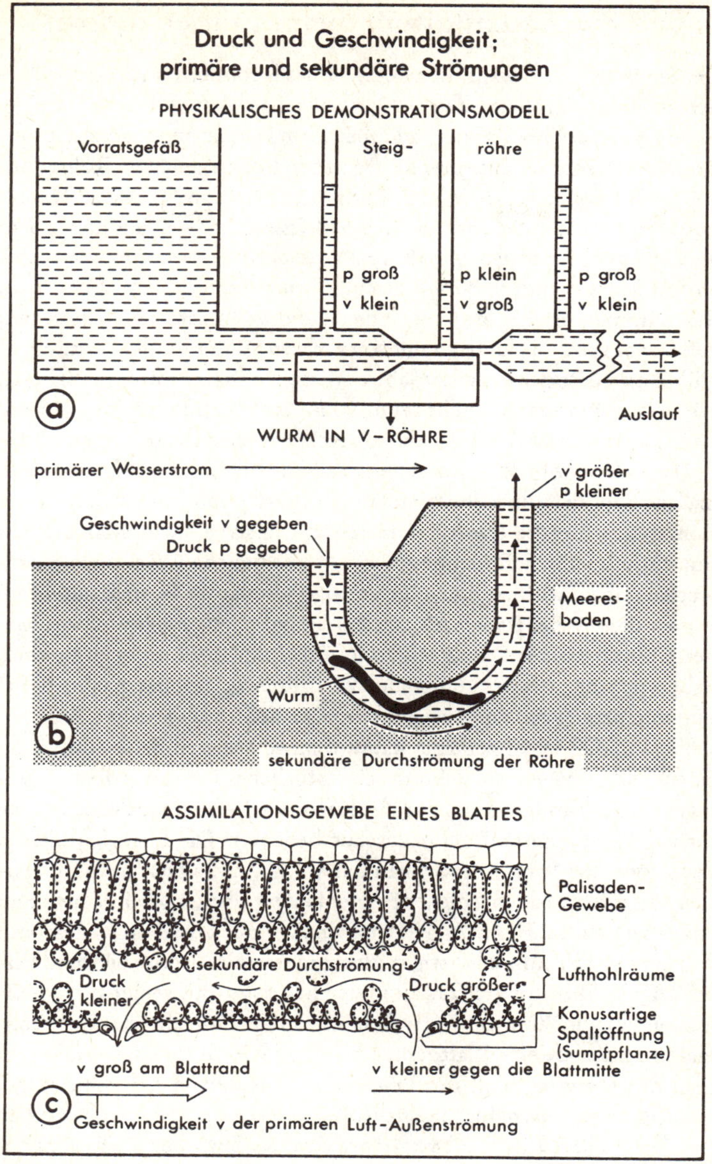

Abbildung 8.3

7 Die Zwangsentlüftung beim Präriehundbau

Präriehunde sind bekanntlich keine Hunde, sondern mittelgroße Nager, die in den großen Ebenen Nordamerikas leben und unterirdische Bauten anlegen; bis 3 m tief und über 15 m lang können diese sein. Im Prinzip bestehen sie aus einer schräg in den Boden gebauten Röhre (mit einigen Seitenkammern), die am Ende plötzlich umbiegt und als Kamin hochgeführt wird. Sie endet in einem kleinen Erdkegel, der höher liegt als der Röhreneingang (Abb. 8, 4). Wenn der Wind darüber wegzieht, strömt Luft nach dem Bernoullischen Prinzip durch den Röhrenbau, den Kamin hoch. Ein Tier am Ende bekommt also stets Frischluft und außerdem Luft, die in den Sommermonaten kühler ist als die durchgeglühte obere Bodenschicht. Gäbe es diese Zwangsentlüftung nicht, so könnte der Präriehund nicht genug Sauerstoff bekommen, selbst wenn sich nur ein einziges Tier in einem solchen Röhrenbau aufhalten würde. Das zeigen Modellrechnungen in aller Deutlichkeit. Wie kann man nachweisen, daß die Röhrenbauten der Präriehunde wirklich so funktionieren, wie es die Theorie erwarten läßt? Ganz einfach. Man braucht nur ein paar kleine Rauchbomben in verschiedene Öffnungen einzuwerfen und zu warten, bis einige kräftige Windstöße übers Land fegen. Immer dann steigt Rauch aus den kraterähnlichen, etwas höhergelegenen Öffnungen aus. Neugierig, wie Wissenschaftler nun einmal sind, haben sie einen Präriehundbau im Verhältnis 1 : 10 genau nachgebildet und in einem Windkanal vermessen. Aus den Experimenten ließ sich schließen, daß selbst bei einer kaum wahrnehmbaren Brise von knapp einem halben Meter pro Sekunde ein natürlicher Präriehundbau in weniger als 10 Minuten ganz durchgelüftet wird – eine ideale Sache, die für das Tier keinerlei Energieausgabe bedeutet. Die Energie liefert ja der strömende Wind. Bevor man das wußte, hatte man lustige Theorien aufgestellt, wie ein solcher Präriehund wohl die Luft in seinem Bau erneuern könnte. Es nützt ja nichts, wenn er mit dem Bein wedelt oder sich ähnlich wie ein vielborstiger Wurm in seiner U-Röhre hin- und herschlängelt. Das Prinzip funktioniert im Wasser mit seiner hohen Zähigkeit, aber nicht in der Luft; da müßte man schon ein paar Dutzendmal pro Sekunde eine Blattpumpe hin- und herschlagen lassen. So war man der Meinung, daß der Präriehund von Zeit zu Zeit mit aufgesträubten Fellhaaren durch seine Röhre saust und dabei wie ein Kolben aus dem Zylinder die Luft verdrängt. Das scheint aber doch nicht der

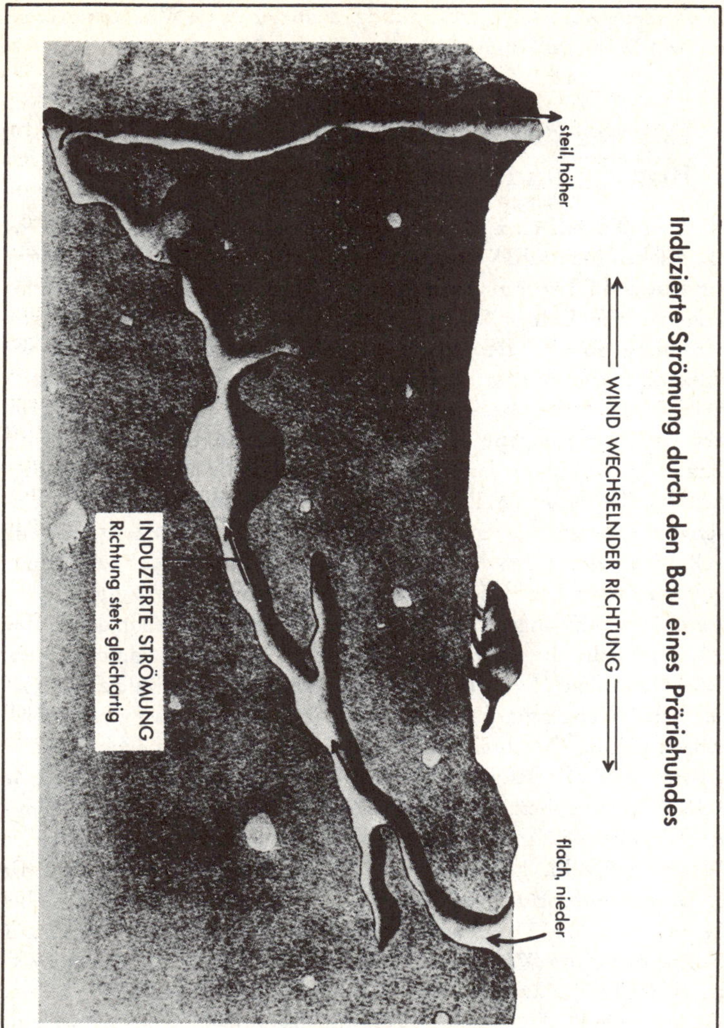

Abbildung 8.4

Fall zu sein, wäre auch ganz unnötig, denn der ewige Wind der Prärien tut sein Werk ganz umsonst.

8 Lüftung durch induzierte Strömungen bei Blättern und Tierstöcken

In vielmillionenfacher Weise wiederholt sich dieses Spiel im mikroskopischen Maßstab. Wenn der Wind über die Oberfläche der Blätter streicht, induziert er über die Spaltöffnungen im Schwammgewebe mit seinen vielen Luftzwischenräumen eine zarte, aber doch merkbare Strömung. So wird stets neue Luft und damit neues CO_2 für die Assimilation antransportiert, und Sauerstoff verläßt die Photosynthesefabrik. Beobachtet wurde dieses Verhalten bei Sumpfpflanzen. Sie besitzen leicht aufgebogene Spaltöffnungen (Abb. 8, 3c), die wie kleine Krater wirken. Am Blattrand ist die auftreffende Windgeschwindigkeit größer als in der Blattmitte. Mit diesen unterschiedlichen Geschwindigkeiten müssen entgegengesetzt gepolte Druckunterschiede gekoppelt sein, so daß die Luft in der Blattmitte durch die Spaltöffnungen eintritt und an den Blattkanten in Richtung zum Wind austritt. Eine solche »Zwangsventilation« wäre sehr günstig, weil in der Luft ja nur etwa jedes dreitausendste Molekül ein Kohlendioxidmolekül ist. Aus einem abgeschlossenen Luftraum wären die Moleküle dieses Gases schnell abgefangen, und dann müßte die Photosynthesefabrik stoppen. Einen Nachteil hat die Geschichte allerdings auch. Mit der ausströmenden Restluft verläßt auch Wasserdampf das Blatt. Es würde schnell austrocknen, könnte es nicht Wasser in genügender Menge nachgeliefert bekommen. Dies ist bei Sumpfpflanzen, die praktisch im Wasser wurzeln, kein Problem. Bei solchen Pflanzen wurde die Zwangsentlüftung denn auch festgestellt. Ganz undenkbar wäre sie bei Wüstenpflanzen. Diese haben ja die allereigenartigsten Tricks zur Vermeidung von Wasserverlust entwickelt, ja sogar zur Rückgewinnung des bereits ausgeatmeten Wasserdampfs.

Neben anderen Tierbauten – Termitenkegel oder Meeresschneckenschalen mit zentraler Öffnung – können auch die Schwämme sich die Strömung der Umgebung zunutze machen. Sie besitzen ja bekanntlich Hohlräume, die mit Geißel tragenden Zellen ausgestattet sind. Im Rhythmus des Geißelschlags wird ein Wasserstrom induziert, der aus

bestimmten Öffnungen austritt, so daß frisches Wasser aus anderen Öffnungen wieder angesaugt wird. Aber das kostet Energie. Steven Vogel hat nun Modellexperimente gemacht und sich besonders für sogenannte Archaeocyathiden interessiert. Das sind entfernt schwammähnliche Organismen, die aus den Versteinerungen des Kambriums bekannt sind, gut eine halbe Milliarde Jahre alt. Sie sahen aus wie Eierbecher und hatten etwa die Größe einer ausgestreckten Hand. Sie bestanden aus mehreren Körperschichten, einer äußeren mit zarten Löchern und einer durch Etagen unterteilten inneren mit größeren Löchern. In der Mitte war ein oben offener Hohlraum. Modellexperimente mit Drehstücken aus Aluminium haben nun gezeigt, daß solche geometrischen Gebilde aus dem zentralen Hohlraum »herausrauchen«, wenn sie außen umströmt werden (Abb. 8, 5). Mit dem Wasserstrom wurden auch mikroskopisch feine Nahrungspartikeln durch die Kammern getrieben, die herausfiltriert werden konnten. Moderne Schwämme haben bisweilen ähnliche Körpergestalt, wenn auch keine so große zentrale Öffnung. Vielleicht nutzen sie eine induzierte Strömung in ähnlicher Weise, vielleicht aber verlassen sie sich doch fast ausschließlich auf die selbstinduzierte Wasserbewegung.
Alle diese Beispiele sind noch nicht lange bekannt, basieren aber auf einfachsten physikalischen Gesetzlichkeiten. Und alle sind geeignet, Tieren oder Pflanzen Stoffwechselenergie sparen zu helfen, die sie sonst einsetzen müßten, wenn sie Luft- oder Wasserströmungen induzieren müssen, sei es zur Versorgung mit Atemgasen, sei es zum Antransport von herausfiltrierbaren Nahrungspartikelchen. Bei der Erforschung dieser Phänomene hat sich wieder einmal das einfache heuristische Prinzip als sehr tragfähig erwiesen: Man schaue erst einmal nach, ob die physikalische Umwelt nicht Lösungsmöglichkeiten bietet, die dem Leben Stoffwechselenergie sparen, bevor man als selbstverständlich annimmt, daß ein Lebewesen für diesen und jenen Vorgang aktiv Energie erzeugen muß. Jede eingesparte Einheit an Stoffwechselenergie kann an anderer Stelle wieder benutzt werden, und das ist von ökologischem Vorteil. Wenn ein Präriehund nicht ein Viertel seiner Gesamtenergie dafür ausgeben muß, wie der Blitz durch seine Bauten zu rasen und nach dem Kolbenzylinderprinzip die Luft zu erneuern, so kann er sie für etwas anderes einsetzen, beispielsweise zur Erhöhung der Zahl der Nachkommen. Das allein bringt ihm bereits einen drastischen Vorteil; die Chance, seine Art zu erhalten, wird

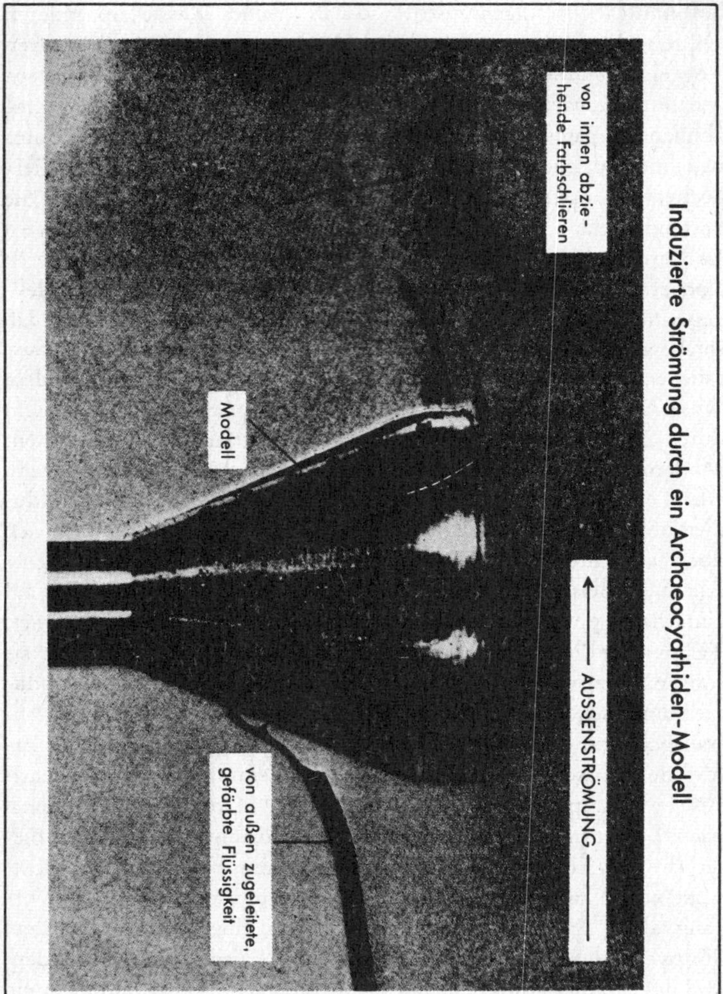

Abbildung 8.5

größer. Und darauf zielt letztlich alles. Alle die Tausenden von Anpassungen und Einpassungen haben letztlich den einzigen Zweck (wenn man wieder anthropomorph argumentieren darf), die Art zu erhalten. Das Individuum stirbt, aber die Art bleibt bestehen. Dieser Kampf ums Dasein wird vielfach gegen die biologische Umwelt durchgeführt und gleichzeitig auch gegen die physikalische. Immer wieder aber findet man Beispiele, wie die belebte Welt Eigentümlichkeiten der toten Umwelt auf raffinierte Weise ausnutzt – immer und ausnahmslos zur Einsparung von Stoffwechselenergie. Wenn wir also eingangs – mit aller Vorsicht – formuliert haben, daß die Umwelt die Lebewesen prägt, so können wir diese Aussage genausogut auch umdrehen. Das Leben bedient sich der Umweltfaktoren. Es läßt für sich arbeiten.

9 Alles Leben schwingt im Pulsschlag der Zeit

Ein etwas esoterischer Titel für dieses letzte Kapitel, zugegeben. Die Zeit ist eine physikalische Größe; in jedem Einheitensystem bildet die Sekunde eine Grundgröße. Insofern paßt die folgende Betrachtung doch gut in diesen letzten Problemkreis des Buches, in dem gezeigt wird, wie unerbittlich physikalische Gesetzmäßigkeiten Formen und Funktionen in unserer belebten Umwelt beeinflussen. Aber was eigentlich ist »die Zeit«?

1 Physikalische und »physiologische« Zeit

»Tempus fugit«, steht auf manch alter Sonnenuhr: »Die Zeit eilt dahin.« Wohin sie eilt, das wissen wir nicht. Sie eilt eben »dahin«. Eine triviale Feststellung, dabei aber die Umschreibung einer äußerst bedeutsamen Fragestellung, die die Philosophen der Jahrhunderte beschäftigt hat. Von Eddington stammt der Begriff des »Zeitpfeils« (»time arrow«): Die Zeit verläuft gerichtet, von der Vergangenheit in die Zukunft. Sie ist nicht umkehrbar. Die Gegenwart umfaßt nur einen unendlich kleinen Teil der Zeit. Alles, was »links« von diesem Einschnitt liegt, ist Vergangenheit, alles was »rechts« liegt, Zukunft. Ein recht abstraktes Vorstellungsgebilde und eine rein philosophische Formulierung dazu. Eigenartig: Wir rechnen in der Naturwissenschaft mit Zeiteinheiten, können uns aber von dem, was wir in solchen Einheiten ausdrücken, keine rechte Vorstellung machen. Wenn man näher über diese Problematik nachdenkt, kann man wahrhaft verzweifeln. Whithead sagte einmal, es sei »unmöglich, über die Zeit und das Mysterium des schöpferischen Verfließens der Natur zu meditieren, ohne von der Emotion wegen der Grenzen der menschlichen Intelligenz überwältigt zu werden«.

Nun, in der Alltagspraxis denkt man wenig an philosophische Grundlagen des Seins. Man liest die Zeit in Sekunden und Minuten von seiner Armbanduhr ab und setzt, da sie meßbar ist, die Zeit als existentes

b
d

15 Gelb-Schwarz-Warntracht

Für uns wirkt eine Gelb-Schwarz-Struktur unwillkürlich gefahrsignalisierend. Wahrscheinlich bringen wir das in Verbindung mit schlechten Erfahrungen, die wir alle einmal mit Wespen gemacht haben: Was gelb-schwarz ist, kann stechen. Die Teilabbildung a zeigt den Hinterleib einer Wespe (Paravespula vulgaris), von unten fotografiert. An der Art, wie die schwarzen Flecken auf dem gelben Grund verteilt sind, kann man die einheimischen Wespengattungen ganz gut auseinanderhalten. Die Teilbilder b, c und d zeigen die Raupe des kleinen Fuchses, Aglais urticae, die Raupe des Karminbärs, Thyria jacobaeae (die eher orangeschwarz ist) und eine Blattwespe (Tenthredinide). Es ist nicht ohne weiteres gesagt, daß diese Tiere durch Gelb-Schwarz-Färbung eine »Warntracht« ausgebildet haben, die Freßfeinden signalisiert, hier wäre etwas gefährlich, das man besser nicht fresse. Auf uns wirken diese Trachten jedenfalls gefährlich, und Studenten scheuen sich unwillkürlich, so gefärbte Raupen in die Hand zu nehmen. Insekten mit verkrüppelten Flügeln findet man fast nie in freier Natur. Wenn beim Schlüpfen etwas schiefgeht, wird das flugunfähige Insekt alsbald von einem Vogel aufgepickt. Die Wespe auf dem Teilbild d verdankt ihr Überleben sicherlich ihrer Gelb-Schwarz-Tracht.

Phänomen voraus. Das geht uns ja mit anderen Dingen auch so. Mit Hilfe von elektromagnetischen Wellen hören wir Radio und sehen fern, aber was hinter diesem Begriff steckt, das wissen wir heute immer noch nicht so recht. Immerhin kann man die Wellen durch Kenngrößen beschreiben, so durch ihre Frequenz, also die Zahl ihrer Schwingungen pro Sekunde. Die Sekunde ist aber die Einheit der Zeit, und so beschreiben wir im Grunde ein geheimnisvolles Phänomen dadurch, daß wir es auf die Einheit eines anderen geheimnisvollen Phänomens beziehen. Das ist aber nicht so schlimm; die Philosophie oder Mathematik tut das dauernd und darf das auch, solange sie sich axiomatisch in einem Satz bestimmter Definitionen bewegt. Wie dem auch sei: In der wissenschaftlichen Alltagspraxis zwängt man vieles, das im Grunde rätselhaft und unerklärlich ist, in das Korsett von Definitionen und Dimensionen und rechnet damit, als ob es sich um gute alte Bekannte handelte.

Die Frequenz ist also dimensionsmäßig der Kehrwert der Zeit; ein Hertz (Hz) ist eine Schwingung pro Sekunde (s^{-1}). Bei periodisch ablaufenden Vorgängen kann man die Zeit folglich auch durch die Frequenz dieser Vorgänge angeben. In der Physiologie ist das sehr bedeutsam. Sehr viele Vorgänge laufen periodisch ab, beispielsweise der Herzschlag und die Atmung. Wenn ich 20 Atemzüge pro Minute ausführe, so teile ich damit die Zeit in lauter 1/20-Minuten-Intervalle, genauso, wie eine Uhr mit langem Sekundenpendel die Zeit in lauter 1-Sekunden-Intervalle teilt. Ein Organismus teilt so seine gesamte Lebenszeit in lauter Intervalle ein, die durch einen körpereigenen Rhythmus vorgegeben werden. Das muß nicht der Atemrhythmus sein, das kann beispielsweise auch der Rhythmus der Herzschläge sein. Da der Mensch in der Minute mehr Herzschläge als Atemzüge macht, wird er im ersteren Fall seine Lebenszeit in eine größere Zahl (physikalisch kürzerer) Zeitabschnitte einteilen als im letzteren. Bei der Frau zerlegt der Menstruationszyklus die Zeit der Reife in Abschnitte von etwa 4 Wochen. Den Zustand der Dauerschwangerschaft – im Mittelalter fast die Regel, in unserer Zeit bei Naturvölkern nicht selten – kann man auch als zyklischen Zustand bezeichnen mit einer Periodendauer von knapp einem Jahr. Herzschlagzyklus, Atemzyklus, Menstruationszyklus, Schwangerschaftszyklus – eine Serie zunehmender Periodendauer. Kann man noch weitergehen? Wir sind selbst nur ein Glied einer endlosen Geschlechterfolge, und unsere Lebenszeit ist dann die –

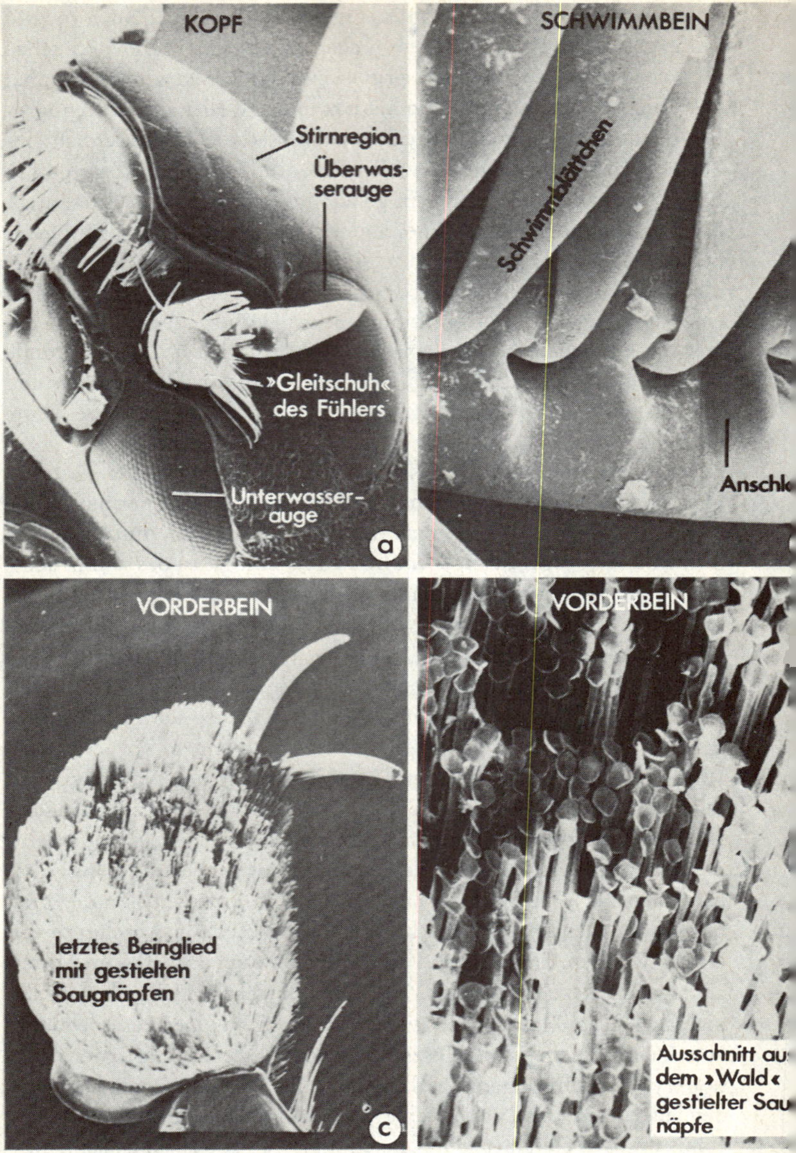
KOPF
Stirnregion
Überwas-
serauge
»Gleitschuh«
des Fühlers
Unterwasser-
auge
a
SCHWIMMBEIN
Schwimmblättchen
Anschl
VORDERBEIN
letztes Beinglied
mit gestielten
Saugnäpfen
c
VORDERBEIN
Ausschnitt au
dem »Wald«
gestielter Sau
näpfe

Schwarzweißtafel 1

Das sind Aufnahmen unseres einheimischen Taumelkäfers, Gyrinus natator, mit dem Rasterelektronenmikroskop.

a Kopfregion schräg von vorn seitlich fotografiert. Sichtbar sind die beiden Augenteile und die Antenne, links angeschnitten die Mundwerkzeuge.

b Diese Teilabbildung zeigt die Einlenkung der Schwimmblättchen an den Kanten eines Beinglieds. Die Blättchen werden unten schmäler, biegen um und sitzen in charakteristisch geformten schrägen Höhlungen. In der Vergrößerung dieser Abbildung wären sie weit über 1 m lang, wenngleich sie so schmal sind: Ihre »Streckung« ist enorm; sie überlappen sich spielkartenartig und bilden damit eine große Ruderfläche.

c Die Teilabbildung c zeigt das letzte Beinglied des Vorderbeins, von unten gesehen. Hinter- und Mittelbein sind umgewandelte Ruderorgane. Das Vorderbein dagegen dient zum Halten und Greifen. Die Unterseite des letzten Beinglieds ist über und über mit gestielten Saugnäpfen besetzt, die sich an jeder glatten Fläche festklatschen können. Sichtbar sind auch die beiden großen Endkrallen.

d Die Teilabbildung d schließlich zeigt einen Ausschnitt aus dem Saugnapf-Wald. Man muß bedenken, daß bei der Präparation für das Rasterelektronenmikroskop zarte Chitinstrukturen etwas schrumpfen. In Wirklichkeit sind die Saugnäpfe genau rund.

im zeitlichen Mittel konstante – Periodendauer einer Generationsfolge. So laufen, je nach der »physiologischen Uhr«, mit der wir die »physikalische Zeit« abmessen, unsere Leben dahin, abgesteckt im unerbittlichen Rhythmus der kürzeren oder längeren Pendelschläge unserer körpereigenen Funktionen. Demgemäß haben wir auch ein bestimmtes »inneres« oder physiologisches Zeitempfinden. Die Sekunde ist uns nicht umsonst ein so vertrauter Zeitbegriff, entspricht sie doch ungefähr der Periodendauer unseres Herzschlags. Das gilt für den Menschen. Wie aber erfühlt eine weiße Maus die Zeit?

2 Vom Zeitbegriff der weißen Maus

Wir können sie nicht fragen, aber wir können aus ihrem Verhalten einige Schlüsse ziehen und das Problem im übrigen auch rein theoretisch angehen. Auch die weiße Maus hat die ihr eigene Periodendauer des Herzzyklus, des Atemzyklus, des Menstruationszyklus, des Schwangerschafts- und Lebenszyklus. Nur läuft alles viel rascher ab als beim Menschen. 10–12mal in der Sekunde kann das Herz dieses kleinen Wirbeltiers schlagen; die Frequenz ist eine Größenordnung höher als beim Menschen. Irgendwie wundert uns das nicht sonderlich; das Tier ist ja auch viel kleiner. Aber liegt da nicht ein großes Problem? Wenn uns die Dauer eines Herzschlags als Zeitmaß ein bestimmtes Ereignisfeld absteckt, könnte das für die Maus doch in gleicher Weise gelten? Von einem Herzschlag zum nächsten können wir vom Stuhl aufstehen, ein Buch aus dem Regal ziehen, den Lichtschalter anknipsen. Von einem Herzschlag zum zehnten und zwanzigsten und dreißigsten können wir vom Wohnzimmer zur Küche gehen oder uns die Nase schneuzen. Von einem Schlag zum hundertsten oder zweihundertsten schreiben wir eine Postkarte oder verdrücken, wenn es sein muß, ein hastiges Frühstück. Das Vielfache der Periodendauer unseres Herzrhythmus gliedert unser Leben in überschaubare und in bezug auf die durchschnittliche Gesamtlebenszeit fest zuzuordnende Abschnitte. In der Zehntelsekunde von einem Mäuseherzschlag zum nächsten können wir nicht viel tun; das entspricht schon unserer Schrecksekunde. Aber die Maus kann ganz komplexe, koordinierte Bewegungen vollführen, beispielsweise die Nase in eine Ritze stecken, durch den Tastsinn die Umwelt erkunden und wieder weiterlaufen. Bei den kleinsten

Kolibris schlagen die Herzen nach unseren Begriffen rasend schnell, im Fluge 25mal pro Sekunde und noch häufiger. Eine 25stel Sekunde sagt uns gar nichts. Damit ist schon die Verschmelzungsfrequenz unserer Augen überschritten; 25 projizierte Filmbilder sehen wir im Kino nicht mehr flimmernd, sondern als kontinuierlichen Ablauf. In einer 25stel Sekunde kann die weiße Maus auch keine komplexe Wendereaktion mehr ausführen. In einer 25stel Sekunde schlägt dagegen ein kleiner Kolibri seine Flügel zwei- bis knapp dreimal auf und ab. Er kann sich damit schon um fast 90° wenden oder einen halben Purzelbaum schießen. Dies tut er gezielt, indem er seine Umwelt beobachtet und noch während eines einzigen Ab- oder Aufschlags seine Lage im Raum korrigiert. Für den kleinen Kolibri ist vielleicht eine hundertstel Sekunde, sicher jedoch bereits eine fünfzigstel Sekunde noch ein Zeitraum, in dem er sich »etwas einfallen« lassen kann, die Umwelt vergleicht und auf ihre Veränderung reagieren kann.

3 Gibt es ein subjektives Zeitempfinden?

Kleinere Tiere haben eine höhere Herzfrequenz und eine geringere minimale Reaktionszeit. Nimmt man die letztere als ein (etwas willkürliches) Maß dafür, daß noch eine überlegte oder doch koordinierte Handlung ablaufen kann, so spricht im Grunde nichts gegen die Vermutung, daß kleinere Lebewesen auch ein anderes subjektives Zeitempfinden haben. Ein großer Wal braucht allein eine Sekunde, bis ein im Hirn entstehender Bewegungsimpuls zur Schwanzflosse gelaufen ist. Eine Sekunde wird für ihn ein winziger Zeitraum sein, in dem nichts Subjektives passieren kann. Der Mensch kann in einer Sekunde ein blitzartiges Geschehen gerade noch wahrnehmen und darauf reagieren. Die Maus wird, bildlich gesprochen, in einer Sekunde schon ein kleines Gespräch führen können, und der Kolibri liest in dieser Zeit eine Kurzgeschichte.

Wir können es nicht beweisen, aber wir können es aus der Beobachtung wahrscheinlich machen: Die physikalische Zeiteinheit erscheint kleineren Tieren länger als großen; das Zeitempfinden oder der Erlebnisbereich in der »physiologischen Zeiteinheit«, wie sie etwa durch die jeweilige Dauer eines Herzschlags gegeben ist, dürfte dagegen in etwa konstant sein. Das heißt: Die kleine Maus erlebt zwischen zwei Herzschlägen (etwa in einer Zehntelsekunde) »subjektiv« ebensoviel wie der große Elefant zwischen zwei Schlägen seines Herzens (etwa in 2,4 Sekunden). Eine hypothetische Formulierung freilich, und mit aller Skepsis und Vorsicht zu betrachten.

4 Mittlere Lebensdauer und Herzschlagzyklus

Doch nun kommt etwas äußerst Interessantes. Aus vielen vergleichenden Beobachtungen hat sich gezeigt, daß die Lebensdauer von Tieren verschiedener Arten im Mittel ein konstantes Vielfaches der Periodendauer ihres eigenen Herzzyklus ist! Eine kleine Maus stirbt also nach soundsovielen Herzschlägen, ein Hund oder ein Elefant im Mittel nach der gleichen Zahl von Herzschlägen! Das bedeutet dann aber: Der subjektive Erlebenszeitraum bleibt bei verschiedengroßen Tieren mehr oder minder konstant. Man könnte die Sachlage, vermenschlicht ausgedrückt, so formulieren: Ein kleines Tier lebt zwar kürzer, erlebt aber intensiver als ein großes, so daß ihm seine Lebenszeit subjektiv nicht kürzer vorkommt. Wieder sei die Aussage mit aller Vorsicht in den Raum gestellt.

Man kann leicht mit einfachen Potenzfunktionen der Art $y = a \cdot x^b$ die Abhängigkeit stoffwechselphysiologischer Kenngrößen vom Gewicht bzw. von der Körpergröße formulieren. In gleicher Weise können wir nun auch die Periodendauer entsprechender physiologischer Vorgänge als Funktion des Körpergewichts kennzeichnen. Messen wir die Periodendauer t in Sekunden und das Körpergewicht G in Gramm, so ergeben sich nach der Gleichung $t = a \cdot G^b$ für einige charakteristische periodische Vorgänge die folgenden Beziehungen:

Dauer des Herzzyklus $= 4{,}3 \cdot 10^{-2} \cdot G^{0,27}$
Dauer des Atemzyklus $= 1{,}7 \cdot 10^{-1} \cdot G^{0,28}$
Dauer des Schwangerschaftszyklus $= 5{,}9 \cdot 10^{5} \cdot G^{0,304}$
Dauer der Generationsfolge
(Lebensdauer) $= 3{,}19 \cdot 10^{7} \cdot G^{0,29}$

Im doppellogarithmischen Koordinaten-System werden diese Gleichungen als Gerade repräsentiert sein mit den Achsenabschnitten a und den Steigungen b ($y = a \cdot x^b$ ergibt logarithmisch $\log y = \log a + b \log x$. Die Größen a und b sind Konstanten. Durch Auftragung des Logarithmus im logarithmischen Maßstab erfolgt wieder eine »Linearisierung«). Es fällt auf, daß bei diesen periodisch wiederholten Lebensäußerungen der Exponent b im Durchschnitt etwas unter 0,3 liegt. Kann man diesen Wert als kennzeichnende Größe für periodische Vorgänge verstehen? Man kann es tatsächlich, müßte dazu allerdings das gesamte, etwas unanschauliche Gebäude der biologischen Similaritätstheorie durcharbeiten. Der interessierte Leser wird auf die zusammenfassende Arbeit von Bruno Günther aus dem Jahre 1971 verwiesen, die alle diese Beziehungen in vorbildlich prägnanter, für den Fachphysiologen wie den interessierten Laien gleich ansprechender Form zusammenfaßt. Günther hat für periodische Körpervorgänge einen sogenannten »reduzierten Exponenten« von $b = -0,27$ formuliert. Das Minuszeichen bedeutet, daß größere Tiere geringere Frequenzen aufweisen. Statt der Frequenz haben wir hier ihren Kehrwert, die Periodendauer, angegeben, folglich muß der zugehörige Exponent nun $b = +0,27$ betragen. Die Zusammenstellung zeigt, daß diese theoretische Forderung auch von solch »ungewöhnlichen« periodischen Vorgängen wie Schwangerschaftsdauer und Lebensdauer recht gut widergespiegelt wird. Das bedeutet, umgekehrt betrachtet, daß man sie mit einigem Recht bei Größenvergleichen als periodische Vorgänge werten darf.

Wir hatten oben festgestellt, daß verschiedengroße Tiere während ihrer typischen Lebensdauer etwa die gleiche Zahl von Herzschlägen aufweisen werden. Dies läßt sich unter Verwendung der oben tabellarisch angeführten Daten nun sehr leicht zeigen. Bezieht man die Zahlen für die Lebensdauer auf die Aufgaben für den Herzzyklus, so erhält man den folgenden Ansatz:

$$\frac{\text{Periode der Generationsfolge}}{\text{Periode des Herzzyklus}} = \frac{3{,}19 \cdot 10^{7}\, G^{0,29}}{4{,}3 \cdot 10^{-2}\, G^{0,27}} \circ \sim 7{,}4 \cdot 10^{8}$$

Die beiden Exponenten unterscheiden sich nur in der 2. Stelle hinter dem Komma, so daß man die Gewichte für eine Näherungsbetrachtung herauskürzen kann. Die Säugetiere – und nur auf diese bezieht sich unsere gesamte Überlegung – scheinen also auch in dieser Hinsicht ein gemeinsames Konstruktionsprinzip widerzuspiegeln. Sie sind offensichtlich so ausgelegt, daß sie »im Durchschnitt $7{,}4 \cdot 10^{8}$ Herzschläge lang« leben! Diese verblüffende Konstanz war nun die Grundlage für unsere obigen hypothetischen Überlegungen zur »subjektiven Zeit« und zur »Konstanz des Erlebenszeitraums« bei verschiedengro-

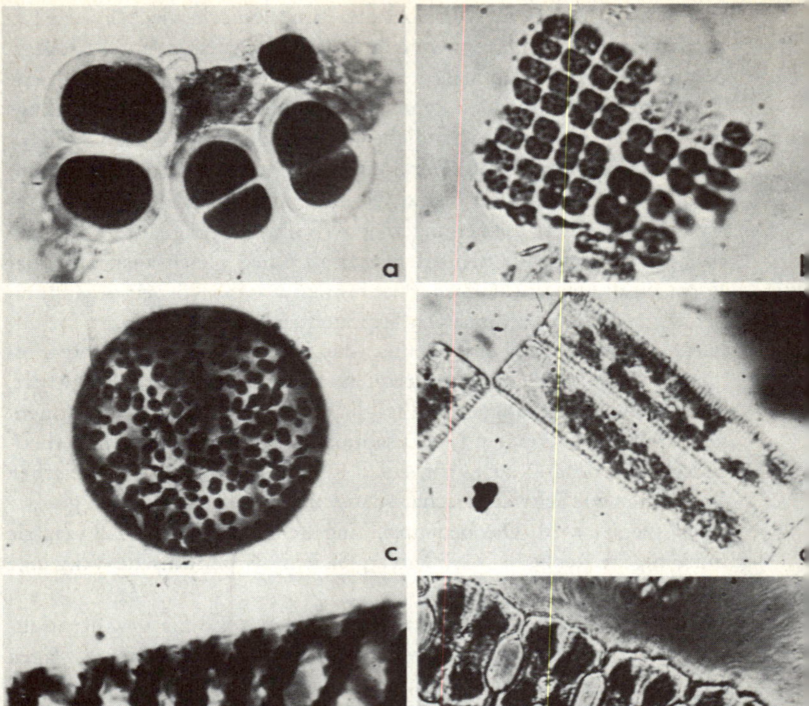
a
c
e
g

Schwarzweißtafel 2

Algen aus einheimischen Gewässern

a Teich-Kugelblaualge Chroococcus limneticus. Die relativ großen Zellen sind leuchtend blaugrün und in Gallerte eingelagert. Nach der Teilung bleiben die beiden entstandenen Zellen zunächst einige Zeit in einer gemeinsamen Gallerte (rechte Alge), bevor sie sich in Einzelhüllen aufspalten (linke Alge). Die Alge kann große Gallerte bilden, die in nährstoffreichen Gewässern vorkommen.

b Tafelblaualge Merismopedia elegans. Eine Einzelalge teilt sich zunächst, und die Tochteralgen teilen sich alle in eine Richtung. Dann verläuft die Teilungsrichtung senkrecht zur ersten. So entstehen weitausgedehnte, plattenförmige Kolonien, die aber nur eine Zellage stark sind. Gallertartige Substanzen halten die Einzelalgen beieinander. Die Tafelblaualge kommt in Teich und Tümpel vor.

c Grüne Moorkugel-Grünalge, Eremosphaera viridis. Die Moorkugel findet sich in moorigen Gewässern, auch kleinen Tümpeln. Es sieht so aus, als ob einzelne Algen in einer Gallertkugel lägen. Das stimmt aber nicht. Die ganze Kugel ist eine einzige Alge; die leuchtend grünen Chloroplasten liegen zerstreut peripher. In der Mitte der Chloroplasten kann man einen oder einige wenige hellere Einschlüsse erkennen: sogenannte Pyrenoide, Zentren der Stärkebildung.

d Gemeine Zickzack-Kieselalge Diatoma vulgare. Nach der Teilung bleiben die Zellen oft paarweise aneinander hängen. Die Einzelzellen oder die Doppelpakete hängen nun an den Kanten zu zickzackförmigen Bändern aneinander. Die Alge ist häufig und kommt in relativ reinem Wasser vor, beispielsweise in Quellen und klaren Flüssen.

e Schraubenalge, Spirogyra spec. Es gibt eine ganze Reihe von Faden-Jochalgen mit spiralförmigem Chloroplast. Die rund 120 mitteleuropäischen Arten kann man nur an der Art ihrer Kopulation und ihrer Fortpflanzungskörper unterscheiden. Sie kommen in allen möglichen Gewässern vor, auch in Sümpfen und Kleingewässern, und sind häufig. An ihren grünen Spiralbändern sind sie als Gattung leicht anzusprechen.

f Rundzellige Ketten-Zieralge, Desmidium cylindricum. Die Gattung Desmidium gehört zu den wenigen Zieralgen, die lange, zusammenhängende Bänder bildet. Die schöne Alge kommt in Mooren vor, ist nicht häufig.

g Bauchige Stern-Zieralge, Euastrum ventricosum. Von dieser Gattung gibt es viele Arten, die sich an kleinen geometrischen Eigentümlichkeiten unterscheiden, beispielsweise der Tiefe der Einschnitte, den relativen Breiten der Lappen und so weiter. Sie kommen häufig in Mooren und Sümpfen vor.

h Waffen-Zieralge, Xanthidium armatum. Ihren deutschen Namen hat diese Zieralge von ihren zahlreichen drei- bis vierzinkigen Fortsätzen erhalten, die jede der unregelmäßig achteckigen Hälften schmücken. Die Chloroplasten sind paarförmig und leuchtend grün; im Photo erscheinen sie wie auch bei der vorhergehenden Teilabbildung wegen Grünfilterung schwarz.

ßen Tieren. Hypothetisch sind nur diese letzteren Überlegungen. Die auf Messungen beruhenden Potenzfunktionen stehen für sich. Sie beweisen unsere Theorien nicht, erlauben aber doch ihre logische Aufstellung.
Lassen sie uns einmal nachrechnen, ob die Lebensdauer-Gewichtsfunktion unserer allgemeinen Erwartung entspricht. Demnach wäre für einen durchschnittlich 80 kg schweren Menschen eine Lebensdauer von $3{,}19 \cdot 10^7 (80 \cdot 10^3)^{0{,}29}$ Sekunden $= 8{,}43 \cdot 10^8$ Sekunden $= 8{,}43 \cdot 10^8 / 3600 \cdot 24 \cdot 360$ Jahre = 27 Jahre zu erwarten. Das scheint wohl nicht zu stimmen. Ein 3,5 kg schwerer Hund müßte demnach 11 Jahre alt werden, eine 150 g schwere Ratte 4,4 Jahre, eine 15 g schwere Maus 2,25 Jahre. Auf der anderen Seite wäre für einen halbtonnenschweren Stier eine Lebensdauer von 46 Jahren zu erwarten. Ein Elefant von 1,5 Tonnen Körpergewicht würde 64 Jahre alt werden. Man sieht, daß die Beziehung das zu erwartende Lebensalter in etwa richtig wiedergibt. Mit einer Ausnahme allerdings: Der Mensch scheint aus dem Rahmen zu fallen. Worauf mag das zurückzuführen sein?

5 Fällt der Mensch aus dem Rahmen?

Sicher unterscheidet sich der Mensch in vielen physiologischen Funktionen nicht von »anderen Säugern«. Man kann mit der oben angeführten Tabelle jede beliebige Zuordnung treffen, beispielsweise die Periode für einen Atemzyklus auf die für einen Herzzyklus beziehen. Wertet man die um 0,01 unterschiedlichen Exponenten als in erster Näherung gleich, so ergibt sich mit dem Ansatz $1{,}7 \cdot 10^{\ 1}/4{,}3 \cdot 10^{\ 2} = 4$ die Aussage, daß auf je 4 Herzschläge ein Atemzug fällt. Auch das ist über den ganzen Größenbereich der Säugetiere in etwa zutreffend, und der Mensch bildet da keine Ausnahme. Aber etwas anderes scheint unterschiedlich zu sein. Altmeister Rubner hat in einer aus dem Jahre 1908 datierenden Arbeit auf folgendes hingewiesen. Die Lebensdauer ist proportional $G^{0{,}29}$. Die Stoffwechselintensität, gemessen in Energieeinheiten pro Gewichtseinheit und Zeiteinheit, ist proportional G^{-27}. Multipliziert man die beiden Werte, so ergibt sich eine Proportionalität des Produktes zu $G^{0{,}29} \cdot G^{-0{,}27} = G^{0{,}02}$. Der Exponent ist also sehr klein, und man kann deshalb in erster Näherung eine Unabhängigkeit von der Körpergröße, also eine Konstanz des Produktes

annehmen. Eine kurze Lebensdauer müßte also mit einer hohen Stoffwechselintensität gekoppelt sein, eine lange Lebensdauer mit einer niederen. Da kleinere Tiere eine höhere Stoffwechselintensität aufweisen und gleichzeitig auch weniger lang leben, ist diese Forderung qualitativ erfüllt. Man kann dann weiter folgern, daß auf Grund dieser Beziehung die Gewichtseinheit stoffwechselaktiver Körpersubstanz während des gesamten Lebens den gleichen Energieumsatz hat, ob man nun ein kleines oder ein großes Tier betrachtet. Rubner berechnete den Wert von $2 \cdot 10^5$ kcal/kg. Dies gilt für alle Säugetiere, ob groß oder klein, nur nicht für den Menschen. Er erreicht einen vierfach höheren Wert von $8 \cdot 10^5$ kcal/kg. Um das zu erreichen, muß er folglich 4mal länger leben, als ihm gewichtsmäßig zusteht! Wir erreichten damit eine mittlere Lebenserwartung von rund 100 Jahren.
Man sollte diese Korrelationen, so eigenartig und überraschend sie auch ausfallen, nicht überbetonen, vor allem die letzteren Ausführungen nicht. Läßt man beim Menschen die zivilisatorischen Einflüsse außer acht, so erscheint eine Lebensdauer von rund 30 Jahren gar nicht so unrealistisch. Man vergleiche nur die durchschnittliche Lebenserwartung unserer Vorfahren aus dem Mittelalter und diejenige heutiger Primitivkulturen.

6 Periodische Schwankungen in Ökosystemen

Auch in Ökosystemen spielt die Zeit eine ausschlaggebende Rolle. Häufig ändern sie sich und erreichen wieder ihren Ausgangszustand in rhythmischen Abläufen. Beispielsweise oszilliert die Population der planktischen Krebse im Bodensee mit einer bestimmten Periodendauer, die nun abhängig ist von sehr vielen biologischen und physikalischen Parametern. Auch einfache Räuber-Beute-Verhältnisse zeigen in der modellmäßigen Abstraktion oder in der tatsächlichen ökologischen Situation typische Schwingungserscheinungen. Man kann sich das im Prinzip leicht klarmachen. Wenn wenig Räuber da sind, vermehren sich die Beutetiere stark. Mit einer bestimmten Phasenverschiebung ziehen dann die Räuber nach und fressen die Beutetiere auf. Wenn nur noch wenige übrig sind, bricht die Population der Räuber aus Nahrungsmangel zusammen. Die übrigbleibenden Beutetiere vermehren sich stärker und erreichen wieder ihre Ausgangsdichte. Der

Zyklus beginnt von neuem. Dieses einfache System läßt sich schwingungstheoretisch leicht verstehen und ebenso leicht computermäßig abstrahieren. Es ist aber in der Natur selten verwirklicht. Gefunden wurde es beispielsweise in einem afrikanischen Salzsee, in dem nur ein Lebewesen als »Beute« und eines als »Jäger« vorkommt. Aber auch andere biologische Systeme neigen zu Schwingungen in bezug auf die Artendichte oder das produzierte Material. So wurde bereits im zweiten Kapitel gezeigt, daß sich die Oberfläche der Moore häufig in der Weise ändert, daß emporragende Bülten in den nächsten Jahren zu tieferen, wassergefüllten Schlenken werden, und umgekehrt. Betrachtet man ein bestimmtes Areal, so liegt es im Laufe eines Jahrzehnts ein oder zwei Mal hoch, dann wieder tief. Auch die Arealhöhe schwankt also rhythmisch. Alles schwankt, was immer man anschaut. Nur die »Zeitkonstanten« sind unterschiedlich. So schwankt beispielsweise auch die Artendichte an Tieren, die man mit dem bloßen Auge sieht, auf Meeresböden häufig recht regelmäßig. Die Abbildung 9, 1 a gibt ein Beispiel, wie die »Makrofauna« am Nordseeboden nahe Helgoland in den Jahren 1969–1975 rhythmisch sich verändert hat. Viele Einflußmöglichkeiten spielen da zusammen: Temperaturschwankungen und eventuelle Schadstoffbelastung des Wassers, Nährstoffangebot und andere Dinge. Oft sind die Populationsschwankungen ganz drastisch. So gibt es Jahre, in denen kaum Feldmäuse vorkommen, und andere Jahre, in denen die Population um das Mehrdutzendfache stärker ist, so daß man bei jedem Schritt eine Maus huschen sieht. In solchen Fällen ziehen beispielsweise die Eulen nach.

7 Fluktuierende Populationen bei Ren und Lemming

Extrem sind die Vermehrungsraten des Lemmings in bestimmten Jahren; zwischendurch dagegen fallen sie kaum auf. Wo Querbeziehungen zwischen pflanzlichem Nahrungsangebot und tierischen Verwertern bestehen, lassen sich Zyklen besonders eingängig erläutern, wenngleich solche Denkmodelle nicht immer zutreffen müssen. So weiden die Rentiere auf Spitzbergen, die zur Zeit in großer Menge vorkommen, die trockeneren Wiesenflächen stark ab. Man schätzt, daß es auf Spitzbergen rund 10 Rentiere pro Quadratkilometer gibt, die dann

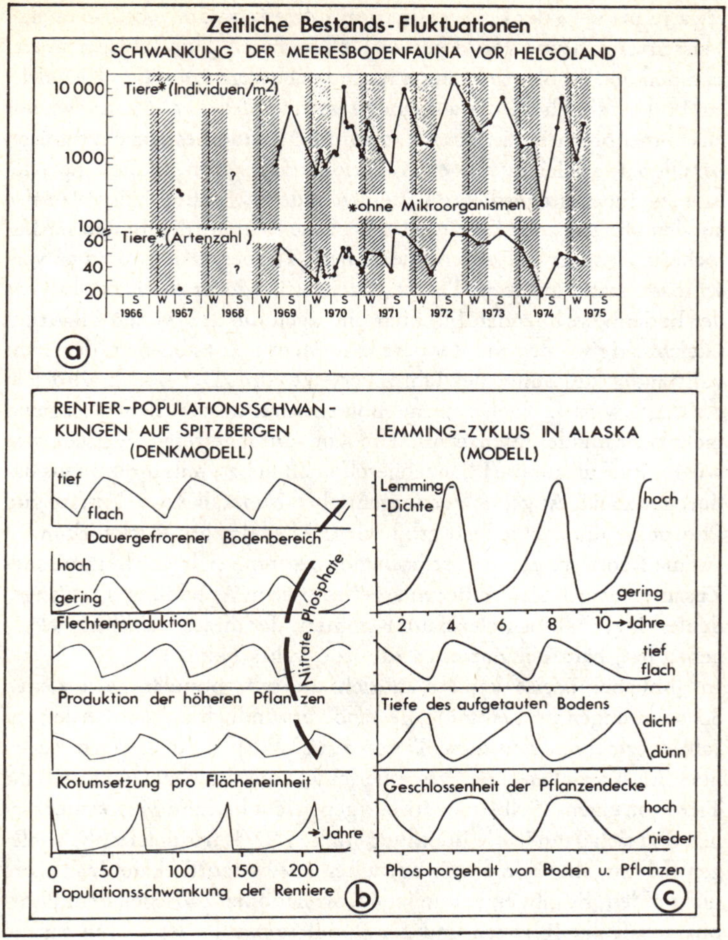

Abbildung 9.1

etwa 10 bis 15 % der Grasproduktion auffressen. Um 1900 gab es eine Massenvermehrung von Rentieren. Diese brach dann schlagartig zusammen und erholte sich langsam auf den heutigen Bestand. Vielleicht strebt dieser auch wieder auf eine Massenvermehrung hin, die wieder zusammenbrechen wird, und so dürfte der Rentierbestand rhythmisch oszillieren, vielleicht mit einer Periodendauer von 70 Jahren. Jede momentane Bestandsdichte hat einen anderen Einfluß beispielsweise auf den Untergrund (Abb. 9, 1b). Da viele Rentiere den Boden stärker lockern, wird er bei unterschiedlichem Tierbesatz im Sommer verschieden stark auftauen. Damit ändert sich wieder die Produktivität der bodenbewohnenden Flechten und auch die der grünen Pflanzen. Gleichzeitig werden die Rentiere eine Menge Kot abgeben, der nicht vollständig im Laufe eines Jahres zersetzt wird. Der Boden wird also gedüngt, wird je nach seinem momentanen mechanischen Zustand mehr oder minder intensiv mit dem Kot »durchgetreten« werden, was wieder Einfluß auf die Pflanzengesellschaften hat, teils direkt, teils dadurch, daß das Angebot an anorganischen Mineralien wie Nitrate und Phosphate unterschiedlich groß wird. Alles das hat Rückwirkungen auf die Rentierpopulation selbst, und so könnte sich ein rhythmisches Zusammenspiel aller Faktoren ergeben, wie in Abbildung 9, 1b angedeutet. Der Ökologe Hermann Remmert, der dieses Denkbeispiel gegeben hat, hält sein Zutreffen für sehr wahrscheinlich.
In ähnlicher Weise kann man sich die sehr populär gewordenen Schwankungen im Lemming-Bestand verständlich machen. Alle paar Jahre vermehren sich diese Tiere so stark, daß sie in riesigen Zügen über Alaska ziehen. Die Presse berichtet dann immer davon, daß die Tiere von einem »Selbstmordtrieb« gepeitscht bis zum Meeresufer ziehen und sich dann in die Brandung stürzen. Dies trifft tatsächlich gelegentlich zu, aber von einem bewußten »Selbstmord« kann man wohl nicht reden. Es gibt eigentümliche Korrelationen zwischen dem Phosphatgehalt der Pflanzen und der Populationszahl des Lemmings. Je mehr Lemminge es gibt, desto größer ist auch der Phosphatgehalt in den bodenbewohnenden Pflanzen. Dies ist relativ leicht einzusehen: Eine größere Lemmingzahl pflügt den Boden mehr um, und dieser kann dann mehr anorganische Verbindungen freilegen, die die Pflanzen aufnehmen (Abb. 9, 1c). Durch die größere mechanische Bearbeitung ändern sich die physikalischen Verhältnisse im Boden, so daß eine größere Bodenschicht auftauen kann und damit wieder anorganische

Verbindungen freizusetzen vermag. Damit wird auch die Pflanzendecke größer und geschlossener: der Lemming findet mehr Nahrung und kann sich stärker vermehren. Tritt er aber in zu großen Mengen auf, zerreißt er die Pflanzendecke. Damit kann die Sonne stärker zum Boden durchdringen; er taut stärker auf, liefert mehr Nährstoffe, und die Pflanzen schließen sich wieder zusammen und bilden weiter eine größere Nahrungsbasis für den Lemming, der sich noch stärker vermehrt. So geht das immer weiter, bis es schließlich zu einem Massenauftreten des kleinen Tiers kommt. Die Individuen machen sich gegenseitig Platz- und Nahrungskonkurrenz; Krankheiten mögen dazukommen, sicher auch Streßfaktoren. Die Population bricht zusammen, und der Zyklus beginnt von neuem. In ähnlicher Form, wahrscheinlich aber mit mehreren und komplexer vermaschten Parametern, dürfte der Lemmingzyklus in Alaska ablaufen, wenngleich das hier geschilderte einfache Denkmodell als solches von den Ökologen nicht akzeptiert wird.

8 Vergehen und Verjüngen – Grundrhythmus des Lebens

In einem sich selbst überlassenen mitteleuropäischen Wald gibt es dauernd Zonen der Verjüngung und Zonen, die einen hohen »Altersgrad« anzeigen. Nicht der gesamte Wald »schwingt«, also wie in den künstlichen Aufforstungen und Abholzungen, sondern in einem Mosaik ineinandergeschobener Flecken erfolgt hier und dort Verjüngung, hier und dort zeigen sich Reifephasen, da und dort Altersphasen, Absterben. Betrachtet man aber ein bestimmtes Areal über Jahrzehnte, so findet man wieder die zyklische Veränderung, die so typisch ist für fast jedes Ökosystem. Wenn der Wind die überreifen, hohen Baumriesen gebrochen hat, entwickelt sich zwischen einzelnen Restbäumen ein kräftiges Unterholz: Die Verjüngung beginnt. Die Bäume streben auf, machen sich gegenseitig Licht- und Raumkonkurrenz, ändern damit auch ihre Artenzusammensetzung, wie im ersten Kapitel »Wald« geschildert worden ist. Nach einiger Zeit hat der verjüngte Wald sein höchstes Wachstum erreicht und strebt einem Reifezustand zu. Dieser kann nun einige Zeit im »Fließgleichgewicht« Bestand haben, bis dann in der beginnenden Altersphase Schadinsekten und Windbruch ihr

Zerstörungswerk an dem überalterten, nicht mehr resistenten Bestand beschleunigt durchführen können. Auf den licht gewordenen Flächen kann sich neues Unterholz ansiedeln, und der Vorgang der Verjüngung beginnt von vorn (Abb. 9, 2). Gerade in unseren mittleren und den nördlichen Breiten lassen sich auf dem Festland gute Beispiele für Schwankungen in Ökosystemen und Populationen finden. Anders in den Tropen.

Im zeitlichen Mittel gilt der tropische Regenwald als relativ konstant; auch die Meeres-Ökosysteme wie Tiefseeboden und Korallenriff gelten als zeitlich konstant. Aber wahrscheinlich weiß man zu wenig Einzelheiten, als daß man feinere Schwankungen feststellen könnte. Wahrscheinlich laufen auch da rhythmische Veränderungen ab; Einzelbeispiele sind bekannt. So kommt es im Urwald Zentralbrasiliens zu Massenvermehrungen von Tukanen, wie sie in einem streng konstanten Ökosystem eigentlich nicht auftreten dürften. Im Mittelmeer haben sich bestimmte Seesterne und Seeigel massenhaft vermehrt und alles andere Leben auf manchen flachen Schelfböden beiseitegedrängt. In wenigen Jahren kann der Spuk wieder vorbei sein. Durch Massenvermehrungen tropischer Papageienfische, die mit ihren scharfen »Schnäbeln« Korallenstöckchen abbeißen, und durch Riesenauftreten großer Seesterne können auch Korallenriffe ihre physikalische Konsistenz zum Wasser hin verändern, damit wieder drastische Änderungen des Besatzes nach sich ziehen. Solche Vorgänge dürften mit Periodendauern von vielen Jahren, wenn nicht Jahrzehnten ablaufen. So lange existieren systematische Meeresbeobachtungen noch gar nicht, als daß man nur eine einzige Periode voll ausgetastet hätte. Könnte man mit dem Zeitrafferauge die Entwicklung eines Korallenriffs verfolgen, so wäre man wahrscheinlich überrascht über die dann drastischen Schwankungen des Erscheinungsbilds. Auch dieses Leben schwankt im Rhythmus der Zeit, nur ist es der Pulsschlag Methusalems, der sich unserem direkten Bemerken entzieht.

b
d

16 Hygroskopische Einmalbewegungen bei Pflanzen

a Das ist der »Fruchtschnabel« des gewöhnlichen Reiherschnabels Erodium cicutarium, über einer Blüte fotografiert. An der Verdickung der Basis bilden sich die Teilfrüchte aus.

b Die Abbildung zeigt, wie sich eine Teilfrucht mit ihrer spiralig gerollten Granne eben ablöst. Erkennbar sind die nach hinten gerichteten pelzigen Widerhaken der pfriemenförmig ausgebildeten »Bohrfrucht«. Auch die langen Verankerungshaare beginnen sich an der Granne aufzustellen.

c Die Ackerlichtnelke, Silene noctiflora, ist daran erkennbar, daß ihre Fruchtkapsel zurückgebogene Spaltränder trägt. Eine nahe verwandte Art hat Kapseln mit gerade gestreckten Rändern. An präformierten Schwachstellen reißt die Kapsel langsam infolge auftretender Spannungen beim Austrocknen auf.

d Aus dem »Schötchen« des Weidenröschens Epilobium lösen sich, von ihren Flughaaren noch festgehalten, die in Reih und Glied angeordneten Samen ab.

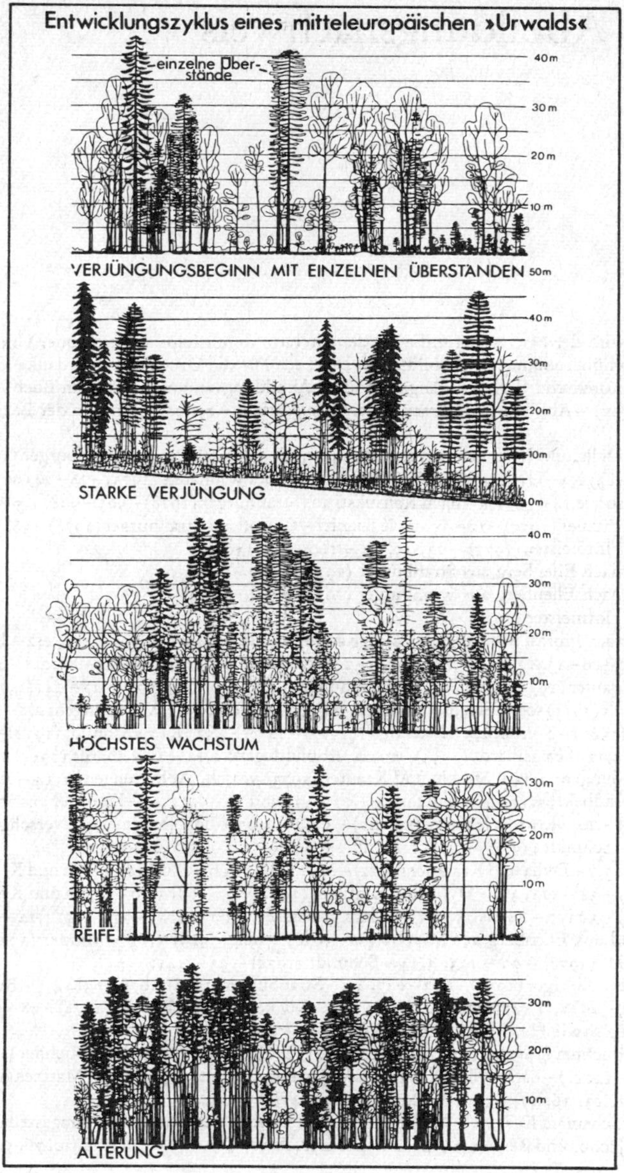

Abbildung 9.2

10 Abbildungsnachweis

Hier wird der Nachweis für die aus der Literatur durch Reproduktion oder Umzeichnungen übernommenen Abbildungen gegeben. Für die Druckerlaubnis danke ich den Bildautoren und Verlagen. Angabemodus: Abbildungsnummer in diesem Buch – Bildautor(en) – Abbildungsnummer in der Bezugsarbeit – Seitennummer in der Bezugsarbeit.

1,1 – Dylla und Krätzner (1972) – 16 – 47; 1,2 – nach Klötzli aus Straßburger (1978) – 1029 – 83; 1,3 – Dylla und Krätzner (1972) teils nach Wilmanns (1973) – 28 – 243 sowie 29 – 246 sowie 14 – 41; 1,4 – nach Kairiuksti aus Straßburger (1978) – 965 – 908; 1,5 – Dylla und Krätzner (1972) – 10 – 35 sowie Kienitz – Gerloff aus Straßburger (1978) – 384 – 400;
1,6 – Hofmeister (1977) – 23, 15, 14 – 160, 152, 150;
1,7 – nach Ellenberg aus Straßburger (1978) – 932 – 880;
1,8 – nach Ellenberg aus Straßburger (1972) – 952 – 896;
1,9 – Hofmeister (1977) – 6 – 24;
2,1 – nach Fibras, Schwabe und Klinge aus Straßburger (1978) – 909 – 857; 2,2 – Löffler (1974) – 26 – 133; 2,3 – Löffler (1974) – 20 – 80; 2,4 – Löffler (1974) – 21 – 83; 2,5 – Streble und Krauter (1973) verschiedene Abbildungen; 2,6 – Löffler (1974) – 27 – 141; 2,7 – Engelhardt (1955) sowie Streble und Krauter (1973) verschiedene Abbildungen; 2,8 – Nachtigall (1961) – 2 – 198; 2,9 – Nachtigall (1977) – 14.31 – 533; 2,10 – Schmidt (1974) – 5 b, e – 33; 2,11 – Engelhardt (1955) versch. Abbildungen; 2,12 – Engelhardt (1955) versch. Abbildungen; 2,13 – Streble und Krauter (1973) versch. Abbildungen; 2,14 – Archiv; Herk. unbek.; 2,15 – Schmidt (1974) – 17 a – 95 und 16 – 93; 2,16 – Kaestner aus Schmidt (1974) – 20 – 101 sowie Bertsch (1947) – 5 – 20; 2,17 – Engelhardt (1955) versch. Abb.; 2,18 – Schmidt (1974) – 27 – 116 und 28 – 118.
3,1 bis 3,7 – Dylla und Krätzner (1972) – I bis VII – 101 bis 110; 3,8 – Dylla und Krätzner (1972) – 34 – 114; 3,9 – Dylla und Krätzner (1972) – 22 – 68; 3,10 – Dylla und Krätzner (1972) – 5 bis 7 – 24 bis 25; 3,11 – Lieth aus Straßburger (1978) – 992–935; 3,12 – Duvigneand aus Ellenberg aus Straßburger (1978) – 984 – 929; 3,13 – Minder (1922) aus Schmidt (1974) – 30 – 133; 3,14 – Schmidt (1974) – 33 – 141;
4,1 – Straßburger (1978) – 677 – 637; 4,2 – Straßburger (1978) – 678 – 638; 4,3 – Buchner (1953) – 291 a, b – 479 und 294 b – 483; 4,4 – Kückenthal und Renner (1978) – 28 – 50 und 40 – 67 sowie Haffner aus Füller (1958) – 9 – 27;
4,5 – Buchner (1953) – 17 a, 18, 19, 20 a, b, 21 b, 22 – 119 bis 123; 4,6 – Buchner (1960) – 2 a, c – 22; 4,7 – nach Wilson (1972) sowie Jacobs und Renner (1974) aus Matthes (1978) – 11, 12, 13, 16, 17, 20 – 27, 28, 29, 34, 35, 41;
5,1 – Schemata Original, Abbildungen nach versch. Autoren zusammengestellt; 5,2 – nach Jacobs und Renner (1974) – M 32, M 38, A 38, C 7, C 9 – 376, 378, 20, 76; 5,3 – Ja-

cobs und Renner (1974) – N 47, H 28, H 29, H 31 – 407, 271, 272 sowie Arber (1972) – 38 – 71; 5,4 – Baer (1972) – 20 – 42; 5,5 – Baer (1972) – 21 – 43; 5,6 – Baer (1972) – 22 – 44; 5,7 – Baer (1972) – 25 – 47; 5,8 – Baer (1972) – 31 – 55; 5,9 – Baer (1972) – 63 – 121; 6,1 – Wickler (1973) – 46 – 212; 6,2 – Wickler (1973) – 45 – 207; 6,3 – Wickler (1973) – 6 – 55; 6,4 – Smith (1974) aus Kloft (1978) – 32 – 129, ergänzt durch Jacobs und Renner (1974) – G 22 – 242; 6,5 – Wickler (1973) – 28 – 133;
7,1 – Welzien (1927) aus Nachtigall (1971) – 38 – 105; 7,2 – Nachtigall (1971) – Tabelle III – 110; 7,3 – nach Pander und d'Alton aus Hesse und Doflein I (1935) – 117 – 158; 7,4 – Original; 7,5 – Junior 11. Jg. (März 1978) – fig. auf p. 5; 7,6 – Slijper (1967) – Tafel 3, unten und Tafel 4 – nach 64; 7,7 – nach Pol aus Moor aus Straßburger (1978) – 433 – 454 sowie nach Sierp aus Straßburger (1978) – 431 – 451 sowie nach Sievers and Volkmann (1977) – 15 – 533; 7,8 – Juniper (1977) – 1 und 2 – nach 538; 7,9 – Sievers and Volkmann (1977) – 3, 4, 1 – 527, 528, 526; 7,10 – Sievers and Volkmann (1977) – 7 – vor 529; 7,11 – Wilkins (1977) – 1, 2 – 515, 516;
8,1 – Bünning aus Haupt (1977) – 3.38 – 126 sowie Steinbrinck aus Straka aus Jacob – 5 a – 24 sowie Ingold aus Jacob – 10 a, b – 30 sowie Ingold aus Straka aus Haupt (1977) – 3,41 – 129 sowie Paturi (1974) – 62, 63 – 181; 8,2 – Hegi aus Jacob (1966) – 7 – 27 sowie Jacob (1966) – 8 a, 9 – 28, 29 sowie Schimper aus Straßburger (1978) – 869 C, D – 8, 9, 10 sowie Steinbrinck aus Jacob (1966) – 6 – 26; 8,3 – a und b Original; c Vogel (1978) – fig. auf p. 111; 8,4 – Vogel (1978) – fig. a auf p. 109; 8,5 – Vogel (1978) – fig. unten auf p. 115;
9,1 – Gerlach (1976) aus Remmert (1978) – 147 – 233 sowie Remmert (1978) – 158 und 135 – 243 und 219; 9,2 – Walter (1973) aus Remmert (1978) – 136 – 220 und 221;

11 Verwendete und weiterführende Literatur

Ahmadjian, V., Lichens, in S. M. Henry: Symbiosis, Academic Press, New York, London, 1966

Ax, P., Die Bedeutung der interstitiellen Sandfauna für allgemeine Probleme der Systematik, Ökologie und Biologie. Veröffentlichungen des Instituts für Meeresforschung in Bremerhaven, Sonderband II, 15–66, 1966

Ax, P., Populationsdynamik, Lebenszyklen und Fortpflanzungsbiologie der Mikrofauna des Meeressandes. Verh. Dt. Zool. Ges. 66–113, Innsbruck 1968

Baer, J., Tierparasiten. Anpassung-Umwelt-Entwicklung, Kindlers Universitätsbibliothek, München 1972

Baeumer, K., Allgemeiner Pflanzenbau, UTB, Uni-Taschenbuch, 264, Ulmer, Stuttgart 1971

La Barbera, M. C., Brachiopod orientation to water movement, 1: Theory, Laboratory Behavior and Field Orientations. Paleobiology, Vol. 3. No. 3, 270–287, 1977

Bauer, E. W., Höhlen – Welt ohne Sonne. J. F. Schreiber (Wissen der Welt), Wien/Eßlingen/Stuttgart 1971

Baumgärtel, T., Mikrobielle Symbiosen im Tier- und Pflanzenreich. – Slg. Die Wissenschaft, Bd. 94, Braunschweig 1940

Bequaert, J. C., The Hippoboscidae or Louse-Flies (Diptera) of Mammals and Birds, in Entomol. Americana 32, 1, 1953, 33, 1, 1954

Bertsch, K., Der See als Lebensgemeinschaft, Otto Maier, Ravensburg, 2. Aufl., 1974

Brand, Th. von, Parasitenphysiologie, Fischer, Stuttgart 1972

Brandt, K., Über die Symbiose von Algen und Tieren. – Archiv für Anatomie und Physiologie, 1883

Breitsprecher, E., Beiträge zur Kenntnis der Anobiidensymbiose. Zeitschrift für Morphologie und Ökologie 11, 1928

Brower, L. P., Brower, J. VZ., Collins, C. T., Experimental studies of mimicry 7, Zoologica, Bd. 48, 65–84, New York 1963

Bünning, E., Entwicklungs- und Bewegungsphysiologie der Pflanze. Springer, Berlin 1948

Buchner, P., Die Symbiose der Anobiinen mit Hefepilzen. – Archiv für Protistenkunde 42, 1921

Buchner, P. (1949), Symbiose der Tiere mit pflanzlichen Mikroorganismen. Slg. Göschen, Nr. 1128, de Gruyter, Berlin 1949

Buchner, P., Endosymbiose der Tiere mit pflanzlichen Mikroorganismen. Birkhäuser, Basel 1953

Buchner, P., Tiere als Mikrobenzüchter (Symbiose), Springer, Heidelberg 1960

Burian, K., Die photosynthetische Aktivität eines Phragmites-communis-Bestandes am

Neusiedler See. Sitzungsbericht der Österreichischen Akademie der Wissenschaften, math.-nat. Klasse, Abteilung I, 178, 43–62, 1969
Burian, K., Das Schilfgürtel-Ökosystem eines Steppensees. A. Phragmites communis im Röhricht des Neusiedler Sees. Wachstum, Produktion und Wasserverbrauch, in: Ökosystemforschung, hrsg. H. Ellenberg, 61–78, Springer, Berlin-Heidelberg-New York 1973
Bursell, E., Substrates of oxidative metabolism in dipteran flight muscle. Comparative Biochemistry 52 B, 235–238, 1975

Caullery, M., Le Parasitisme et la Symbiose. G. Doin & Cie, Paris 1950
Crane, J., Imaginal behavior of a Trinidad butterfly, Heliconius erato hydara Hewitson, with special reference to the social use of color, Zoologica, Bd. 40, 167–196, New York 1955
Crawford, R. M. M., Physiologische Ökologie. Ein Vergleich der Anpassung von Pflanzen und Tieren an sauerstoffarme Umgebung. Flora, 161, 209–223, 1972
Curio, E., Die Schutzanpassungen dreier Raupen eines Schwärmers (Lepidopt., Sphingidae) auf Galapagos, Zoologisches Jahrbuch, Systematik, Band 92, 487–522, 1965
Curio, E., Experimentelle Untersuchungen zur Öko-Ethologie von Räuber-Beute-Beziehungen. Verhandlungen der Deutschen Zoologischen Gesellschaft, 81–89, 1975

Darlington, P. J., Experiments of mimicry in Cuba, with suggestions for future study, Transactions of the Royal Zoological Society, Bd. 87, 681–695, London 1938
Davenport, D., The Experimental Analysis of Behavior in Symbiosis, in S. M. Henry, ed., Symbiosis, Academic Press, New York, London 1966
Dill, D. B., Adaptation to the environment. In Handbook of Physiology, 4, American Physiol. Soc. 1056, Washington D.C. 1964
Dogiel, V. A., Allgemeine Parasitologie. G. Fischer, Jena 1963
Dokulil, M., Zur Steuerung der planktischen Primärproduktion durch die Schwebstoffe, in Ökosystemforschung, hrsg. von H. Ellenberg, Springer, Berlin, Heidelberg, New York 1973, S. 109f.
Dunger, W., Tiere im Boden. Die neue Brehmbücherei, Band 327, Wittenberg 1974
Dylla, K., Krätzner, G., Das biologische Gleichgewicht, Quelle und Meyer, Heidelberg 1977

Ellenberg, H., Beiträge zur Ökologie des Rehes (Capreolus capreolus L. 1758). Dissertation, Kiel 1974
Elster, H. J., Seetypen, Fließgewässertypen und Saprobiensystem. Internationale Revue der gesamten Hydrobiologie 47, 211–218, 1962
Elster, H. J., Die Stoffwechseldynamik der Binnengewässer. Zoologischer Anzeiger, Supplementband 27, 335–387, 1963
Elton, Ch., Animal ecology. Methuen & Co. Ltd. Science Paper backs, London 1971
Eisfeld, D., Der Eiweiß- und Energiebedarf des Rehes (Capreolus capreolus L.), diskutiert anhand von Laborversuchen, Verhandlungen der deutschen Gesellschaft für Ökologie, 120–139, 1975
Ellenberg, Ch. u. H., Das Kahlwerden von Kulturwiesen Islands als ökologisches Problem. Bericht aus der Forschungsstelle Neori As. Hverageroi (Island), Nr. 3, 3–47, 1969
Ellenberg, H., Grundlagen der Vegetationsgliederung. – 1. Teil: Aufgaben und Methoden der Vegetationskunde, Stuttgart 1956
Ellenberg, H., Belastung und Belastbarkeit von Ökosystemen. Verhandlungen der Ge-

sellschaft für Ökologie, 19–26, Gießen 1972
Ellenberg, H., Zeigerwerte der Gefäßpflanzen Mitteleuropas, Scripta Geobotanica IX, 9, 5–97, 1974
Engelhardt, W., Was lebt in Tümpel, Bach und Weiher? Kosmos Naturführer, 5. Aufl., S. 258ff., Stuttgart 1971
Escherich, K., Über das regelmäßige Vorkommen von Sproßpilzen in dem Darmepithel eines Käfers. Biologisches Zentralblatt 20, 1900
Escherich, K., Biologische Studien über algerische Myrmecophilen, zugleich mit allgemeinen Bemerkungen über die Entwicklung und Bedeutung der Symphilie. Biologisches Zentralblatt 22: 638–663, 1902

Firbas, F., Untersuchungen über den Wasserhaushalt der Hochmoorpflanzen. – Jahrbuch für wissenschaftliche Botanik 74, 457–696, 1931
Francke-Grosmann, H., Ectosymbiosis in Wood-Inhabiting Insects, in S. M. Henry, ed., Symbiosis, Academic Press, New York, London 1967
Fraser, J., Treibende Welt, Verständliche Wissenschaft, Bd. 85, Springer, Berlin, Heidelberg, New York 1965
Friedmann, H., Avian Symbiosis, in S. M. Henry, ed., Symbiosis, Academic Press, New York, London 1967
Frisch, v. K., Tiere als Baumeister. Ullstein, Frankfurt 1974
Füller, H., Symbiose im Tierreich. Ziemsen, Wittenberg-Lutherstadt 1958
Funke, W., Food and energy turnover of leaf-eating insects and their influence on primary production, in H. Ellenberg, ed., Integrated experimental ecology, Springer, Berlin, Heidelberg, New York 1973

Gardner, F., Shaw, S., Wilkins, M. B., IAA transport during the phototropic responses of intact Zea and Avena coleoptiles, Planta 121, 237–251, 1974
Geiler, H., Ökologie der Land- und Süßwassertiere, WTB, Bd. 64, Akademie-Verlag, Berlin 1971
Gerlach, S. A., Produktionsbiologie des Meeres. Biologie in unserer Zeit 1, 1–34, Biologie Verlag, Weinheim 1971
Gerlach, S. A., On the importance of marine macrofauna for benthos communities. Oecologia (Berlin), 6, 176–190, 1971
Gerlach, S. A., Meeresverschmutzung, Diagnose und Therapie. Springer, Berlin, Heidelberg, New York 1976
Gösswald, K., Über Ameisengäste und -schmarotzer des mittleren Maingebiets, Entomolog. Zeitschr. 48, 1934/35
Grassé, P. P., Parasites et Parasitisme, Armand Collin, Paris 1935
Günther, B., Stoffwechsel und Körpergröße: Dimensionsanalyse und Similaritätstheorien, in Gauer, Kramer, Jung: Physiologie des Menschen, Band 2: Energiehaushalt und Temperaturregulation, 117–152, Urban und Schwarzenberg, München-Berlin-Wien 1971
Günther, K., Deckert, K., Wunderwelt der Tiefsee, Herbig, Berlin 1950
Günther, K., Ökologische und funktionelle Anmerkungen zur Frage des Nahrungserwerbes bei Tiefseefischen mit einem Exkurs über die ökologischen Zonen und Nischen, in Moderne Biologie, 55–93, Festschrift Nachtsheim, Berlin 1950
Guttenberg, H. v., Die Bewegungsgewebe, Handbuch der Pflanzenanatomie. Bd. V 3, hrsg. von K. Linsbauer, Borntraeger, Berlin 1926

Haberlandt, G., Physiologische Pflanzenanatomie, 6. Aufl., Engelmann, Leipzig 1924

Hartmann, F. K., Ökologie der Wälder und Landschaften, Bd. 1/Bd. 5 – Stuttgart (Erscheinungsjahr nach Bänden verschieden)
Hartzell, A., Insect Ectosymbiosis, in S. M. Henry, ed., Symbiosis, Academic Press, New York, London 1967
Heikertinger, F., Das Rätsel der Mimikry und seine Lösung, Jena 1954
Henry, S. M., Symbiosis, Academic Press, New York, London 1966
Herfurth, A. H., Beiträge zur Kenntnis der Bakteriensymbiose der Cephalopoden. Zeitschrift für Morphologie und Ökologie der Tiere 31, 1936
Herlitzius, R. und H., Streuabbau in Laubwäldern. Oecologia, 30, 147–173, 1977
Hesse, R., Doflein, F., Tierbau und Tierleben, 2. Aufl. 2 Bände, Fischer, Jena 1935
Hinz, W., Zur Ökologie der Tundra Zentralspitzbergens. Norsk Polarinstitutt Skifter, Nr. 163, 4–47, o. J.
Hofmeister, H., Lebensraum Wald, Lehmanns Verlag, München 1977
Hölldobler, B., Zur Physiologie der Gast-Wirt-Beziehungen (Myrmecophilie) bei Ameisen. I. Das Gastverhältnis der Atemeles- und Lomechusa-Larven (Col. Staphylinidae) zu Formica (Hym. Formicidae). – Zeitschrift für Vergleichende Physiologie 56, 1–21, 1967
Hölldobler, B., Verhaltensphysiologische Adaptationen an Ökologische Nischen in Ameisennestern. Zool. Anz. 35. Suppl. (Verhandlungen der Deutschen Zoologischen Gesellschaft) Helgoland 1971, 137–144, 1972
Hölldobler, K., Über ein parasitologisches Problem. Die Gastpflege der Ameisen und die Symphilieinstinkte. Zeitschrift für Parasitenkunde 14: 3–26, 1948
Hölldobler, K., Gibt es in Deutschland Ameisengäste, die echte Täuscher sind? Naturwissenschaften 40: 34–35, 1953
Howard, B. H., Intestinal Microorganisms of Ruminants and other Vertebrates, in S. M. Henry, ed., Symbiosis, Academic Press, New York, London 1967
Huber, W., Biologie und Ökologie des Feldhasen. Wald und Wild, Beiheft 52, z. d. Zeitschr. des Schweiz. Forstvereins Inst. f. Waldbau, ETH Zürich, 223–237, 1973

Imhof, G., Ökologische Gliederung des Schilfgürtels am Neusiedler See und Übersicht über die Bodenfauna unter produktionsbiologischem Aspekt. Sitzungsbericht der Österreichischen Akademie der Wissenschaften, math.-nat. Klasse, Abteilung I, 175, 219–235, 1966
Illies, J., Die Lebensgemeinschaft des Bergbachs. Die Neue Brehm-Bücherei, Bd. 289, Wittenberg 1961
Illies, J., Emergenzmessung als Methode zur produktionsbiologischen Untersuchung von Fließgewässern. Schlitzer produktionsbiologische Studien (2.), Verhandlungen der Deutschen Zoologischen Gesellschaft, Ges., 65, 65–68, 1972

Jacob, F., Bewegungsphysiologie der Pflanzen. Akademie-Verlag, Berlin 1966
Jacobs, W., Renner, M., Taschenlexikon zur Biologie der Insekten, Fischer, Stuttgart 1974
Juniper, B. E., The perception of gravity by a plant. Proceedings of the Royal Society, London, 199, 537–550, London 1977

Karl, E., Kap. 6: Ökologie. Abiotische Faktoren: Temperatur, – Angewandte Entomologie (R. Fritsche, H. Geiler, U. Sedlag ed.) 309–327, Fischer, Jena 1968
Kelle, A., Der Wald im Jahreslauf, Bonn 1960
Kettlewell, H. B. D., Insect adaptions, Animals 5, 520–523, 1965
Kinzelbach, R. K., Beiträge zur Kenntnis der Symbiose von Pagurus prideauxi und

Adamsia palliata (Crustacea: Paguroidea; Coelenterata: Actiniaria) Verhandlungen der Deutschen Zoologischen Gesellschaft 213, 1976
Kirchner, W., Kestler, P., Untersuchungen zur Kälteresistenz der Schilfradspinne Araneus cornutus (Araneidae). Journal of Insect Physiologie 15, 41–53, 1969
Kishitani, T., Über das Leuchtorgan von Euprymna morsei Verrill, Proceedings of the Imperial Academy 4, Tokio 1928
Kleiber, M., Der Energiehaushalt von Mensch und Haustier, Parey, Hamburg 1967
Kliffmüller, Der Anstieg des Phosphat-Phosphors als Ausdruck fortschreitender Eutrophierung im Bodensee (Obersee). Internationale Revue der gesamten Hydrobiologie 47 (1), 118–122, 1962
Kloft, W. J., Ökologie der Tiere, Uni-Taschenbücher 729, UTB Ulmer, Stuttgart 1978
Klötzli, F., Zur Ökologie nordschweizerischer Bruchwälder. Berichte des geobotanischen Instituts der eidgenössischen Technischen Hochschule, Stiftung Rübel, 39, 56–123, 1969
Klötzli, F., Über die Ursachen des Schilfsterbens. Naturschutz, Oberschwaben-Bodensee-Hegau 10, 7–9, 1969
Knapp, R., Die Vegetation des Landes Hessen, Gießen 1967
Knapp, R., Einführung in die Pflanzensoziologie, Stuttgart 1971
Koch, A., Insects and their Endosymbionts, in S. M. Henry, ed., Symbiosis, Academic Press, New York, London 1967
Koenig, O., Das Aktionssystem der Bartmeise (Panurus biarmicus) Teil 1 und 2. Österr. Zool. Ztschr. III, 1–82, 247–325, 1951
Kohler, A., Zur Ökologie submerser Gefäß-Makrophyten in Fließgewässern. Berichte der Deutschen Botanischen Gesellschaft 84, 713–720, 1971
Kopecky, K., Ökologische Hauptunterschiede zwischen Röhrichtgesellschaften fließender und stehender Binnengewässer Mitteleuropas. Folia geobotanica et phytotaxonomica 1, 193–242, 1966
Köster, F., Über die Höhenanpassung von Crotophagus ani und Tyrannus melancholicus in den Anden Columbiens. Journal für Ornithologie 117, 75–99, 1976
Kugler, H., Über die optische Wirkung von Fliegenblumen auf Fliegen, Berichte der deutschen Botanischen Gesellschaft 69, 387–398, 1956
Kugler, H., Einführung in die Blütenökologie, Stuttgart 1966
Kühnelt, W., Bodenbiologie unter besonderer Berücksichtigung der Tierwelt, Herold-Verlag, Wien 1950
Kühnelt, W., Grundriß der Ökologie. 2. Aufl., Fischer, Stuttgart 1970
Kullenberg, B., Studies in Ophrys pollination, Zoologisca Bidrag Uppsala, 34, 1–340, 1961
Kümmerly, W., Der Wald, München 1972

Lang, G., Die Ufervegetation des westlichen Bodensees. Archiv für Hydrobiologie, Supplementsband 32 (4), 437–574, 1967
Lange, R. T., Bacterial Symbiosis with Plants, S. M. Henry, ed., Symbiosis, Academic Press, New York, London 1966
Larcher, W., Ökologie der Pflanzen. Uni-Taschenbuch, 232, Ulmer, Stuttgart 1973
Lengersdorf, F., Von Höhlen und Höhlentieren. Akadem. Verlagsgesellschaft, Leipzig 1952
Lerch, G., Pflanzenökologie – Wissenschaftliches Taschenbuch Bd. 27, Vieweg, Berlin-Oxford-Braunschweig 2. Aufl. 1972
Liepelt, W., Zur Schutzwirkung des Stachelgiftes von Bienen und Wespen gegenüber

Trauerfliegenschnäpper und Gartenrotschwanz, Zoologisches Jahrbuch Abt. Physiologie 70, 167–176, 1963
Löffler, H., Zur Limnologie, Entomostraken- und Rotatorienfauna des Seewinkelgebietes (Burgenland, Österreich), Sitzungsbericht der Österreichischen Akademie der Wissenschaften, math.-nat. Klasse, Abteilung I, 168, 315–362, 1959
Löffler, H., Beitrag zur Kenntnis der Neusiedler See-Sedimente, Sitzungsbericht der Österreichischen Akademie der Wissenschaften, math.-nat. Klasse, Abteilung 179, 8–10, 313–318, 1971
Löffler, H., Der Neusiedler See, Molden, Wien 1974

Marshall, N. B., Tiefseebiologie, Fischer, Jena 1957
Matthes, D., Tiere miteinander. Nutznießer und Partner. – Kosmos Bibliothek Bd. 256. Franckh. Stuttgart, 1967
Matthes, D., Tiersymbiosen und ähnliche Formen der Vergesellschaftung. Grundbegriffe der modernen Biologie 14, Fischer, Stuttgart, New York, 1978
McLaughlin, J. J. A. and P. A. Zahl, Endozoic Algae, S. M. Henry, ed., Symbiosis, Academic Press, New York, London 1966
Milne, M. und L. J., Das Gleichgewicht in der Natur, Parey, Hamburg, 1965
Moor, M., Pflanzengesellschaften schweizerischer Flußauen. Mitteilungen der Schweizerischen Anstalt für das Forstliche Vermessungswesen 34, 221–360, 1958
Mohr, Ch. E. und Th. L. Poulson, The Life of the Cave, Mc.Graw-Hill, New York 1966
Mohr, Ch. E. und Th. L. Poulson, The Life of the Cave, McGraw-Hill, New York 2. Aufl. 1978
Mühlenberg, M., Freilandökologie, Quelle und Meyer, Heidelberg 1976
Müller, F. P., Blattläuse, Brehm-Bücherei Heft 149, Ziemsen, Wittenberg 1955

Nachtigall, W., Funktionelle Morphologie, Kinematik und Hydromechanik des Ruderapparates von Gyrinus. Zeitschrift für vergleichende Physiologie 45, 193–226, 1961
Nachtigall, W., Biological Mechanisms of Attachment. The Comparative Morphology and Bioengineering of Organs for Linkage, Suction and Adhesion. Springer Berlin-Heidelberg-New York 1974
Nachtigall, W., Phantasie der Schöpfung. Faszinierende Entdeckungen der Biologie und Biotechnik. Hoffmann und Campe, Hamburg 1974
Nachtigall, W., Biophysik des Schwimmens. Biophysik – Ein Lehrbuch. Hrsg. W. Hoppe, W. Lohmann, H. Markl, H. Ziegler, Springer, Berlin-Heidelberg-New York 1977
Nebelsiek, U., Der Kampf ums Überleben. Ökologische Streifzüge, Verlagsgesellschaft Schulfernsehen, München 1973
Nümann, W., Die Veränderungen im Blaufelchenbestand und in der Blaufelchenfischerei als Folge der künstlichen Eutrophierung des Bodensees. Verhandlungen der Internationalen Vereinigung für theoretische und angewandte Limnologie 15, 514–523, 1964

Oberdorfer, E., Systematische Übersicht der westdeutschen Phanerogamen- und Gefäßkryptogamen-Gesellschaften. Schriftenreihe für Vegetationskunde Heft 2, Bad Godesberg 1967
Odening, K., Parasitismus – Grundfragen und Grundbegriffe. Wissenschaftliches Taschenbuch Biologie 112, Vieweg Braunschweig 1974
Ohle, W., Maßnahmen zur Seen-Restaurierung. Verhandlungen der Internationalen

Konferenz »Welt, Wasser, und Wir«, Jönkoping, Sept. 1970, 3, 1–3, 4, 3,85–3,89, 1970
Ohle, W., Gewässer und Umgebung als ökologische Einheit in ihrer Bedeutung für die Gewässereutrophierung. Gewässerschutz-Wasser-Abwasser (Aachen) 4, 437–456, 1971
Ohle, W., Gelöste organische Stoffe, Aufnahme und Abgabe durch Planktonorganismen im See. Gewässerschutz-Wasser-Abwasser 8, 1–56, 1972
Ohle, W., Die Sedimente des Großen Plöner Sees als Dokumente der Zivilisation. Jahrbuch für Heimatkunde, Plön 2, 7–27, 1972
Ohnesorg, B., Tiere als Pflanzenschädlinge. Allgemeine Phytopathologie. Thieme, Stuttgart 1976
Olberg, G., Vögel im Schilf. Brehm-Bücherei 61, Ziemsen, Wittenberg 1952
Orenski, S. W., Intermicrobial Symbiosis. S. M. Henry, ed., Symbiosis, Academic Press, New York-London 1966
Orians, G. H., Diversity, Stability and Maturity in Natural Ecosystems. Proceedings of the first international Congress of Ecology, 64–65, 1974
Osche, G., Beiträge zur Morphologie, Ökologie und Phylogenie der Ascaroidea (Nematoda), Parallelen in der Evolution von Parasit und Wirt. Zeitschrift für Parasitenkunde 18, 479, 1958
Osche, G., Die Welt der Parasiten. Zur Naturgeschichte des Schmarotzertums, Springer, Heidelberg 1960
Osche, G., Ökologie, Grundlagen – Erkenntnisse – Entwicklungen der Umweltforschung. Herder, Freiburg-Basel-Wien 1974
Owen, D. F., Industrial melanism in North American moths, American Naturalist 95, 227–233, 1961

Paturi, F. R., Geniale Ingenieure der Natur. Econ, Düsseldorf-Wien 1974
Pesta, O., Studien über die Entomostrakenfauna des Neusiedler Sees. Wissenschaftliche Arbeiten über das Burgenland 2, 1–82, Eisenstadt 1952
Philippi, G., Laichkraut- und Wasserlinsengesellschaften des Oberrheingebietes zwischen Straßburg und Mannheim. Veröffentlichungen der Landesstelle für Naturschutz und Landschaftspflege für Baden-Württemberg 37, 102–172, 1969
Piekarski, G., Lehrbuch der Parasitologie. Springer, Berlin-Göttingen-Heidelberg 1954
Pöhlmann, H., Ökologische Untersuchungen an Rentieren in Spitzbergen. Verhandlungen der Gesellschaft für Ökologie 89–92, Wien 1975
Portmann, A., Tarnung im Tierreich. Reihe »Verständliche Wissenschaft«, Bd. 61, Springer, Berlin-Göttingen-Heidelberg 1956
Pruscha, H., Biologie und Produktionsbiologie des Rohrbohrers Phragmataecia castaneae Hb. (Lepidoptera, Cossida). Sitzungsbericht der Österreichischen Akademie der Wissenschaften, math.-nat. Klasse, Abteilung I, 181, 1–49, 1973
Pühringer, G., Zur Faunistik, Populationsdynamik und Produktionsbiologie der Spinnen im Schilfgürtel des Neusiedler Sees. Dissertation der Universität Wien, 1972

Reichholf, J., Die quantitative Bedeutung der Wasservögel für das Ökosystem eines Innstausees. Verhandlungen der Gesellschaft für Ökologie, 247–254, 1975
Remmert, H., Zur Ökologie der küstennahen Tundra Westspitzbergens. Zeitschrift für Morphologie und Ökologie der Tiere, 58, 162–172, 1966
Remmert, H., Die Tundra Spitzbergens als terrestrisches Ökosystem. Umschau 72, 41–44, 1972

Rothschild, M., Mimicry. Natural History, 76, 44–51, 1967

Sauerzopf, F., Der Wasserhaushalt des Neusiedler Sees. Wissenschaftliche Arbeiten über das Burgenland 23, 101–104, Eisenstadt 1957
Scamoni, A., Einführung in die praktische Vegetationskunde. Fischer, Jena 1963
Sieghardt, H., Strahlungsnutzung von Phragmites communis. »Ökosystemforschung«, hrsg. H. Ellenberg, Springer, Berlin, Heidelberg, New York, 79–86, 1973
Sievers, A. und D. Volkmann, Verursacht differentieller Druck der Amyloplasten auf ein komplexes Endomembransystem die Geoperzeption in Wurzeln? Planta 102, 160–172, 1972
Sievers, A. and D. Volkmann, Ultrastructure of gravity-perceiving cells in plant roots. Proceedings of the Royal Society of London, B. 199, 525–536, 1977
Schauermann, J., Zum Energieumsatz phytophager Insekten im Buchenwald II. Die produktionsbiologische Stellung der Rüsselkäfer (Curculionidae) mit rhizophagen Larvenstadien. Oecologia 13, 313–350, 1973
Schlichter, D., Aufnahme in Meerwasser gelöster Aminosäuren durch Anemonia sulcata Pennant. Zeitschrift für Morphologie der Tiere, 78, 65–74, 1974
Schmidt, E., Ökologische Analysen der Ufervegetation als Schülerübung. Mathematisch-Naturwissenschaftlicher Unterricht 25 (8), 480–491, 1972
Schmidt, E., Schüler messen die Temperaturschichtung im See. Mathematisch-Naturwissenschaftlicher Unterricht 20 (2), 121–123, 1972
Schmidt, E., Ökosystem See, Biologische Arbeitsbücher 12, Quelle und Meyer, Heidelberg 1974
Schmidt-Nielsen, K., The Desert Rat. Scientific American, 189–191, 1953
Schmidt-Nielsen, K., Animal Physiology. Adaptation and Environment, Cambridge University Press, Cambridge 1975
Schremmer F., Gezielter Abwurf getarnter Eier bei Wollschwebern. Verhandlungen der Deutschen Zoologischen Gesellschaft (München 1963), 291–303 (1964)
Schwanitz, F., Die Entstehung der Nutzpflanzen. G. Heberer, hrsg.: Die Evolution der Organismen, Stuttgart, 713–800, 1959
Schwerdtfeger, F., Ökologie der Tiere, Bd. II: Demökologie, Parey, Berlin 1968
Schwerdtfeger, F., Ökologie der Tiere, Bd. III: Synökologie, Parey, Berlin 1975
Schwoerbel, J., Einführung in die Limnologie (UTB 31), Fischer, Stuttgart, 3. Aufl. 1974
Schwoerbel, W., Zwischen Wolken und Tiefsee. Anpassung an den Lebensraum. Otto Maier, Ravensburg 1976
Steffan, A. W., Zur Produktionsökologie von Gletscherbächen in Alaska und Lappland. Verhandlungen der Deutschen Zoologischen Gesellschaft 65, 73–78, 1972
Steffan, A. W., Die Lebensgemeinschaft der Gletscherbachmücken (Diptera: Chironomidae) – eine Extrembiozönose. Entomologik Tidskrift, Stockholm 95, 225–232, 1974
Stern, K. und P. M. A. Tigerstedt, Ökologische Genetik, Fischer, Stuttgart 1974
Stocker, O., Die Transpiration und Wasserökologie nordwestdeutscher Heide- und Moorpflanzen am Standort. – Zeitschrift für Botanik, 1–41, 1923
Stocker, O., Die »Stoffproduktion« in Urwäldern und anderen Pflanzengesellschaften im Gleichgewicht. Mitteilungen der floristisch-soziologischen Arbeitsgemeinschaft, Neue Folge 14, 422–434, 1969
Strenzke, K., Grundfragen der Autökologie. Acta biotheoretica 9, 163–184, 1951

Theodor, O., Parasitic adaptation and hostparasite specifity in pupiparous Diptera. Premier symposium spécial des parasites des Vertébrés, Neuchâtel, 50, 1957
Thomas, V., Die Verschmutzung des Zürichsees und die Strömungs- und Durchflußverhältnisse bei Rapperswil. Schweizer Verhandlungen der Gas- und Wasserfachmänner 41, 76–83, 1961
Tischler, W., Über Strukturelemente im Ökosystem am Beispiel von Strukturteilen der Umbellifere Angelica sylvestris L. Biologisches Zentralblatt 92, 337–355, 1973
Tischler, W., Einführung in die Ökologie. Fischer, Stuttgart 1976
Turner, H., Der heutige Stand der Forschung über den Einfluß des Waldes auf das Klima. Schweizerisches Forstwesen, 119, 335–352, 1968

Vandel, A., Biospeleology. Pergamon Press, Oxford 1965
Vogel, S., Current-induced flow through living sponges in nature. Proceedings of the National Academy of Sciences, Vol. 74, No. 5, 2069–2071, 1977
Vogel, S., Organisms that capture currents, Scientific American, Vol. 239, Nr. 2, 108–117, 1978
Vogel, S. and W. L. Bretz, Interfacial Organisms: Passive Ventilation in the Velocity Gradients near Surfaces. Science, Vol. 175, No. 4018, 210–211, 1972
Vogel, S., Ch. P. Ellington and D. L. Kilgore, Wind-induced ventilation of the burrow of the prairie dog, Cynomys Ludovicianus. Journal of Comparative Physiology, 85, 1–14, 1973
Volkmann, D., Amyloplasten und Endomembranen: Das Geoperzeptionssystem der Primärwurzel. Protoplasma 79, 159–183, 1974
Voss, Der Beitrag des Waschmittel-Phosphors zur Eutrophierung des Bodensees, gwf. 104 (14), 397–399, 1963

Wagner, Experimentelle Untersuchungen zur Bedeutung von bodenbewohnenden Makroorganismen (Tubificiden) für den Bodensee, gwf. 108 (30), 837–839, 1967
Waitzbauer, W., Lebensweise und Produktionsbiologie der Schilfgallenfliege Lipara lucens Mg. (Diptera, Chloropidae). Sitzungsberichte der Österreichischen Akademie der Wissenschaften, math.-nat. Klasse, Abteilung I, 178, 175–242, 1969
Waitzbauer, W., H. Pruscha, und O. Picher, Faunistisch-ökologische Untersuchungen an schilfbewohnenden Dipteren im Schilfgürtel des Neusiedler Sees. Sitzungsberichte der Österreichischen Akademie der Wissenschaften, math.-nat. Klasse, Abteilung I, 181, 111–136, 1973
Walter, H., Allgemeine Geobotanik. Uni Taschenbücher, Bd. 248, Ulmer, Stuttgart 1973
Weinzierl, H., Reviergestaltung – Erhaltung, Pflege und Gestaltung des Lebensraums der freilebenden Tierwelt, Bayerischer Landwirtschafts-Verlag München-Bern-Wien, 2. Aufl., 1972
Weisser, P., Die Vegetationsverhältnisse des Neusiedler Sees. Pflanzen – soziologische und ökologische Studien. Wissenschaftliche Arbeiten über das Burgenland 45, 1–83, Eisenstadt 1970
Weisser, P., Die Verschilfung des Neusiedler Sees. Umschau 73, 14, 440–441, 1973
Welzien, R., Ist der Roggenhalm schlanker gebaut als unsere modernen Schornsteine? Kosmos 24, 44–47, 1927
Wesenberg-Lund, C., Biologie der Süßwasserinsekten, Springer, Berlin 1943
Wickler, W., Mimicry and the Evolution of animal communication. Nature 208, 519–521, 1966

Wickler, W., Mimikry. Nachahmung und Täuschung in der Natur. Fischer Taschenbuch Verlag, Frankfurt 1973

Wilkins, M. B., Light- and gravity-sensing guidance systems in plants. Proceedings of the Royal Society of London B. 199, 513–524, 1977

Wilkins, M. B., Gravity and light sensing guidance systems in primary roots and shoors. D. Jennins, ed., Integration of activity in the higher plant, Cambridge University Press 31st. Symposium of the Society of Experimental Biology. Cambridge 1977

Wilmanns, O., Ökologische Pflanzensoziologie. Uni-Taschenbücher 269 UTB, Quelle und Meyer, Heidelberg 1973

Wilson, E. O., The Insect Societies. – The Belknap Press of Harvard University Press, Cambridge, Massachusetts 1972

Wilson, E. O., and H. W. Bossert, Einführung in die Populationsbiologie, Springer, Berlin-Heidelberg-New York 1973

Wimmer, H., Die Sediment- und Bodenverhältnisse im Ausuferungsgebiet des Neusiedler Sees im südlichsten Seewinkel. Wissenschaftliche Arbeiten über das Burgenland 48, 69–83, Eisenstadt 1971

Winberg, G. G., Methods of estimating the production of aquatic animals. London-New York 1971

Winkler, S., Einführung in die Pflanzenökologie. Uni-Taschenbücher, Bd. 169. Fischer, Stuttgart 1973

Zahner, R., Biologische Abbauvorgänge im Bodensediment von Seen. Wasser- und Abwasser-Forschung 4, 1–5, 1968

Zakovsek, G., Jahreszyklische Untersuchungen am Zooplankton des Neusiedler Sees. Wissenschaftliche Arbeiten über das Burgenland, 27, 1–85, Eisenstadt 1961

Zöttl, H., Die Mineralstickstoffanlieferung in Fichten- und Kiefernbeständen Bayerns. Forstwissenschaftliches Centralblatt 79, 221–236, 1960

Zundel, R., Schutzpflanzungen. Mitteilungen der Badisch-Württembergischen Forstlichen Versuchs- und Forschungsanstalt 22, 54, 1967

Zwölfer, H., Regulationsprozesse in Ökosystemen – ein Beitrag aus dem Bereich der biologischen Schädlingsbekämpfung. Verhandlungen der Deutschen Zoologischen Gesellschaft (70. Jahresversammlung, Erlangen 1977), Fischer, Stuttgart-New York 1977

12 Index